启蒙数学文化译丛 π 丛书主编 汪 宇

A Brief History of Mathematical Thought

Key Concepts and Where They Come from

Luke Heaton

数学思想简史

〔英〕卢克·希顿 著 李永学 译

华东师范大学出版社

·上海·

图书在版编目（CIP）数据

数学思想简史 /（英）卢克·希顿著；李永学译. —上海：华东师范大学出版社，2019
ISBN 978-7-5675-8829-5

Ⅰ. ① 数…　Ⅱ. ① 卢…　② 李…　Ⅲ. ① 数学史—普及读物　Ⅳ. ① O11-49

中国版本图书馆 CIP 数据核字（2019）第 026667 号

数学思想简史

作　　者　（英）卢克·希顿
译　　者　李永学
策划编辑　王　焰
组稿编辑　龚海燕
项目编辑　王国红
特约审读　石　岩

出版发行　华东师范大学出版社
社　　址　上海市中山北路3663号　邮编 200062
网　　址　www.ecnupress.com.cn
电　　话　021-60821666　行政传真　021-62572105
客服电话　021-62865537　门市（邮购）电话　021-62869887
地　　址　上海市中山北路3663号华东师范大学校内先锋路口
网　　店　http://hdsdcbs.tmall.com

印 刷 者　山东韵杰文化科技有限公司
开　　本　890 × 1240　32开
印　　张　10.5
字　　数　234千字
版　　次　2020年1月第一版
印　　次　2022年3月第二次
书　　号　ISBN 978-7-5675-8829-5
定　　价　72.00元

出 版 人　王　焰

（如发现本版图书有印订质量问题，请寄回本社客服中心调换或电话021-62865537联系）

目　录

导言 1

数学是科学的大门与钥匙……漠视数学会伤害一切知识，因为无视数学的人无法知道其他科学或者这个世界的事物。而且，更糟糕的是，无视数学的人无法认识到自己的无知，因此也不去找补救的方法。

——罗杰·培根(Roger Bacon, 1214—1292)

数学的语言改变了我们思考这个世界的方式。毫不夸张地说，如果没有数学，我们的大部分科学和技术都是无法想象的。而且，无数艺术家、建筑师、音乐家、诗人和哲学家都坚持认为，理解数学对于他们的工作来说至关重要。显然数学是很重要的，在这部书中，我希望向读者传达数学的优雅诗意，以及数学在各种形式的实践中所产生的深刻的文化影响。无论如何，只有当你对数学的实际内容是什么有了几丝明悟之后，才能理解它的影响。我们知道，即使自己并非工程师，也可以感受到当代技术的变化所带来

2 的冲击;但与此不同的是,如果我们对数学这一学科本身没有一定的了解,就很难理解数学的威力和影响。

大部分人都会一点儿数学,学过一些计算规则。但遗憾的是,对于这些计算技巧后面的论证与推理,知道的人就少得多了。更有甚者,还有太多的人错误地认为,他们不能奢望自己可以理解并欣赏数学的诗意。这部书不是一本关于数学技巧的训练手册,它只是对一些数学思想的非正式优美指南。在本书中,我不会涉及太多过于专业化的东西,因为我的首要目标是让读者看到,在我们试图理解这个世界的模式的过程中,数学语言是怎样随着时间推移一步步发展起来的。我希望,通过书写数学理念的发展,我能够启发读者,能够让纯粹数学与应用数学的一些深沉厚重的假设焕发青春,并让读者看到,对数学的某种理解能够加强我们对一般事实的理解。

人们经常称颂(或漠视)数学,原因是它高高在上,远离普通人的生活,但对这一学科的这种评价是全然错误的。G. H. 哈代(G. H. Hardy)曾在《一个数学家的自白》(*A Mathematician's Apology*)中如是说:

> 正如大部分人能够享受令人心旷神怡的曲调一样,大部分人也都有一些数学鉴赏力,对数学真正感兴趣的人可能比对音乐感兴趣的人还要多。表面上看可能与此相反,但解释起来并不难。音乐可以刺激大众情绪,但数学做不到这一点;不懂音乐多少有些令人颜面扫地,但并无大碍;而大部分人对数学之名畏之如虎,以至于每个人都在由衷地强调自己在数

学上的愚蠢。

数独的广受欢迎就说明了这一点。这个游戏所要求的完全是 3
对数理逻辑的应用，但为了不使游戏者产生畏惧之心，游戏说明上经常宣称它“不需要数学知识！”我们所知道的数学塑造了我们审视这个世界的方式，尤其是因为它是“科学的婢女”。举个例子，一位经济学家、一位工程师或者一位生物学家或许要多次测量一个东西，然后取几次测量的平均值。因为我们已经发展出计算平均值的符号算法，所以能够建立“平均值”这样一个十分有用也高度抽象的概念。但这一切只有在有了数学的符号系统之后才能进行，没有这些符号，我们就无法记录数据，更遑论定义平均值了。

除了计算，数学家感兴趣的还有概念和模型。然而，每个人都应该清楚的是，数千年来，计算技术一直都对人类具有至关重要的意义。例如，如果没有数字的概念，大部分贸易形式就无法想象；没有数学，人们就无法组织一个王朝，或者发展现代科学。更普遍地说，数学理念并非只有实际应用上的重要性：正是我们手中掌握的概念工具塑造了我们处理这个世界的方式。正如心理学家亚伯拉罕·马斯洛在他的著名评论中所说的那样，“如果我们手中掌握的唯一工具是锤子，就会把一切事物都视为钉子”。无论在实际上还是心理上，我们对世界中的事物进行计数、计算和测量方面的能力都是关键的，但需要强调的一点是，数学家并没有把时间花在计算上。数学的真正挑战是建立论证。

许多数学思想都常遭人误解，毕达哥拉斯的著名定理给我们
提供了一个绝好的例子。大部分受过教育的人都知道，已知任意 4

直角三角形，只要知道了其中两条边的长度，我们就可以利用公式$a^2+b^2=c^2$计算另一条边的长度。但当人们被要求反复进行这类计算的时候，就会错误地认为数学的全部真谛就是应用一套给定的规则。尽管对毕达哥拉斯定理的证明事实上数以百计，但令人遗憾的是很少有人能令人信服地证明毕达哥拉斯定理**为什么**一定正确。证明这一定理成立的一个简单方法可以围绕下面的图解展开：

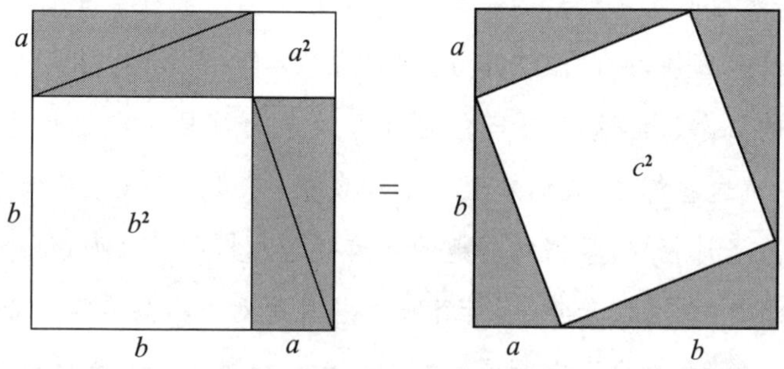

毕达哥拉斯：等号两边是一对全等正方形，边长都是$a+b$单位长度。等号左边的正方形含有一个边长为a单位长度的正方形、一个边长为b单位长度的正方形、再加上4个直角三角形。而等号右边的正方形则由一个边长为c单位长度的正方形加上4个直角三角形组成。我们只需要移动左边那个正方形中的4个三角形，就可以把它转化成右边的三角形，而移动图形不会改变它们的面积。因为白色图形的面积在两个图形中始终不变，因此，对于任何直角三角形来说，$a^2+b^2=c^2$。证毕。

怀疑者：你怎么能够肯定在右边总会得到一个正方形？更具
5 体地说，你怎样才能确定，无论a和b取何值，三角形总会相接于一点呢？

毕达哥拉斯：两个图形的高都是相等的，同为 $a+b$ 单位长度。这告诉我们，正好在等号右边的两个三角形一定会相接于一点，因为它们的大小刚好，可以被塞进图形中的大正方形之内。与此类似，右边图形中底部的两个三角形也会在同一点相遇，因为这一边的长度也是 $a+b$，等于 $b+a$，即大正方形的边长。

怀疑者：那好吧。但你怎么知道右边的那些三角形总是直角三角形呢？换句话说，你怎么知道右边图像的确是个正方形？

毕达哥拉斯：你是否同意，这个图形的四条边等长，四个角也相等？

怀疑者：我同意。旋转右边的图形，经过 90°、180°或者 270°之后，我们会得到同样的图形。

毕达哥拉斯：看到了这些事实之后，难道你还认为这个图形有可能不是正方形吗？怪不得人们都把你叫作怀疑者！

我写这本书是要告诉读者，数学语言是如何进化的，数学论证是怎样与人类更为广阔的探索紧密相连的。这本书与许多哲学家的工作相关，特别是与路德维希·维特根斯坦的工作相关；但它不是一部非数学理念史，也不打算在数学哲学中那些相互冲突的“全局观点”之间划出一条战线来。如果这本书能够让人深思，那就说明我已经达到了我的预想目标；但我也试图反驳有些人的某种观点，即认为就像科学家发现关于物理对象的事实一样，数学家是发现有关抽象对象的事实。数学语言是没有意义的，因为抽象对象 6
先于数学家而存在！事实恰好相反，因为数学语言是人们实际上可以使用的工具，所以我们才能够认识抽象的对象。

有关人类认知的一个基本要点是，我们是通过语言来表达有关物质世界的理论或阐释的。人们做出关于事实的**命题**，对做出命题的能力进行的反思性的系统研究则引导我们走进数学的世界。确实，我们对数学的理解总是从一个清晰的、易于理解的情况开始，进而形成一套起作用的抽象原理。例如，儿童学唱数数歌，然后由此开始，他们对实际存在的物理事物进行计数。我们的计数基础是为实物计数，这种具体的经验让我们的头脑产生了对数字的感觉。当我们逐步发展出抽象的概念之后，便会恰如其分地相信，我们也可以着手对任意物体的集合计数。也就是说，对于某人来说，当他在某种特定场合下，在某种实在的、可数的物体存在的情况下使用数字词汇时，这些词于他而言已经是有意义的事物了。因此，一旦人们获得了某种语言，这种语言本身就会让人从数字的角度考虑问题，而不管他们要计数的是何种物体。

有些人错误地认为，从事数学工作，只需要遵循某些规则。我猜测，这些人之所以有这样错误的观点，是因为为了应付自己的老师和考官，他们所要做的工作仅仅是正确地使用某些规则而已。事实上，高等数学本质上是一种创造性的追求，它要求人们具有想象力。因此，一旦我们具有创造性的洞察力，就离掌握规则的时刻相去不远了。因为如果数学家想要对数学知识的整体有所贡献，就需要互相交流想法。完整陈述论证所需要的那些形式训练对数
7 学知识的形成本质上是一种约束，但我们所知道的数学也反映了激励数学共同体的成员的问题、挑战和文化关切。

我希望，这本书会让你相信，数学家是一批探索规律的人，而

能被系统地检验的正式、合乎逻辑的证明，是对数学有效性的终极测试。一个严格按照形式做出的简洁清晰的证明是人们可以理解的优美事物，而且我认为，如果一项论证明显可以形式化，那么就可以很公允地说，它是一项数学论证。不过，尽管我们可以通过学习使用某种特定的形式概形而获得理解力，但即使并不了解手头的主题，人们也有可能正确地检查某项形式论证的每一个步骤。的确，一台计算机可以进行这种工作，尽管计算机根本不是什么数学家，就像一台复印机远算不上艺术家一样。

在本书的写作过程中，我采用的是一种更为直观的方法，因为我的目的并不是要对读者进行形式技巧的恰当训练，而仅仅是想让每种论证的核心尽可能易于理解。尽管如此，因为本书的主题是微妙的、复杂精细的，因此在某些情况下，我们仍然不可避免地需要进行某些仔细的论证。数学是这样一门学科，在学习它的时候，同一个句子你必须多读几遍；正如阅读诗歌一样，你必须以合适的速度阅读。

本书是依照数学实践发展的历史顺序写作的，其中对概念的创新投入了较多的关注。我无法声称本书涵盖了所有关键的理念，但我努力为人们普遍理解的数学的主要变革画出一份概图。本书的写作结构是两种考虑的结合，其一为历史性的考虑，其二为主题方面的考虑，全部 13 章可以分为 4 个主要部分。我从讨论数字概念开始，从对史前仪式的试探性和修辞性叙述一直说到古代世界中的数学。我审查了计数与总体测量之间的关系，试图解释 8
代数的兴起是怎样戏剧性地改变了我们的世界的。

第一部分到现代时期的“数学挂锁”为止，但我在第二部分又回溯了过去。更具体地说，我讨论了微积分的起源，以及伴随着非欧几里得几何的诞生而发生的概念性转变。简而言之，我试图解释现代数学是怎样从超越希腊、阿拉伯和其他古代文明的过程中成长起来的。

第三部分转而讨论数学中最富哲学性的术语：无穷的概念和形式逻辑的基础。我也讨论了艾伦·图灵（Alan Turing）的天才想法，并试图阐明真理、证明与可计算性之间的关系。尤其是，我通过对马季亚谢维奇（Matiyasevich）定理的演示，集中关注了一个有关加法和乘法的无限丰富性的证明。我还探讨了库尔特·哥德尔（Kurt Gödel）有关算术不完备性的著名定理。

在最后一部分，我探讨了数学在我们试图理解周围世界的过程中所扮演的角色。我尤其描述了模型的重要性，以及数学在生物学中扮演的角色。在本书的最后，我不再考虑任何特定的定理，而是试图使用我们从前面讨论的数学活动中学到的东西来对人们的思想行为进行一番总体思索。

撰写这本书的一个挑战在于要正确地确定那些便于讲解的简单命题的重要性。有些命题就像纸飞镖，如果你知道它们会飞向哪里，就可以稍微给它们一点儿篇幅，说明它们的含义。但如果你除了它们字面上的意义之外没有别的信息，便无法准确地探知它们的含义，因为这些命题的目的性并没有被明确地写出来。其他命题显得很庄重，它们就像石头一样，具有容易理解的简洁，能够简单明了地告诉我们哪些事情是可行的、人们是怎样叙述的。但
9 遗憾的是，人们往往倾向于低估容易理解的简单命题的价值，因为我们更倾向于去赞美那些看上去深奥晦涩、难以理解的想法。正

如伟大的思想家布莱兹·帕斯卡(Blaise Pascal)在《说服的艺术》(*The Art of Persuasion*)一书中所评论的那样:“人们偏离他们应该选择的正确道路的一个主要原因是他们碰到的第一个概念,即优美的东西是难以理解的,它们身上带有各种伟大的、强大的、高尚的、庄严的标志。这种概念毁掉了一切。我情愿称这些东西为低俗的、平凡的、司空见惯的事物。这些称呼对于它们而言更为合适。我极不喜欢那些虚夸的词句……”

数学定理的万丈高楼有着玲珑剔透的完美,它看上去高高在上,远离这个喧嚣杂乱、充满了偶然事件的日常世界。然而,数学是人类文化的产物,它与我们理解这个世界的种种尝试一起进化发展。我们不应该把它描绘为对“抽象”对象的研究,而应该把它视为模型的诗歌,我们的语言在其中引导出了它所宣布的真理。数学家带来了他所宣称的真理,这听上去有些神秘,但我们可以用一个简单的例子加以说明。我们不妨想一想国际象棋的情况。通过描绘下棋的规则,我们创造了象棋这种游戏,它很完整,也创造出了我们一开始发明它的时候没有想到的真理。举个例子:无论玩没玩过这个游戏,我们都可以证明,如果可供你驱使的只有一个王和一对马,你无法将死一位懂得象棋的对手,无论他手上还有哪些棋子。很显然,象棋是人类的一项发明,但在世界上的任何一个角落,只要人们遵守同样的规则,有关象棋的这一事实都将是真实的,而且我们也不难想象,这些熟悉的规则会在任何地方起作用。

数学的语言和方法论呈现和描绘了我们可以研究的体系,这
些体系或者模型和象棋一样也是人类的发明。然而,作为一个整 10
体的数学远远不是一项任意的游戏,因为我们发展起来的语言技

术与人类的目的相符合。例如，人类（以及其他动物）能够在意识中将物品分组，我们发现，计数过程的确说明了这些组的多样化形式。而且，许多不同的数学分支都与艺术、科学和数学的其他部分之间具有深刻的关联。

简而言之，数学是一种语言，而且，尽管我们可能会对宇宙终究是可以理解的这一点感到吃惊，科学具有数学性这一点不应该让我们感到惊讶。科学家需要交流他们的理论，而当我们有一种由规则管理的理解力的时候，一个学生遵循指令便可以画出数学家随后可以研究的模型或结构。当你对之有正确的理解的时候，纯粹的数学性就不再是一个遥不可及的抽象概念了，它就如同你所能感受到的世界一样触手可及，就像我们面前的那些实体一样真实。我认为，数学并不抽象，因为它必须如此，从语言开始发展的时候便必须如此。实际上它是从最简单、最合乎情理的那种语言实践开始的。我们追求更高水平的抽象，其原因无非在于，这是成就现代数学家崇高目标的必由之路。

尤其是，数学语言变得更抽象，意味着由此得到的结论更具普遍性，这就好像孩子们逐步意识到，无论数苹果、梨还是人，本质上都毫无差别。经过代代传承，人们发现，数字与其他的形式系统对他们具有强烈的吸引力：它们能够塑造我们的想象，而且使理解变得可能。数学的故事令人神往，但在撰写这本书的时候，我希望不仅仅是在勾画一部数学思想史。我确信，数学的历史和哲学能为
11 我们理解人类的本质和事实的本质提供一个非常珍贵的视角。我希望，这本书不但能够让读者欣赏一出数学发现的扣人心弦的戏剧，还能向读者转达这一学科的文化、美学和哲学意义。

第一章 开 端 13

毫无疑问,我们的一切知识都始于经验……尽管我们的一切知识都始于经验,但我们却不能说,我们的所有知识都来源于经验。

——伊曼努尔·康德(Immanuel Kant, 1724—1804)

1.1 语言与目的

研究婴儿和动物行为的研究人员发现了令人信服的证据,说明我们对量有一种与生俱来的感觉。更具体地说,当少量物品的数量发生变化时,人类、鸟和其他许多动物都能意识到这一点,即使它们没有目睹这一情况。例如,鸟能够意识到它们下的蛋数量减少,即使它们没有看到蛋被拿走。与此类似,在可以选择的情况下,许多动物始终会在两份物品中选择比较大的那一份。我们大概可以假定,这种对量的敏感是发展数学能力的必要前提;而且,某些动物对数量的改变所具有的本能敏感甚至超过了人类,注意到这一点非常有趣。然而，尽管这样的能力是动物智力的证据，但如果就此声称“鸟类能够数出它们有几颗蛋”，就相当欠妥了。

14 我认为，只有当我们有了语言之后，“数学原型”思维才能开始；这种理解力是很多人类行为的基础，而不仅仅是我们通常考虑的那种“对数学的理解”。当然，任何对石器时代我们祖先的生活方式的描述都必然很不确定。但是，尽管缺少决定性的证据，我还是认为，想象一下祖先是怎样第一次发展出他们的理性能力，以及我们称之为语言的那种极为复杂的事物的，对下面的研究很有帮助。

人类并不是唯一能够使用工具的动物，而且在几百万年间，我们的灵长类动物祖先便通过运用手边的东西扩展了他们的能力。他们以各种令人忍俊不禁的方式使用棍棒、石头、皮毛、树叶、树皮和各种不同的食材，不过我们只能加以猜测。他们把动物的肉从皮毛上剥离，出于某种目的把棍棒削尖，敲碎石头以形成有效的屠宰器具。最重要的是，在大约 180 万年前，直立人在制作食物时开始使用火，这减少了他们消化食物时需要的能量，让他们得以生长出更大的大脑、较小的消化道。

就在人类的智力进化的时候，我们的发音和交往模式也得到了发展，发展成为我们可以将其称为语言的东西。一个看似合理的猜测是，智力程度更高的原始人类在充分利用他们社会环境的复杂动态方面更为成功，因而让人类智力的提高获得了选择优势。无论如何，现代语言在交流方面与许多动物的情况是一样的。例如，许多动物在看到对它们有威胁的捕食者时能够传递一种恐慌的状态。因此，我们能够很清楚地看到，相互交往中复杂的交流形式的出现远远早于雏形数学的发展，也远远早于任何有关语言的概念的发展，这种概念不是有关发出声音的人类的概念。

这种想法值得详细阐述。所以，举个某些相互影响的文化可 15
以导致持续进化成长的例子，我们不妨想象一个生活在某种特定回应文化的社区内的妇女：给我美味食物的男人会听到我的哼唱，但那些抓住我却不给我美味食物的男人会听到我的咆哮。如果一个男人试图与这个妇女建立性关系，他将乐于听到那种哼唱的声音，因为与一个咆哮的妇女相比，一个哼唱着的妇女对性爱的兴趣更大。因此，那个男人会在对这个妇女做出性举动之前有意识地烹饪一些美食，这种行为能营造出一种他和那种哼唱的声音有关系的气氛。

通过生活在这样一种社会背景之下，我们会感受到自己的行为的意义。换言之，对于发生了改变的社会条件，我们受到刺激后的对应策略将出现越来越精细的形式，并会留意那些复杂的目标，而这些目标的实现需要借助当前阶段尚无条件开展的行动。例如，准备某种特定口味的食物与听到某个妇女的哼唱并不是同一件事情，但在我们的眼睛里，前一件事是受到后一件事的刺激而发生的。

对于塑造想象来说，社会规范和褒贬词汇都具有强大的力量。我们会寻找一些能够判定我们行为的词语，并会用词语来表达我们的判定，这是具有绝对基本意义的行为。我们可以从下面的谈话中找到有关这种无休止的微妙过程的一个例子：

"我说，让我们闯进那座房子干一票吧。"

"嗯，我不是很有把握，看上去这不是个好主意。"

"下手吧，别这么胆小如鼠。"

我们很担心自己的推理过程会让我们得到"胆小鬼""白痴"或者其他我们不想要的称号。我们不希望得到这样的结果，这种心
16 理是人性的一部分，为自己的行为找理由也是人性的一部分。正如布莱兹·帕斯卡所说的那样，我们主要受我们自己想出的原因的推动，但这种错综复杂的事物也可以发生在别人身上，或者本能地传授给他人。穴居妇女建立了一种因果关系，即当男人无法满足一种依照惯例应有的预期时，她们就会发出咆哮。穴居男性被迫接受了这样一个事实。他对这个判断过程是有所感觉的，话语的重要性在于人们不认为它是任意出现的。与此类似，上面谈话中的那位准盗贼也受到了如下事实的影响，即他很容易推导出自己是个胆小鬼，而他不愿意做胆小鬼。

然而，关键是要注意到，在上面的每个例子中，一句话的意义，与另一个人就问题做出的命题这个事实之间具有紧密的联系。换言之，早在我们考虑游离于说话者之外的"语言"本身的作用之前，我们的交流便达到了非常精细复杂的程度。

1.2　人类认知与数学的含义

数学文献大体上由如下论证形式组成："如果 A 和 B 为真，则可断定 C 必为真。"我们值得在此稍微流连片刻，想一想人类是如

何发展出这种演绎推理的。我们并不是唯一对自己的行为可能带来的后果有所警觉的动物，而且可以假定，我们之所以能够掌握逻辑的后果，是因为我们已经发展出了预测我们可能的行为所造成的后果所需要的认识能力。例如，假设有一只饥饿的猿猴，它看着另一只拥有食物的猿猴。第一只猿猴或许会想："如果我拿走那些食物，这个大家伙就会来打我。但我不想挨打，所以我应该克制自己，不去碰那些食物。"

我们能够使用语言这一事实从本质上改变了我们的推理方
式。但是我们很容易认为，对于潜在行为的后果进行想象是一种 17
古老的能力，正是这种能力让我们取得了进化的优势。然而，我们很难看出，这类有关行动及其后果的"推理"的进化是怎样使我们获得抽象思维能力的。毕竟我所描述的状况全都与判断复杂情况下的行为方式有关，在复杂的情况下，任何新信息都可能改变我们对即将发生的情况的预测，而我们应该做好准备随时留意进一步的线索。例如，假设上述猿猴看到另一只猿猴向它做出了友好的姿态，这时，动手夺取食物而不是任其消失，可能就是一种聪明的行为了。这与推断逻辑后果之间有很大的差别。在后一种情况下，一件事情是紧随着上一件事情发生的，与我们是否会得到任何进一步的信息毫无关系。

因为动物的社会机巧取决于它们对整个环境的把握，而环境中又总会出现更多线索，所以，看清这种理解力如何提供数学家所需要的认知能力是十分困难的。相反，我们的空间推理能力则远远不像这样没有止境，而且人类并不需要训练就能够做出有效的空间推理。例如，设想我的冰箱里有一个罐子。现在假设这个罐子里面有一只橄榄。这只橄榄在冰箱里面吗？回答是肯定的，那只橄榄当然在冰箱里，因为橄榄在罐子里，而罐子在冰箱里。现在想象罐子在冰箱里，但橄榄不在冰箱里。那么，橄榄是否在罐子里呢？当然不在，因为罐子在冰箱里，但我刚才也说过，橄榄不在冰箱里。

当我们进行有关橄榄的位置的推理的时候，只要知道一点简单的事实就足够了。额外的信息并不会改变我们的思路，除非这些信息与构成我们的推理的基本事实发生了矛盾。还要注意到，
18 为了做出这些推理，我们并不需要运用这种或那种符号方法。一切人类都能以这种方式进行推理，因此这很有可能说明，存在着某些与生俱来的神经机理，它们能够支持我们掌握这种容器的逻辑。当然，为了提出这些问题，我需要使用一些词句，但人类（还有其他动物）发现，容器有内部与外部之分这一点很容易理解，而这种理解提供了我们的感性世界的结构。

有很有说服力的经验证据表明，儿童在学说话以前——而且远在他们学会数学以前——便开始了对自己的感性世界的构建。例如，一个小孩会把鸡蛋放进一只碗里玩，他能感觉到这些鸡蛋与那些不在碗里的东西处于不同的空间区域。这种空间理解力是一种基本的认知能力，我们不需要符号就可以体会这种感觉，即把某物放入容器与把它从容器中拿出有所不同。而且，我们瞬间就能够看出一个、两个、三个或四个鸡蛋之间的差别。这些认知能力让我们认识到，当我们增加碗里的鸡蛋的个数（把鸡蛋从碗外移入碗内）时，那批鸡蛋有所改变；与此类似，把一个鸡蛋从碗里拿出来也会改变那批鸡蛋。如果我们手里是一碗砂糖，即使我们无法说出

其中含有多少糖粒，小孩子还是能对往碗里增加或减少糖的过程具有某种理解。也就是说，我们能够把向碗里增加糖的特定行为，当作“有人向碗里加入了某种东西”的例子，于是“加”这个词就在实际经验中具有了某种基础。

当然，向茶杯里加糖不是数学加法的一个例子。我要说明的一点是，我们与生俱来的认知能力为我们有关容器、一组物品，以及往里面加入或减少物品的理念提供了基础。进一步说，当我们 19
讲授更为精细抽象的加法和减法概念（这些概念当然不是与生俱来的）时，确实会援引这些更为基础、更具有具体根据的理解形式。当我们用纸笔进行加法运算的时候，并没有真的往一组物品中加入物品，但我们在数学加法中使用的词语与在实际移动了物品的情况下使用的词语相同，这一点并非巧合。毕竟，即使是最伟大的数学家，对数学加法的最早理解还是源于他们听到的这类问题，如“如果你的篮子里有两个苹果，然后你又装进了三个，那么你有多少个苹果?”

正如认知科学家乔治·莱考夫[1]和拉斐尔·努涅斯(Rafael Núñez)在他们发人深省但又充满争议的《数学来自何方》(*Where Mathematics Comes From*)一书中所论证的那样，我们对数学符号的理解植根于我们的认知能力。尤其是，我们天生能理解空间关系，而且有能力构建“概念隐喻”，这就让我们可以通过运用首先在别的领域中形成的语言和思维模式来理解一种概念域。对概念隐喻的使用是所有理解形式都共有的，并不是数学所独有的特点。

---

① George Lakoff (1941—　)，美国认知语言学家。——译者注

这等于说，我认为不言而喻的是，新的想法并非从天上掉下来的，它们肯定与我们已有的知识有联系，就好像通过人类的身体得到体现那样；而我们在解释新概念的时候，会谈论这些概念与我们已经熟悉的其他概念有哪些类似的地方。

一件事物与另一件事物之间可以发生概念映射，这种现象对
人类的理解非常重要，这尤其是因为，它让我们通过运用我们熟知
的事物的推理结构说明我们不熟悉或者抽象的事物。例如，当我
20 们要做数字 2 和 3 的加法时，我们知道，这种运算就好比是往有两
个苹果的篮子里再放入三个苹果，也与先走两步，接着再走三步的
情况类似。当然，无论我们是在想象中把苹果放入篮子，还是在
考虑加法的抽象形式，实际上都不需要移动任何物体。而且我
们明白，苹果的触感和气味都不是加法牵涉的事实的一部分，因
为概念具有普遍性，可以应用于一切情况。我们明白，当我们将
两个数字相加时，符号的意义让我们可以通过具体的、有形的例
子来进行思索，尽管我们并非必须如此。我们的思想和头脑或
许确实具有构成抽象数字概念的能力，因为我们能够思考特定
的、具体的情况。

数学推理涉及规则和定义，而且，计算机能够正确地做加法运算这一事实证明，你甚至不需要通过大脑来正确地运用一个特定的计数系统。换言之，某种程度上，我们“从事数学工作”不需要考虑符号的意义或者含义。然而，数学不只涉及对符号的恰当的、服从规则的使用，它关乎可通过对符号合乎规则的运用表达出来的**理念**；而且看上去，许多数学理念都深深地植根于我们感知的这个世界的结构。

1.3 石器时代的仪式与自行产生的符号

数学家感兴趣的是理念,而不仅仅是那些“无意义”的符号的演算,但数学的实际工作总是与符号的系统运用有关。数学符号不只是表达数学理念,它们让数学成为可能。即使是那些最伟大的数学家,在他们做出自己的贡献之前,也需要有人教他们学会那些规则。事实上,数学这个词本身就来源于希腊文,意为“可以教 21
授的知识”。但问题是,人类文化是怎样发展出这套符号规则体系的?发展这一体系的原因何在?这些符号又是怎样改变我们的生活的?

人类认知最根本、最与众不同的特点就在于我们的无限想象力,这样说似乎是公允的。我们不只考虑当前的情况,我们为未来的成功设想了各种可能,我们还思考过去,以及在何种情况下历史会有所不同。一般而言,我们在遵循某些原则的可以想象的世界中生活;与其他动物相比,我们的思想并没有过分地受到当前处境或者认知的禁锢。尤其是,我们可以考虑那些并没有近在手边的事物,而且可以合理地假定,在遥远的过去,如果我们祖先的行为欲望因为缺少某些物品或者工具而受挫,他们会感到何等沮丧。

就像一只动物可以表达捕食者出现时的情况,我们的祖先会做出动作来说明“我丢失了一块燧石”。通过使用声带、面部表情和肢体动作,他们可以表达他们寻找的目标。其他灵长类同伴一旦领会了在这种情况下要找的东西,便会用一种合乎情境的方式对这一信号做出反应。在经历了无数代人之后,我们的祖先一定发展出了传达对某些物品的渴望的方式,即使那些物品当时在视野之外。而且,在某个时间点,我们的祖先一定会迈出那决定性的一步,把一种本质上带有数学意义的东西灌注到那些富有表现力的手势之中。这一引人注目的壮举并不是通过发现抽象对象取得的,而是通过发展仪式取得的。

例如,我们不妨假定,有一种已有的表达方式传达说话者因丢失了一块燧石而感到的恼怒。现在让我们想象一下,最早期的人类用手轻轻抚摸着他们的珍贵工具——燧石时的情景。当一个人
22 一次次检查他们的劳动工具时,他们可能会通过列举一系列名字的方式来表达他们对这些物品的熟悉程度。随着每件工具都依次被触碰,我们可以想象,我们的祖先可能会重复念诵一系列与众不同的有节奏的话语,其中一个词对应于一件工具,就如同某人口中说出的“伊尼—米尼—迈尼—莫”[①]。当没有物品可触摸的时候这种仪式还没有完成,石器时代的人类就会想到,他们**有理由**做出“我丢失了一块燧石”的手势。

这与用一种抽象的数的概念计数之间是有差别的。因为,即便年幼的儿童承受不起数学家的称号,他们也不会错误地把“伊尼—米尼—迈尼—莫”读成“伊尼—米尼—迈尼”。很显然,对一项习惯性动作的不完整性的敏感是与生俱来的,这与儿语和我们对韵律的自然感觉有着密切的联系。当我们的祖先表达出当前拥有的工具与熟悉的仪式之间的这种不对应时,其他人就知道有什么

---

① 这是一种儿童游戏中选择某人的韵律计数辞,可以有多种不同的拼读方式。其选择方式是:念诵这段“口诀”的人的手指随着每个音节依次指向参与游戏的儿童,念出最后一个音节时手指指向的儿童即被选中。这套“口诀”本身并无意义。——译者注

东西丢失了，因为他们认识到，这个仪式的表演并没有出现错误。换言之，正是这项**仪式**告诉我们，有一块燧石不见了，而并不仅仅是这个仪式的表演者。

由于对这种合乎情理的言语有一种清晰的感觉，他们便能从相互之间的说话方式中辨别出其中的含义，并在战略上着手处理他们关心的问题(即，“是不是所有熟悉的器具都在?”)。通过这种方式，富有表现力的手势就不仅意味着一种直接的文化共鸣，表达“我因为丢失了一块燧石而烦恼”的那种原始手势变成了具有更为深刻含义的东西。有关有效推理的常识加强了我们的交流，因为通过共同的实践，人们可以建立有关事实的命题。尤其要注意，在这个世界上，事实的出现依赖于实践本身，而不是进行实践的个体。这种语言过程本身绝对不需要抽象的数的概念， 23
因此我认为，数学原型思维的逐步进化比人类开始计数要早许多万年。

我们今天所理解的数字词汇的起源目前尚不确定，但人们提出过一些具有语言学证据支持的有趣理论。也许，与计数有着密切关系的实践在世界各地自发产生，各地之间差不多是独立的。然而，数学家兼科学史家亚伯拉罕·赛登贝格[①]提出，人类只发明了一次计数，然后这一发明就传播到了全球各地。数字词汇经常与人体的各个部分相关，赛登贝格声称，来自相隔遥远的地区的数字词汇都非常相像，这便是他的理论的证据。他还观察到了有趣的现象，即几乎在一切数字文化中，奇数与男性、偶数与女性之间

---

① Abraham Seidenberg (1916—1988)，美国数学家、科学史家。——译者注

都存在着古老的联系。

当然，有大量证据表明动物知道谁在社会等级中排在首位，谁屈居次席、第三席等。赛登贝格提出，计数起源于以等级和优先次序为基础的仪式，认为计数“经常是一项仪式的核心特点，而仪式的参加者是有编号的”。无论最早的数字或类数字词汇是被应用于人的有序次序，还是被用于评价某批工具的数量状况，几万年来，人类的大脑显然已经能够学习如何数数。

数学并不是一个人类普遍拥有的特点，因为在有些文化中不存在大于 3 的数字词汇，注意到这一点是十分重要的。而且，有些民族对数量的感觉高度文化化，尽管他们并不真的会数数，
24 因为他们的语言中数字词汇太少。譬如说，斯里兰卡的维达(Vedda)部落习惯于通过每得到一颗椰子就保留一根枝条的方式“数出”他们有多少个椰子。采取这种计数方法的人群显然明白，在枝条与椰子之间存在一种复数的对应关系，但如果你问某人采集了多少颗椰子，他就只能指着那堆枝条回答：“就是那么多。”

人类对数量的最早表达早已消失在时间的迷雾中，但我们可以假定，远在抽象的数字词汇产生之前，人们就有了表达“手”的词汇，而且用一个不同的词表达“一双手”，这种假定应该不会有太大问题。从表达特定物理事物的量的词汇向一种抽象的或可普遍应用的数字语言转化，这表明逻辑在起作用。也就是说，一旦我们有了一系列用于“数出”某物的词语，便有可能认识到，正是这些词本身形成了一个有序的、有一定规律可循的系列，它们不需要与人们过去常常计数的任何特定物品相联系。

1.4 创造清晰的模式

作为人类，我们生活在一个由人与物、视觉与声音、味觉与触觉组成的世界中。我们用视网膜看到的不是一种模式，而是人、树木、窗户、汽车以及人们感兴趣的其他事物。这与如下事实有关，即我们用语言来思考世界，用语言为物品命名，或者用语言就某人或某种形势做出陈述，等等。我的观点是，人类以概念化的方式构建了我们生活于其中的感知的流变，因此，我们对符号、图像和词语的使用是让事情有意义的核心。

举个例子，让我们想象一个正在为父亲画肖像的幼童。他用一根棍棒表示身体，用一个圆圈表示头，用两个小点表示眼睛，用一个 U 形曲线表示微笑。这幅画的重要意义在于，人们可以命名画中的每一个部分，因为我们明白，图中的两个小点代表的是眼
睛。公元前 30000 年的艺术可能与一个幼童的画作很相似，这并 25
不是因为我们的祖先思维简单，而是因为画出可以命名的事物是人类的一项非常基本的技能。事实上，我们可以说，人们可以理解儿童的画作，正是因为我们可以用自己的方式来讲述这些画作。

我们的祖先用大型哺乳动物的生动图形装饰洞穴，但他们也使用更为简单的记号，如点、V 字形、手印等的各种排列作为装饰。正如一个儿童在把某种记号变成一张脸之前或许不需要画出耳朵和鼻子一样，穴居艺术家们或许在看到一只猛犸之后才画出了獠牙。这种风格化、可理解的画作有别于文字，但与有意义的记号之间存在逻辑关系。我们可以毫不犹豫地假定，我们的祖先曾谈论他们的画作。作为石器时代图案创作的另一个例子，考古学家在

中欧地区发现了一头狼的胫骨，上面刻有 57 个深深的记号。这些记号以 5 个为一组。经碳-14 年代测定显示，这具胫骨已有超过 3 万年的历史。

人和动物都长于发现图案的规律。许多鸟类和哺乳动物尤其表现出了对数量改变的敏感性。人类一再表现出了清晰地表达数量的基本技能：我们以有规律的方式将物品分组，单一的“数数”操作变成了一种更为简单的评价组合。例如，我们能够认识到，4 是一对“双”，或者 10 是一对 5。这意味着，早在人们能够数数之前，他们就已经认识到，如果把事物有规律地分组，就会比在凌乱散布的情况下更容易评估它们。而且，一旦我们掌握了数字词汇，这种实践理念就会让我们走向乘法的概念。这表明，当我们的祖先能够明确地表达抽象的数字概念时，他们就通过把物品有规律地分成相等的小组，并以一五、一十、十五、二十……的方式(仅以 5 的
26 倍数为例)加以计数。换言之，乘法表或许与抽象的数字词汇本身一样古老。

数学被描述为模式的语言，我们天生的认识模式的倾向，与我们对图形和数字的文化感觉之间存在深刻联系。早在我们形成有关数字的合适词汇之前，古代人类肯定已经认识到了模式的真实存在，并探索了一些形式上的约束条件。远古的人类一定知道，通过合理安排三角形可以组成某些图形或者图案，但还有另外一些图形，如圆，是不可能通过三角形的排列得到的。在数以万年的岁月中，人们一直在利用他们在物品上的聪明才智(例如制作陶瓷和编织篮子)、音乐、舞蹈和早期的口头艺术形式来探索模式。例如，如果你每两次心跳便拍一次巴掌，每三次心跳就跺一次脚，则这样

的组合必定是一种特定的结合韵律而不是别的结合韵律，这是一个明显的真理。

数学命题的意义并不是无中生有，我们不需要“恰当”的数学就能弄清楚数量与图形的含义。在人类发展计数和抽象的数字词汇之前，他们或许使用了一种类似“像灌木丛中的野果一样多的野牛”这样的短语，或者用大量富有艺术性的记号来说明某种数值。毕竟，我们的艺术家祖先必定力图变得富有说服力，而且一定有人曾热情地展示一个庞大的野生动物群的规模。许多个世代之后，计数的出现催生了数字的概念，这是我们从概念上区分不同复数的能力取得的重大进展。

一开始，我们的祖先必定只在特定场合才使用他们的计数词
汇，但久而久之，我们意识到，为数出物品的数量，我们并不需要一 27
直盯着这些东西。在某种意义上，我们能够数出任何一堆物品，只
要给每个物品一个名字即可(例如分别给它们打上标签)。从这一
刻开始，我们就能只通过回顾我们所取的一系列名字来玩计数游
戏，即使这些标签已经与和其相关的物件分离。

许许多多的社会需要要求使用计算和数字，在史前时期的漫长岁月中，数学一直与支持数学方法的社会体系一起进化。反过来，更为精巧复杂的数学让更为复杂精细的社会结构成为可能。例如，一份遗产的分配只能在人们知晓有关除法的事实之后才能进行，而在某种更为复杂的层面上，税率和货币系统在没有数字概

念的情况下是无法理解的。

农业的发展让我们的生活发生了革命性的变化，而且，根据许多古代历史学家的观点，几何（在希腊文中，几何[geometry]的意思是“土地测量”）是在人们需要就田地的大小发表无可争议的权威言论时产生的。尤其是，埃及数学家每年都要重新标定尼罗河平原上被泛滥的河水冲走的产权标记。几何方法的产生来自测量土地的需要这种说法听起来当然很可信，但同样存在就庙宇和其他建筑物的具体建造计划进行交流的史前传统，这必然会涉及一种图形语言，因此这种几何的土地测量起源说实际上也可能是不正确的。不过可以肯定的是，到了公元前 3000 年，具有精细的数学实践的文明已经沿着世界上许多条大河的富饶河岸发展起来了。尼罗河、底格里斯河和幼发拉底河、印度河、恒河、黄河和长
28 江，它们都为这些新的生活方式提供了基础。此外，数学也在大规模文明的出现中扮演了一个核心角色，在商业、有规则和计划的建筑业、管理技术、天文学和计时的发展中更是如此。

1.5 事实的存储

你可能会想，最早被记录的数字一定非常小。但事实上，考古学家发现，一些最古老的、清晰的数字记录，涉及美索不达米亚王通过战争索取的成千上万头牲畜。我们注意到，没有任何文明在识数之前进入文字时代，而且据说几乎每个有计算能力的文明都使用过某种计数板或算盘，这也是非常令人感兴趣的。换言之，记录计数过程的工具的出现远远早于记录谈话的工具。希腊人和罗

马人使用分散的计数器，中国人使用细竹竿上的滑动珠子，古印度数学家则使用尘沙板(写在沙子里的记号可被抹去)。

人们认为，由于地理上的隔绝，数学在美洲各地的发展完全独立于欧洲和亚洲。因此，非常引人注目的是，在大约1500年以前，玛雅人便使用了与我们今天类似的数字符号。印加文明是比玛雅文明晚些的文明，印加人没有发展出一套记录口头语言的系统，但能用被称为奇普(quipus)的结绳系统来记录信息。所谓的奇普是一些彩色编码，代表被记数的不同事物，结绳员通过在两手之间抽动绳子来阅读绳结。每簇绳结代表着从1到9的数字，0由绳结簇之间出现的一个特别大的空位表示。

人们发现了由多达1800条绳子组成的奇普，由于不同颜色的 29
绳子表示不同种类的信息，所以，这些令人惊奇的物品证明，精细地记录一组物品并不是书面文字的专有领域。流传下来的奇普数量非常少，考虑到奇普的历史比印加人的历史早，因此十分可信的是，许多史前文明都曾用久已失传的手段来表达数据。值得注意的是，只有非常少的计数设备经受住了时间的摧残；古人是否曾以卵石的排布或者树皮上的划痕来记录信息，我们可能无从得知。数学史学家德克·斯特罗伊克①曾经提出，像巨石阵②那样的古代遗迹的建筑者一定对他们正在建筑的东西有一定认识。这个建筑中大量有规律的特征一定不是偶然出现的。如果说在石头就位之前，巨石阵的建筑者一直都不知道这些石头会用来建筑什么东西，

---

① Dirk Struik (1894—2000)，荷兰数学家、马克思主义理论家。——译者注

② Stonehenge，位于英格兰南部威尔特郡的史前巨石群，考古学家认为其建筑时间大约在公元前3000年—前2000年间。——译者注

这似乎是非常不可能的。他们交流意图的手段很可能涉及一些实物，这些人工制品代表着某种确定无疑的数据。例如，他们可能制造过影子投射模型来准确地说明需要安排多少块石头，以及这些石头相对于太阳的运行路线所应选取的方向。

古代亚洲的文明利用竹子、树皮，最终使用纸张来记录数字信息。尽管中国古代的数学知识的起源一直都模糊不清，但中国数学的一些片段却被人认真地保存了下来，历经数百辈人流传至今。举个例子，让我们考虑一下人称“洛书”的“幻方”。据传，这份数学图案在大约 4000 年前出现在黄河中的一个巨大的乌龟的背上。我们无法确定洛书问世的真正时间，但我们知道，它被认为是可以追溯到中国汉朝（公元前 206 年—公元 220 年）的真正的古代数学知识。

4	**9**	**2**
3	**5**	**7**
8	**1**	**6**

30 上图即洛书，其中每一行、每一列和每条对角线上都包含着其和为 15 的 3 个数字。组成中间十字交叉的 5 个数字都是奇数，这保证了每条线上都包含 1 个或 3 个奇数（即洛书的“阳”）。四个角上的数字都是偶数（即洛书的“阴”），从而完成了这个表示宇宙和谐与平衡的神圣符号。

中国古代最著名的数学著作或许要数《九章算术》。这本书的成书时间大约为公元前 200 年，里面包含的 246 个问题是用来测试和训练未来的官吏的。这一数学传统中最令人印象深刻的特点可能就是中国古代数学家能够按照一定规则求解线性方程组。举个例子,我们假定现有两种不同的重物,其表面分别涂以红色与蓝色。如果两件红色重物与三件蓝色重物共重 18 个单位,而两件红色重物与两件蓝色重物共重 16 个单位,则每件红色重物重几个单位?我们可以用现代符号把这一问题写成方程组:

$$2r+3b=18 \text{ 和 } 2r+2b=16。$$

其中第一个方程的左边减去第二个方程的左边等于 b,而第一个方程的右边减去第二个方程的右边等于 2。所以蓝色重物的重量 b 为 2 个单位。将这一数值代入两个方程中的任意一个,我们可以得到 $r=6$。现代数学家和中国古代数学家都用加减方程(或者 31
类似于方程的形式)消去未知数的方法求解这类问题,同样的原理自然也可以推广到两个以上未知数的情况。两千多年来,中国数学家一直用这种方法求解方程组,但值得注意的是,这一极为有用的方法直到 19 世纪初才为西方人所知,当时是由现代数学巨匠卡尔·弗里德里希·高斯(Carl Friedrich Gauss)独立研究成功的。

1.6 巴比伦、埃及和希腊

大约公元前 1650 年,一位名叫阿米斯(Ahmes)的书吏从埃及第十二王朝(约公元前 1990 年—前 1780 年)的文件中抄录了一份文字。看上去阿米斯受过数学教育,这让他成了我们所知的最早的数学家。"阿米斯文献"包括 85 个问题,这证明了埃及人有能力求解未知量，并能够系统地使用形式为$\frac{1}{n}$的分数。“阿米斯文献”中有一行字：“一堆东西加上这堆东西的$\frac{1}{4}$为 15”。通过试错，阿米斯得出了这堆东西必定为 12 的结论（因为 12 加上 12 的$\frac{1}{4}$是 15）。这份手稿也提到，一个直径为 9 的圆的面积与一个边长为 8 的正方形的面积相等。这代表了对 π 的一个误差仅为 0.6%的近似值。

尽管现代许多年轻人知道的数学知识都比古埃及人多得多，但很清楚的一点是，埃及人知道如何完成种类繁多的演算工作。尤其是，他们有测量恒星和行星位置的悠久传统，在一年一度的尼罗河洪水泛滥之后，他们非常清楚如何重新确定被水冲走的地产界标。一个特别古老的测量技术涉及一种三角板，它是由一根绳
32 子构成的回路，绳子上标记着 12 个相等长度。埃及人和其他古代民族都知道，如果把一段绳子拉成三角形，使其三边分别为 3、4、5 个单位长度，就能构建一个直角三角形。“斜边”（hypotenuse）这个古希腊词的意思是“全力拉伸”，这反映了上面所说的这项古老技艺。埃及人也知道 $3^2+4^2=5^2$，也和其他古代人一样熟悉其他许多毕达哥拉斯三角形。

美索不达米亚人的数学可能比同时代的埃及人的数学更为先进。到了汉谟拉比成为巴比伦王（约公元前 1750 年）的时候，他的子民已经发展出了求算面积和体积的有效方法——巴比伦人在毕达哥拉斯出生前 1000 多年便熟悉毕达哥拉斯定理的经验内容。我们有关巴比伦数学的证据的主要来源是流传下来的许多泥板文

献,上面保留着 3500 多年前的年轻书吏的数学家庭作业。与埃及 33
人类似,巴比伦人有时会描述一些涉及未知数的问题,引人注目的是,他们知道如何求解二次方程的正数解。更具体地说,他们会利用有关正方形和矩形面积的知识来回答类似下面的问题:“一个矩形的面积为 77 m^2,且其中一条边比另一条边长 4 m。这个矩形的两条边各长多少?”

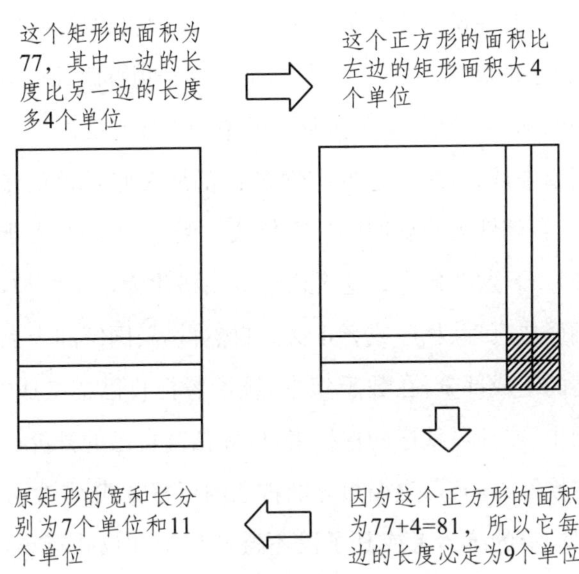

这个矩形的面积为77,其中一边的长度比另一边的长度多4个单位
这个正方形的面积比左边的矩形面积大4个单位
因为这个正方形的面积为77+4=81,所以它每边的长度必定为9个单位
原矩形的宽和长分别为7个单位和11个单位

美索不达米亚人的数学与研究星空(对于许多古代民族来说,这一自然界的特色具有十分突出的宗教意义)的渴望一起发展,也随着税收、贸易和测量等实践的发展而发展。如果缺少数学语言,税务记录就无法保存,人们也无法准确地记录恒星的轨道。数学让统治一个庞大国家的官僚管理过程成为可能,反过来说,最早出现的城市所要面对的新问题一定为新近产生的复杂的数学形式提

供了完美的温床。

古代问题的范围和流传下来的一些严谨的计算表明,符号计算在当时很受重视,并逐渐发展成一种可以广泛应用的技巧,不再局限于具体的实际工作。尤其是毕达哥拉斯定理,更是被广泛地应用于实际问题和想象的问题。毫无疑问,古人知道,无论他们考虑的是土地、长矛、影子还是建筑物的长度,都可以运用同样的数字关系。例如,一份古埃及的手稿就这样发问:“如果一架 10 个肘尺[1]长的梯子的底部距墙 6 个肘尺,那么梯子顶部距地面多高?”对这个问题的解答显然与实际生活中的迫切需要无关。

34 人们通常认为,最古老的数学过程正是人们当时正在做的事情:一种其合理性无须证明的计算仪式。例如,古埃及人十分关心玛亚特(Ma'at)这个概念。这个概念被人格化为一位女神,她的名字可以翻译成真理、秩序或者正义。自然世界、国家和个人都是玛亚特范畴的组成部分,在数千年中,统治者把自己描绘成“玛亚特钦点的领主”或神灵秩序的保护者,以此抬高自己的身价。

对古埃及人而言,遵循祖先的古老的行事方式,是生死攸关的事。如果国家的统治者或其子民不遵照传统和仪式行事,玛亚特的神灵秩序与宇宙和谐就可能转变为混乱。直截了当地说,古埃及人相信,他们肩负着一种神圣的使命,必须去做他们“一直”在做的事情,进行数学演算的神职人员会认为,在演算过程中发明新的运算方法可不是什么好主意。毕竟,如果一种久经考验的符号方

---

[1] cubit,古代的一种长度单位,即从肘至中指指端的距离,长约 43 厘米～53 厘米。——译者注

法仍然有说服力，那又何必与老师们争论呢？如果在尼罗河洪水过后，你敢提出一种为地产重建界桩的新方法，人们就会感到震惊和愤慨，因为他们对旧方式抱有相当合理的信心，他们每年都在使用同样的方法。

与此相反，希腊的智者先贤就为数学的真理展开过辩论，十分
积极地发展新的数学形式。后世的希腊历史学家都对这一事实感
到骄傲。古希腊人并不只有一种计算方式，他们进行论证，试图推
导出适用范围更广的真理观点。当然，更早期的文化也进行过数
学推导。两者之间的差别就在于，处在早期文化阶段的人以数学
的实际功用为出发点，他们通过范例的演示进行学习。老师们或 35
许会非常抽象地解释某种技巧为什么有效，但对数学证明以及对
逻辑原理的严格表达的强调，正是希腊的创新。

1.7 圆的逻辑

正如希腊人所讨论的那样，他们表达定义明确的概念性主题，从中推导出一系列非常普遍的真理。这一过程产生了一个更加抽象的数学形式，因为希腊思想家特别强调他们感兴趣的是概念性的原则，而不只是那些实际的、可数的事物或者实际测量过的物体。他们的根本性创新是构建了最终确定各种数学问题的事实的论证，而且他们的几何推导建立在可描述的、有符号标记的图形的基础上。

我刚才所说的最后一点是非常重要的。我们在后面的章节中会看到，现代数学论证经常取决于一种本质上基于符号的确定性

质的计算。古希腊数学与此略有不同。古希腊数学也涉及抽象的符号系统(例如,一个图形可以包括任意长度"AB"或者任意角度"ABC"),但它们讨论的数学对象都是与我们经验中的实际物体相去不远的理想化事物。例如,在经典几何中,一条曲线被说成是"一个运动的点描绘的路线"。与此有关的运动要从比喻的意义上理解,举例来说,要得到一个圆并不真的需要某个点以某种速度随时间而移动。我们只是通过谈论运动来描述何谓"一条曲线",因为我们都知道在脑海中追随一条曲线大约是怎样一种情况。的确,这个有关运动的比喻在非数学语言中也可以看到,因为我们有
36 时候会说,"这条路穿过了树林",或者说,"这条路越过了山冈"。在这样说的时候,我们并没有暗示那条路正在运动。

与此类似,在经典几何学中,"直线"这个术语指的也是某种抽象的东西,然而这个词的意义是以经验为基础的。以下说法似乎是很公允的:我们对直线这个概念的把握部分地受到了经验的启示,即源于拉紧的绳子。当然,这并不意味着我们有关一条直线的想法只是拉紧的绳子的某种心理意象,因为再细的绳子也有粗细,但"一条直线"是个抽象的数学形式,按照定义,它完全没有粗细。在许多个世纪中,欧洲数学完全被这种几何概念统治,我们值得在此稍微逗留片刻,以便回想我们对图形语言的最早思考。我们还是孩子的时候,就学会了认识有名字的图形,很快我们就把这种认图游戏视为理所当然。然而,在沙地上画一个圈并将之命名为"圆",这一举动实在是项非凡的成就。绘图的一切方面差不多都与这一命名毫不相干,因为我们通过把这个图看作一个圆(也就是说,通过理解我们的描述的正确性),我们与几何学家感兴趣的那

种观念不期而遇。

寻找这种形式，就是进行抽象：试图看出事物最基本的性质之所在，仅此而已。我们完全不会注意到，也不应该注意到，这个圆画得是不是完美，或者是画在沙子上还是刻在木头上。它与肖像画这种东西完全不同，就肖像画而言，我们所能谈论的不只是画中人姓甚名谁。太阳与月球所具有的球对称性表明，人类对圆形的认知年代的确可以追溯到遥远的古代，那时人们就注意到了圆的视觉特征。当然，认识到一个圆看上去是什么样子的相对容易，更困难的任务在于陈述圆的定义性特性，即圆周上的每一点与圆心 37
之间的距离相等。

确认圆的根本性质让理解得以可能。例如，圆有这样一个起决定性作用的圆心，这一事实可以解释池塘中的涟漪的形状。在石头击打水面之前，池塘的表面是平的，塘中的每一点都与其他各点极为类似。石头的冲击破坏了这种平衡，与破坏点等距离的各点受到了同样的影响，它们在同一时刻或升或降。换言之，因为石头标示了一个中心，而距离是一个与此相关的特点（不是圆心至各点的特定方向），因此，圆形的涟漪是在池塘中投入石头之后出现的明显后果。与此类似，如果我们不考虑转动产生的后果，一个液体行星将形成一个球体，这样其表面上的每个点与引力中心的距离都相等。

1.8 数学的真实性

我们已经看到，在给出土地的面积和长宽之差后，古代巴比伦人能够求出矩形田地的长度。如果这些人只对土地的实际长度和实用性感兴趣,那么他们只需要测量土地就可以了。毕竟,在什么样的古怪情况下,一个人会知道田地的长宽之差,却不知道长或宽为多少呢?通过这个例子,我们可以清楚地看出,我们的祖先对数学的热情远远超出了狭隘的实际考虑。

人们自然而然地投入到对我们的语言唤起的这个世界的研究中,我们今天仍然可以用许多方式理解古代世界的数学。然而,尽管我们可以再现古代数学家的探讨过程,但我们对数学事实的态
38 度却与他们大不一样。直到 19 世纪,人们还认为数学是一个由“铁的事实”构成的领域。数学公理被认为是绝对正确的,以它们为基础的任何推导都会被当作宇宙的真相。换言之,直到 19 世纪,人们都把数学描绘为形状与数字的科学,谁也没有想过要把数学分成“纯粹数学”与“应用数学”两大部分。

数学事实不同于物理事实,但当我们谈到直线的时候,我们的词语很容易理解,因为我们在真实世界中遇到过“直线”(以及其他许多事物)。不同于我们在丈量土地时使用的绳子,数学中的直线是“完美的”直线,这种有些神秘的说法有着悠久的传统。然而,数学真理与我们所能认识的这个世界相一致,虽然它比我们感兴趣的大部分真理更为抽象。毕竟,人类能够理解的每个命题都必须以我们的认知能力与我们对世界的经验为基础,尽管我们的兴趣是抽象概念,而不是其特例。

许多人对物理实在与数学真理之间的关系感到困惑,因为他们忘记了,物理实在和我们对它的理解并非同一种事物。例如,人们有时会说,“数学在每一个可能世界中都是正确的”,但这种说法

只在这个意义上成立,即在每一个“可想象”的世界中,你都不能用一个王和一对马把对方的一个独王将死[①]。同样,人们有时会说,“宇宙是按照数学定律运行的”,但这并不意味着我们应该接受这样一种准宗教的信念:数学强迫宇宙如此运行。例如,一个圆的周
长是其直径的 π 倍,这是一个数学真理,但这并不意味着,数字 π 39
真的会出现在每个圆形物品上。

经验事实是,如果我们要测量一个圆形物体的周长,就需要一段绳子,它应该比测量这个圆形物体的直径所需要的绳子的长度的 3 倍再长一些,但并不存在一个经验证明告诉我们,这两者之间的比率刚好是 π。事实上,量子理论告诉我们,对任何长度的精确测量都存在根本的局限性,因此,物理长度永远都无法确定数学的无限精确的量。我的观点是,圆是一个概念,而不是一种物质存在,不存在支持如下说法的经验证据:物质世界必须遵守数学定律。当然,物理学是一门数学性极强的科学,因为我们使用数学概念来描述被经验地观察到的规律。换言之,宇宙的规律是基本事实,数学是在我们试图理解、描述和解释那些规律时才登场的。

如果不使用概念,我们就无法理解这个世界,尽管数学概念与非数学概念之间的鸿沟常常被夸大,但人们一开始就认识到,数学真理具有其独有的特点。尤其是,数字概念是非常抽象的,我们强烈地意识到,我们在谈论数字的时候,不仅是在谈论那些我们刚好要数的真实事物。数一串名字和数有名字的物品之间存在着等价

---

① 本书凡提及象棋处,都指国际象棋。在国际象棋中,一王二马对独王的残局,若对方应对得当,必定和棋。——译者注

关系，这意味着，数学家完全不必理会正在数的是什么东西，就像孩子们很快就会意识到，你数的是苹果、梨还是人并不重要。数字概念的抽象性是意味深长的，但有时候我们忘记了，许多其他日常词汇也有类似的抽象性。例如，我们可以从颜色的角度来谈论世
40 界，并存在一些与此相关的概念："同样的"颜色、"不同的"颜色。这样的谈话让我们有了一个关于"通用颜色表"的想法，尽管我们当然应该考虑如下事实，即我们对颜色的认知非常容易受环境的影响，而且完全取决于光照条件。

任何特定的通用颜色表都具有相当的任意性，因为我们可以以任意精确度来定义"相同的颜色"，这就意味着，我们会为表中应该列入多少种不同的颜色而发生争吵。至于数字，情况要令人满意得多，因为我们数数的方式本质上生成了我们所需要的代表物。翻译的可能性意味着，无论用英语或者法语来计数，还是使用手指头或珠子来计数，这些都无关紧要。我们可以在市场里或者其他特定环境下使用数学词汇，这一点很重要。然而，关于数学词汇的事实来自这些词语所从属的数学框架，而不是在更广泛的意义上通过被用于实际工作而获得的。

如我们所见，19 世纪的数学家发展了非欧几里得几何。这一富于想象力的成就巧妙地改变了我们有关数学的基本理念，因为只有现代数学家才会说："让我们不妨假定这些公理都是正确的，由此看看可以推导出什么。"以符号为基础的恰当的推理艺术一直是数学的核心。19 世纪的变化就在于，数学家不再从铁的事实出发，他们现在感到自己可以自由地"仅仅"从命题出发，这种命题并不需要"实际上是正确的"。换句话说，几个世纪以来人们都认为，

科学家研究真实的物理世界，数学家研究抽象的对象，这些对象与物理世界可能有联系，也可能没有任何联系。

数学的哲学基础的微妙转变导致了“纯粹数学”与“应用数学” 41
的发明。人们经常假定这是两个基本的、自然的范畴，但在19世纪末以前，如果你问一个数学家他研究的是纯粹数学还是应用数学，他一定不知道你在问什么。当然，总是存在一些需要数学专业知识的实际问题。而且，大部分伟大的数学家也的确曾对科学做出过重大贡献，直到今天，许多最令人感兴趣的数学挑战都直接与我们用于描述物理现象的语言相关。尽管这些问题并非数学本身的一部分，但我们有兴趣求解的问题总是对数学的发展施加着强有力的影响。

具有根本意义的一点是，当我们试图描述世界的时候，理论和抽象语言必不可少。毕竟，没有表达理论的语言，我们就无法对这个世界做出描述。此外，在有关科学理论的问题上，我们的语言能够支持准确的、不存在歧义的推理，这一点是很有必要的。我们并不只想说，“世界就是这样”；我们更想说：“因为世界就是这样，由此可断定……”随着时间的推移，科学家和其他理论工作者完善了我们的定义，而随着我们澄清了命题的逻辑含义，科学的各个学科越来越靠近数学。随着数学运用的改变，我们对这一学科意义的认识也在改变。但自古希腊以来，我们就已经认识到，数学概念具有某种自主性，因为一切数学都是符合逻辑的，在本质上都是系统的。

第二章　从希腊到罗马

在算术中，我们关心的不是无须感官中介而为我们所知的完全不同的对象，而是那些能够直接与我们的理性发生联系的对象，与理性最邻近的对象，对理性显而易见的对象。

——戈特洛布·弗雷格(Gottlob Frege, 1848—1925)

2.1　早期希腊数学

我们对上古时期(公元前 650 年以前)的希腊数学知之甚少，但我们知道，那个时代的各个文明都通晓数字，他们熟悉测量距离的概念，雇用经过训练的书吏来保存数字记录。贸易谈判和货币的发明一定也促进了计算能力的进步，刺激了数学的发展。的确，传说中的希腊数学之父——米利都的泰勒斯(Thales)据说曾经是位商人。

有关古希腊早期的著名人物的事迹，几乎不可能分清哪些是事实，哪些是虚构。但据说，泰勒斯在公元前 6 世纪去过埃及和巴比伦，在那里学习了一些数学技巧，并参与了学者之间的辩论。有些民族的方法论存在严重的缺陷，相距遥远的数学家有时无法取得 43
一致意见。例如，埃及数学家深信他们计算棱锥台体积的规则是正确的，但巴比伦数学家的计算规则与之不同。泰勒斯很清楚，这两种方法中只有一种是正确的（这一次真理掌握在埃及人手中），他用来确认事情真相的论证可被视为最早的现代数学证明形式。

关键是，古希腊人对发展数学理论有兴趣，而元叙事方法的建立是希腊学术的标志性特点。他们不仅书写有关好的和坏的统治者的事迹，也书写政治理论。同样，他们不仅书写治病疗伤的技术，也写作医学理论。同样值得注意的是，对于古希腊人以及许多后来的思想家来说，理性思考的能力应该被视为人类的基本德性。数学为我们的逻辑能力的完善提供了一个理想的舞台，到公元前5世纪末，数学推理的基本原理已经稳固地建立起来了。

例如，在大约公元前440年，爱奥尼亚（Ionian）哲学家、希俄斯岛的希波克拉底（Hippocrates）便撰文讨论了月牙形的面积问题，同时构建了种种论证，从逻辑上引导读者从真理走向真理。换言之，他并没有单纯告诉人们该如何计算所要求取的面积，而是去证明，这个问题的答案是一套清晰的公理的逻辑结果。并非所有希腊数学都以如下推理形式出现："根据定义，命题A是正确的；如果命题A是正确的，则B必正确；如果B是正确的，则C也是正确的……"但是，希腊人显然热衷于确定数学论证的起点，他们的公理法对无数代思想家产生了强有力的影响。

在这个时期之前，人们经常说的事情类似于"想要计算这个问题，你需要遵照这样一个过程"。希腊数学的创新之处在于，整个

44 推理手段都经过了严格的叙述，使用图形和文字揭示明显的事实。古希腊人最伟大的遗产之一，是数学家极有道理地厌恶未曾明言的假定。他们并不是单纯提出一个模型，然后谈论这一模型的正确之处；他们先定义术语，然后用这些定义支持后面的推导过程。

一套严格的定义系统是个异常强大的东西，希腊人能够运用他们的 logos（即语言）来产生令人惊异的效果。举个例子，让我们考虑在本书"导言"中给出的对毕达哥拉斯定理的证明。通过明确地陈述所有相关事实，我们能够从如下命题中推导出毕达哥拉斯定理："正方形有四条相等的边和四个相等的角""移动一个图形不会改变它的面积""$a+b=b+a$"。其他古代文化没有培养出对说明如何由一个命题推导出下一个的兴趣，而真命题之间的逻辑关系正是希腊数学的主要关注点。因此，更早些时候的人视为理所当然的简单明显的命题现在获得了新的地位。自此之后，这样的"公理"便不仅被视为真实，而且被视为整个学科的基础。

2.2 毕达哥拉斯科学

作为一个神秘传统的奠基人，毕达哥拉斯蒙上了传奇的色彩。我们知道，他在大约公元前 580 年出生于萨摩斯岛（Island of Samos），去世时至少 80 岁。据说他曾与泰勒斯会面，后者鼓励他前往埃及和巴比伦，学习他们能够教授给他的东西。许多希腊学派强调变化的真实性，但毕达哥拉斯及其追随者着眼于确定世界的永恒特点，特别是那些与数字相关的永恒特点。在寻找这些原则
45 的过程中，毕达哥拉斯学派的学者认真研究了几何、算术、天文学

和音乐。指引他们这样做的是这样一种信念：宇宙会以数学形式揭示它的奥秘，“万物皆数”。

把世间万物都放入某种有序的体系中，这一强大的理念有着非常古老的历史。这样的有序体系或者有序目录是包括毕达哥拉斯科学在内的早期科学的核心。正如哲学家雅各布·克莱因[①]在《希腊数学思想和代数的起源》(*Greek Mathematical Thought and the Origin of Algebra*)一书中解释的那样，“主导毕达哥拉斯学派工作的一般观点或许可概括如下：他们认为，世间万物的真实基础就在于它们的可数性，因为作为一个‘世界’的条件主要取决于一种‘有序安排’(即希腊语 taxis)的存在。(反过来说，任何)秩序基于有序事物彼此制约而可数这样一个事实”。

毕达哥拉斯学派有关数字的研究并不完全是数学意义上的(至少按照我们所理解的那个术语来说不是)，因为他们还声称发现了数字关系的神秘意义。许多与宗教和神灵有关的传统尤其与特定的数字或图形(如占星术、塔罗牌或《易经》)有关，这些关系并不是任意的。举个例子，让我们考虑下面的成对词：

> 光/暗；暖/冷；对/错；
> 在场/缺席；积极/消极；开/关；
> 真/假；重/轻；潮湿/干燥。

接着考虑下面这种三词组合：

---

① Jacob Klein (1899—1978)，俄罗斯裔美国哲学家。——译者注

开始/途中/结束；观察者/观察/被观察；

过去/现在/将来；心灵/身体/灵魂；

圣父/圣子/圣灵；婆罗门/湿婆/毗湿奴。

46　这种数学事实是完全可能在日常生活中出现的：对第一个名单中的每组词计数，我们用的是“1，2”；对第二个名单中的每组词计数，我们用的是“1，2，3”。但每组词中还存在一种有效的比喻关系：成对的词之间存在着相反的性质，每个词都与和它成对的词有对立的定义。与此相反，三词组合中的各个词之间有一种相互贯通或者相互依赖的感觉。这就是说，三词组合带有一种整体的意义，这一意义在其中每个词中都有表现，将每个三词组合分开便会分裂某种真实可信的整体。

对于毕达哥拉斯学派来说，整数是神圣的，所以他们有动力尽全力把握每个数字的特点，把神秘主义或隐喻式的方法与仍被视为是合理的方法相结合。尽管毕达哥拉斯学派的数字科学属于一个更大的、极为古老的传统，但它与之前的知识有相当明显的区别。一个主要的技巧是根据可用几何方法证明的特性，将整数划分为具有内在联系的特定范畴。例如，毕达哥拉斯学派会论及：

奇数[①]

① 现代数学家认为 1 是一个奇数、一个平方数等，但古希腊人没有把 1 归入这些类别，因为对于他们来说，在大量可数事物出现之后，数字才开始。——原书注

偶数

合数 47

如果一个整数可以写成两个小于它的整数(除 1 之外)的乘积的形式,则称这个整数为合数。任何合数个点都可以形成一个矩形。

素数

按照定义,素数就是不是合数的数;因此,素数个点只能形成一条直线段,而无法形成一个矩形。

三角形数

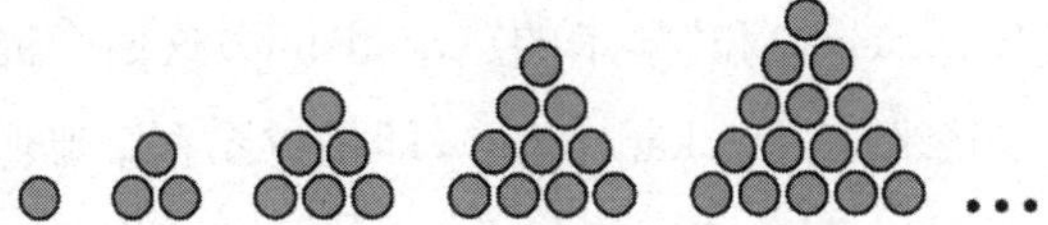

正方形数(平方数)

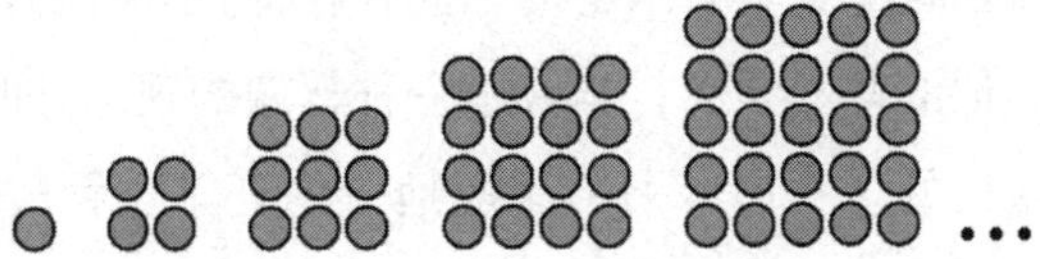

毕达哥拉斯学派对弦乐器的研究十分优雅地证实了他们对数

字的威力的信仰何等正确。将一根琴弦的长度减半将使其发出的音调提高一个八度，人们可以清楚地听到两个相差八度的音阶的和谐音。更普遍地，五声音阶（钢琴上的黑键）可以通过使用下列长度序列得出：

$$1(\text{多}),\frac{8}{9}(\text{来}),\frac{4}{5}(\text{米}),\frac{2}{3}(\text{索}),\frac{3}{5}(\text{拉}),\frac{1}{2}(\text{多})$$

与此类似，全音阶（钢琴上的白键）是这样排列的：

48 $$1(\text{多}),\frac{8}{9}(\text{来}),\frac{4}{5}(\text{米}),\frac{3}{4}(\text{发}),\frac{2}{3}(\text{索}),\frac{3}{5}(\text{拉}),\frac{8}{15}(\text{西}),\frac{1}{2}(\text{多})$$

之所以使用这些音调，是因为它们可以发出一个以比率 1∶2（一个八度）、2∶3（五度）、3∶4（四度）和 4∶5（三度）为主的音调组合。一般地说，小数定律告诉我们，长度非常相称的振动弦会发出悦耳的、响亮的谐和音，而不那么相称的长度则会发出不谐和音。

2.3　柏拉图与对称形式

“学院”（academy）和“学术的”（academic）这两个词来源于另一个词“阿卡德米亚”（Hekademeia），即柏拉图在雅典城建立其学派的地方。在通往阿卡德米亚的大门上刻着“不懂几何者不得进入”，柏拉图对世界的描述建立在对数学理想形式的强调的基础上。他相信，抽象对象具有永恒的独立存在性，不与任何人类的活动相牵连，而他的修辞学和哲学鼓励一种普遍的观念，即数学形式是完善的、永恒的。我在本书结尾的地方论证了这种数学观点是根本错误的，但许多人认为柏拉图是正确的，并称自己为柏拉图主义者或者实在论者。

数学形式是完善的、永恒的，这种说法很有说服力和吸引力。的确，基督教堂、犹太会堂和清真寺的许多圆顶结构建筑物都与柏拉图的说辞有着直接的历史渊源。更普遍地说，在地球上的任何地方，对宇宙的描绘几乎都是用几何线条构建的，这一点实在令人吃惊。这似乎意味着，如果我们提出了某种思想，并代代相传，往往就需要用某种有序的几何形式把它表达出来。例如，在许多不同的文化中，我们都可以找到地狱环、天球、地的四角等。

许多文化都对对称的规则图形很着迷。古希腊人之所以如 49
此引人注目，是因为他们在探究数学图形的性质，把它们分类并严格推导出各种性质时，采用了系统化的方式。在柏拉图之前很久，人们就已经谈到了三角形、正方形和其他“正多边形”，但我们会看到，人们对这些几何形式的理解在柏拉图时代取得了极大的进步。根据定义，一个多边形是一个带有任意整数条直线段边的平面图形，正多边形则是每边的长度都相等、每个内角也都相等的多边形。现在，一个特别古老的挑战出现了：找出用正多边形“瓷砖”铺满整个平面的所有不同方式。尤其是，设想安排各个正多边形的位置，让其顶点相交于一点。

如果想让正多边形完全铺满一个平面，它们会聚于给定一点的内角相加必须为 360°。因此，如果我们要用一种正多边形铺满一个平面，那么那种多边形的一个角上所包含的角度数必须刚好是 360 的因数。只有如下 3 种正多边形满足这一条件：

1. 正三角形瓷砖：6 个等边三角形可以交于一点，因为等边三角形中每两条邻边形成的角度都是 60°，360°＝6×60°。

2. 正方形瓷砖：4 个正方形可以交于一点，因为正方形的两条邻边形成的角度都是 90°，360°＝4×90°。

3. 正六边形瓷砖：3 个正六边形可以交于一点，因为正六边形的两条邻边形成的角度都是 120°，360°＝3×120°。

一个正五边形的两条邻边形成的角度是 108°，因此三个正五边形交于一点时形成的角度和是 324°，距离一个周角尚有 36°的缺
50 口。当多边形的边数超过 6 之后，只有两个多边形的顶点可以交于一点，因此能够用来铺满平面的正多边形只有等边三角形、正方形和正六边形。如果改变方式，允许使用任意正多边形组合同时保持同样的顶点位置（即多个正多边形一直以同样的次序交于一点），就刚好有 8 种不同的铺设方式。

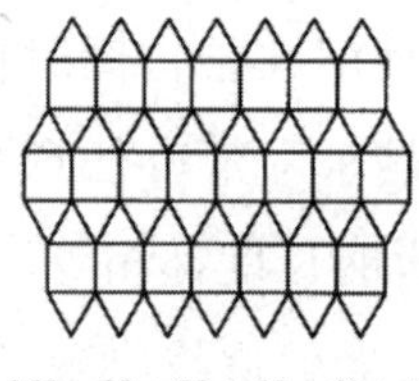

360 = 90 + 90 + 60 + 60 + 60

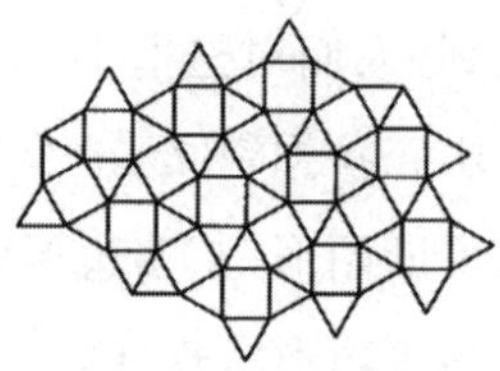

360 = 90 + 60 + 90 + 60 + 60

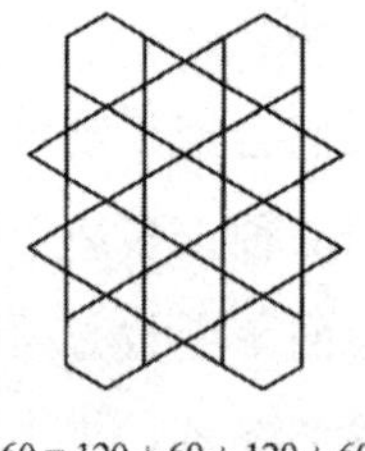

360 = 120 + 60 + 120 + 60

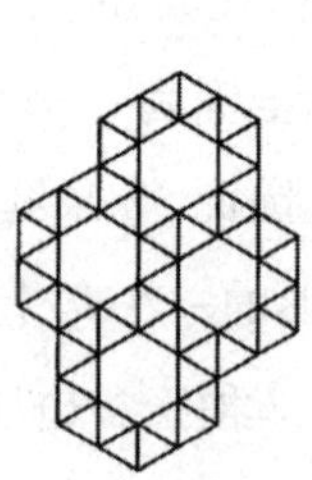

360 = 120 + 60 + 60 + 60 + 60

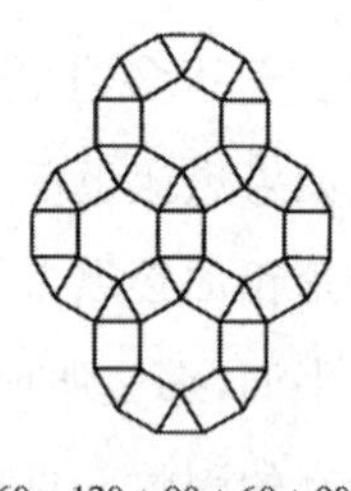

360 = 120 + 90 + 60 + 90

51 柏拉图和他的朋友兼雅典同乡泰阿泰德（Theaetetus）一起研

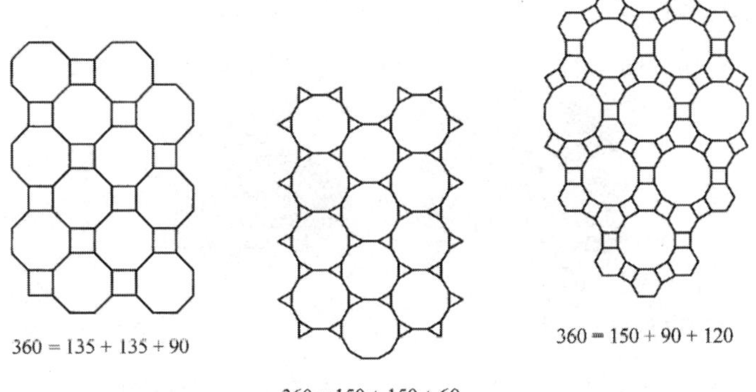

究数学。正是泰阿泰德第一个确认了用同种正多边形的表面包围有限空间的体积的全部不同方式。正方体是我们最熟悉的例子，它具有有限的体积，它的边界由同一种正多边形组成。但是，我们将会看到，其他几种立体也具有同样的性质。由于这类图形在柏拉图的形而上学中扮演着核心角色，因此它们得到了“柏拉图立体”的称呼，尽管这种称呼不见得公正。为找到这些很有规则的形状的完整名单，泰阿泰德需要考虑能由一种正多边形的邻边构成的所有类型的角。也就是说，他需要计算可能交于一点的所有面的数量和类型。

在每个顶点上必须至少有三个多边形相交，这一点应该很清楚。少于三个多边形无法形成一个有体积的立体形。而且，当一些多边形的角交于一点时，顶点上的角度总和必须小于 360°。如果这些角的角度之和等于 360°，这些多边形就会平铺在纸面上，这就形成一个平面镶嵌而不是一个立体图形。通过让各角度之和小于 360°，可以恰当安排各个多边形，使之在空间内闭合，形成一个柏拉图立体。

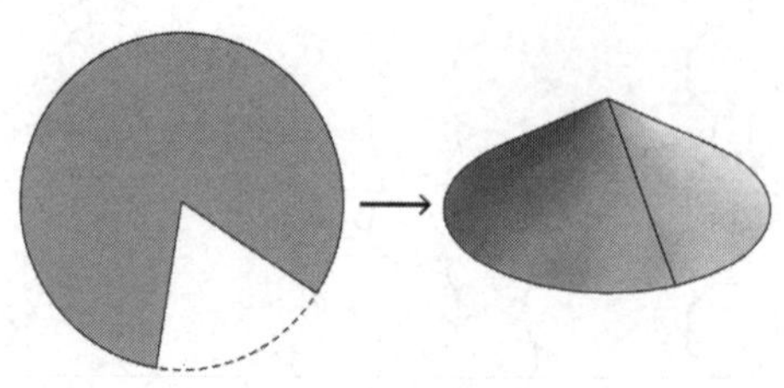

考虑到这些限制因素，只存在 5 种可能的柏拉图立体。三个三角形可以交于立体的每个顶点，我们可以看到这是一个有效的可能性，因为 3×60°＝180°，小于 360°。同样，4 个三角形也可以
52 交于立体的每个顶点，因为 4×60°＝240°，小于 360°。类似地，交于立体的每个顶点上的三角形数目可以增加到 5 个，但 6 个就不行了。如果 6 个等边三角形在每个顶点处相交，它们就会平铺在纸上，因为 6×60°＝360°。总的来说，如果我们用三角形来作为柏拉图立体的各个面，每个顶点发出的角的数目分别是 3 个、4 个和 5 个，除此之外再无其他选择。使用正方形作为面的唯一方法是让三个正方形交于每一个顶角（度数为 270°），因为四个正方形交于一点就会让整个图形在纸上形成平面展开。我们也可以让 3 个正五边形交于每一个顶角，这样形成的角度总和为 324°，但这是最后一种可能性。无法使用六边形或者大于六条边的平面图形来构建柏拉图立体，原因在于，如果你让 3 个这样的图形相交，得到的角度至少为 360°。

53 这个论证还没有完成只存在 5 个柏拉图立体的证明。我们还需要证明，事实上确实存在带有上述那种顶点的图形。而且要证

明，其顶点满足前述情况的图形只可能有一种。例如，我们怎么知道，不存在一种不是正方体的图形，它的每一个顶点都能发出三个正方形呢？类似地，我们如何知道，每一个顶点都发出三个正五边

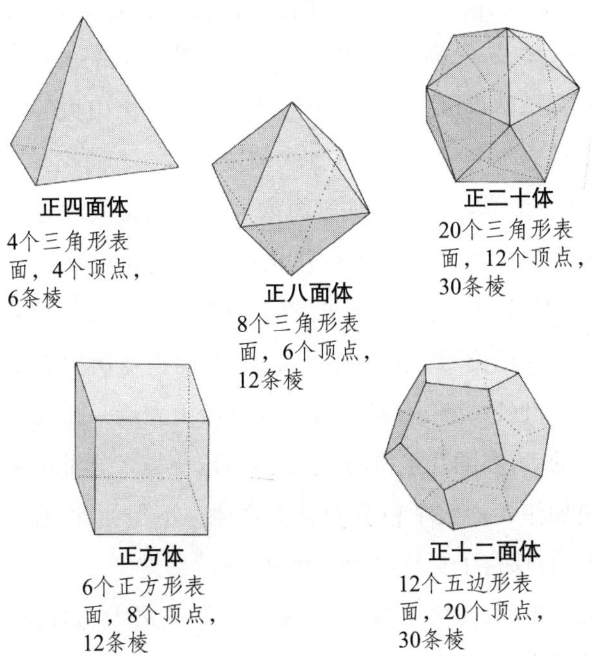

形的图形有且只有一种呢？我后面会再讨论这个问题，现阶段，我认为只要指出以下一点就足够了：古希腊数学家并没有轻飘飘地把这最后一步当作一个假定一带而过，这一点非常值得赞扬。

2.4　欧几里得几何

公元前 331 年 1 月 20 日，亚历山大大帝（Alexander the

Great)在法洛斯岛(island of Pharos)对岸沿埃及海岸扬帆航行。他认识到这个地方有许多天然优势,便下令在此建一座以他的名字命名的城市。在几十年中,亚历山大港(Alexandria)一直是马其顿人、希腊人、阿拉伯人、巴比伦人、亚述人、意大利人、迦太基人、波斯人、埃及人、高卢人、伊比利亚人和犹太人的故乡。为帮助把这座新都市建设成一个伟大的文化中心,亚历山大的继承人兼同父异母弟弟下令建造了一座庞大的图书馆。人们花费了大量金钱,雇用了许多学者收集浩如烟海的文字资料汇集到这座以雅典学院为蓝本修建的开放的世俗机构中。正是在这座新建的城市中,欧几里得(约公元前325—前265)创建了他的数学学派。欧几里得本人是在柏拉图学园中接受训练的,但在亚历山大麾下的将军托勒密一世(Ptolemy I)的统治下,亚历山大港一跃成为世界科学之都。的确,在欧几里得的有生之年,这座城市成了比希腊任何地方都更加伟大的数学精英的荟萃之地。不但如此,在大约500年间,它一直保持了自己的领先地位。

欧几里得的《几何原本》是有史以来影响最大的教科书,只有
54 《圣经》的版本数量超过它。尽管他的书(或一系列书)在2300多年中具有极大的影响力,但他本人并没有发明或者发现以他的名字命名的这种几何。通过罗列几条基本假定,然后以这些假定为基础进行逻辑推导并构建一系列定理,这种公理法也不是他发明的。混乱的事实是:欧几里得几何诞生的背后是长时间的复杂进化,但欧几里得对希腊几何本质特征的总结堪称一绝,很大程度上是因为它的逻辑结构异常清晰。

他的书开始于5个著名的公设,通过应用这些明确的命题,我

们可以从逻辑上澄清我们描述图形的语言。欧几里得并没有依赖我们对诸如“点”“直线”“圆”“直角”这些词的直观解释，而是陈述了有关这些事物的 5 个定义性原则，即著名的欧几里得几何公设。要证明欧几里得的所有定理，我们只需援引下面有关直线、点、直角等的定义性性质。

1. 任意两点之间存在一条最短路径，即直线段。

2. 任意线段都可以无限延长成一条直线。

3. 每条直线段都可以用来定义一个圆。该线段的一端是圆的圆心，其长度是圆的半径。

4. 所有直角本质上都是全等的，因为任何直角都可以经旋转和平移而与其他直角重合。

5. 给定一条直线和不在该直线上的一点，过该点可以作且只可以作一条不与该直线相交的直线。

第五条公设实际上是欧几里得对“平行”这个术语的理解，也 55
决定了对“方向”这个术语的解释。几千年来我们一直都知道，当且仅当两条直线永不相交时(即，当且仅当它们平行时)，它们才会指向同一个方向。在后面一章中，我将回过头来讨论欧几里得的第五公设，并阐述人们在 19 世纪对几何的重新思考。尤其是，我将讨论非欧几里得几何，以及存在与欧几里得描述的几何不同的几何这一事实的重大意义。

首先我想指出的是，总的来说，希腊几何尤其是欧几里得的《几何原本》产生了深刻的影响，这一影响远远超出了数学领域。艺术、建筑学、哲学、神学、科学和人类进行的无数其他努力，在塑造自身的时候都以欧几里得为榜样。因此，可以理解，许多哲学家、神学家和其他的论证建构者在某种意义上都效仿了欧几里得的方式，认为任何论证的适当形式都应该以明确陈述的前提开始，随后用公理推导出进一步的可能结果。

除了给出完全有效的论证的范例式定义例子之外，几何的实践对视觉艺术也有无可估量的影响。如果由那些不使用直尺和圆规的人进行设计工作，我们根本无法想象这个世界会变成什么样子；除了一些著名的例外，几乎所有蓝图，从中世纪的教堂到现代主义的建筑群，都可以用这两种工具画出。此外，我们在探讨经典几何时经常这样说："如果延长这些线段，就可以看到它们相交于一点。"建筑师和画家偏爱各种微妙的秩序，通过延长这些线段，能更加清晰地看到秩序中产生的图案。

在建筑学中，直线和直角的应用如此广泛，以至于试图使用
56 其他图形的人时常被人说成是在"试验非欧几里得几何"。这是对这一术语的一种完全可以理解的滥用，但严格地说，几何比我们的图形或形式的模式更为基本，更难以重新构想。我们的几何在用来描绘图形的语言中呈现出来，但图形本身并不足以确定我们可以用哪一种几何。用同一种几何研究正方形、圆或者古怪的不规则斑点都是可以的。几何本身是由一些基本事物描绘的，比如我们可以在给定空间内展现的对称种类，或者直线、角、距离等之间确定的关系。换言之，几何不是由我们通常或最容易讨论的图形定义的。我们可以用欧几里得几何的语言描述一种图形，也可以用与欧几里得几何本质上不同的非欧几里得几何描述同一种图形：差别不在于图形，而在于描述图形的术语的意义。

2.5　欧几里得算法

比例的概念对艺术、建筑和数学都很重要。有一种古老的技巧来表示或者确定两个给定长度的比率。尽管这种方法出现在欧几里得之前，但人们现在称它为欧几里得算法。需要领会的第一点是，比例是比长度、面积或者其他事物的比率更为抽象的概念。例如，如果我们有一条 20 厘米长的绳子和一条 40 厘米长的绳子，就有了一个 20 厘米∶40 厘米的比率，同时清楚地发现其中一条绳子的长度是另一条的 2 倍。如果我们现在考虑 17 英里和 34 英里这两个距离，尽管这两组事物的实际长度完全不同，我们还是能够认识到，20 厘米∶40 厘米与 17 英里∶34 英里有着同样的比例。在这两种情况下，我们都得到了1∶2的比例，而且理解，表达式 1∶2代
表所有同样成比例的比率。还有一点要注意，我们在书写比例的 57
时候不需要单位，因此，比例 1∶2适用于长度、面积或其他任何定量性质的比率。

在欧几里得的名作中，他描述了确定两个已知长度之间比例的广为人知的方法。第一步是以我们感兴趣的两个长度为边长构建一个矩形。之后，我们可以运用如下方法确定这两条边长度之间的比率：

1. 在矩形内画一个最大的正方形。

2. 在矩形内放入尽可能多的这种正方形。如果能把矩形填满，则可以到此结束；如果还存在一个未被正方形覆盖的长方形区域，则对剩下的矩形重复步骤 1。

当我们找到一个完全可以填满整个矩形的正方形时，欧几里

得算法便到此结束。这个大小的正方形能用来做一个可完美地再分我们得到的图形的网格，它是能用来把矩形分成一个个正方形的网格中最粗糙的一个。换言之，这个最小的正方形的边长等于矩形两边长度的最大公约数。

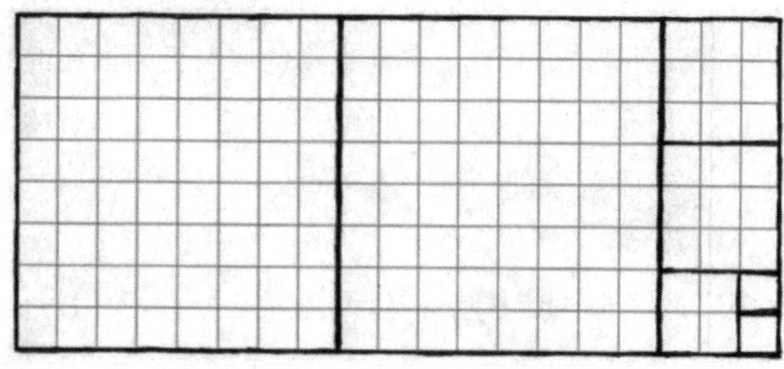

58　对于有些矩形，不存在任何正方形网格与其完全相符。在这种情况下，我们的算法可以一直继续下去。如果矩形两边的长度是没有公因数的整数（例如 5 厘米×9 厘米），则算法的最后一步将使用边长为 1 厘米的正方形。如果这两个长度有一个公因数，例如 3 厘米×9 厘米，我们将给出一个升级版的互素模式（例如我们将在得到 3 厘米的正方形时结束运算）：

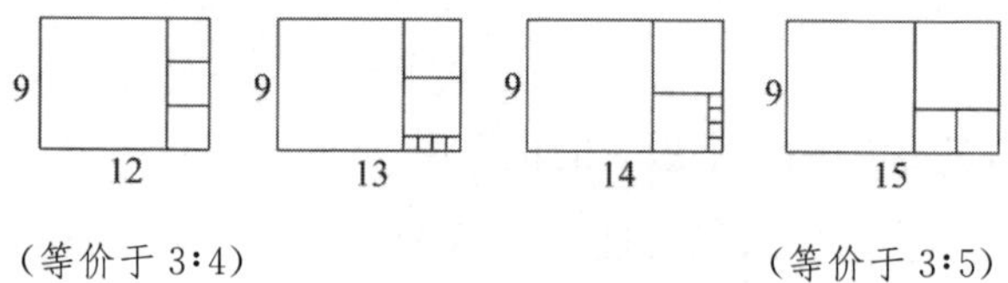

（等价于 3∶4）　　（等价于 3∶5）

这种技巧使生成的矩形的两边的比例很明显，也易于理解，它启发了无数代数学家、艺术家和建筑师。

2.6　阿基米德

叙拉古的阿基米德(Archimedes of Syracuse,约公元前287—前212)可能是有史以来最伟大的数学家。也有人说他是有史以来第一位数学物理学家,因为他发展了准确预测物体何时平衡、物体何时在水面浮起的理论。除了令人震惊的理论成就之外,阿基米德还是一位成就斐然的工程师:2200多年来,人们一直使用阿基米德螺旋泵把水抽到山顶,这种水泵直到今天还在使用。不过,古希腊历史学家普鲁塔克(Plutarch,约公元45—120)告诉我们,阿基米德最引以为傲的成就被刻在他的墓碑上,他这个极其优美的定理叙述了等高的圆柱、半球和锥体的体积比。

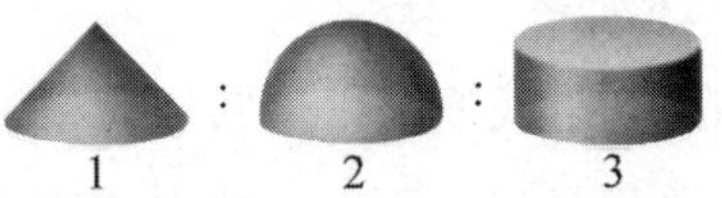

阿基米德在世之时便已闻名遐迩,我们知道,当时至少有一份 59
关于他生平和工作的记叙,可惜没有流传下来。普鲁塔克、李维、西塞罗和维特鲁威都说到了他的生平和工作,他保卫西西里岛叙拉古城的事迹增添了他的传奇色彩。普鲁塔克曾写到阿基米德在罗马入侵者的心中刻下的恐惧和尊敬,因为他在这座城市中与他们战斗了两年之久,“只要他们看到城墙上伸出来的一截绳子或者一块木头,就会掉头逃跑,并惊呼阿基米德又发明了新机器来毁灭他们”。

他对物理世界的概念性把握实际上改变了世界,并确定了技术发展的方式。例如,阿基米德在他的名著《论平面图形的平衡》(*On the Equilibrium of Planes*)中完全用公理化的方法讨论力学，使逻辑推理在物理系统上的运用成为可能。他用这种方法对滚轴、楔子、杠杆和滑轮的功能提出了极有说服力的普遍性解释，使用的表达明显超出了以物理形态呈现的特定精巧装置的范畴。他那严格的数学方法使对重心的计算成为可能，而且还做出这样的普遍性命题："临界点就在重心在底面边缘上方之处。"他还是第一个计算出两个物体在跷跷板上取得平衡的位置的人。

似乎这些还不足以保证他的不朽名声，阿基米德还第一个证明了半径为 r 的球体的体积为 $\frac{4}{3}\pi r^3$，表面积是与其具有相等半径的圆的面积的 4 倍，即 $4\pi r^2$。他证明了许多基本结论，但是他在计算圆面积时所用的方法尤其吸引人。他定义了 π 这个术语，因此半径为 r 的圆的周长便等于 $2\pi r$。

阿基米德知道，如果我们把一个圆切成相等大小的扇形并重
60 新排列这些部分，总面积仍然不变。他也知道，给定任意圆，我们可以画出一个足够小的正六边形内接于该圆，也可以画出另一个足够大的正六边形使之刚好从圆外与圆相切。这个圆的面积必定大于较小的正六边形的面积，而小于较大的正六边形的面积。而且，计算这两个正六边形的面积都不难，因为它们都是由大小已知的三角形构成的。阿基米德知道，原则上我们可以使用任意正多边形进行同样的工作，而当我们使用的正多边形的边数变得越来越多时，就会发现它们的面积越来越接近圆的面积。用这种方法可以计算 π 的近似值。的确，通过使用正 96 边形，阿基米德成功地把 π 的值计算到了两位小数。更重要的是，阿基米德的天才论证说明，半径为 r 的圆的面积必定为 πr^2。与一切数学定理一样，

这一基本真理有不同的证明，由莱昂纳多·达·芬奇发明的优美证明就是其中的一种：

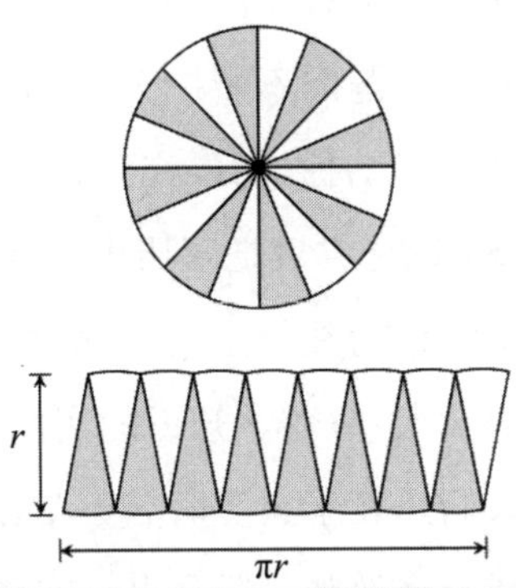

如果我们把半径为 r 的圆切成越来越多的小扇形，这些扇形可以重新组合成一个越来越近似于长为 πr 宽为 r 的矩形图形。 61

在阿基米德的许多证明中，他论证了，某个图形的面积或者体积不能超过某个给定的数字，但也不能小于这个给定的数字。例如，阿基米德证明，一个圆的面积不能超过 πr^2，也不能小于 πr^2。因此，圆的面积必定等于 πr^2。这就是人称"穷举法"的论证方法的一种形式。数学家、天文学家欧多克索斯（Eudoxus，约公元前400—前355）被认为是第一个通过证明某数值既不大于也不小于另一个数值来证明两者相等的人。在此之后的几千年中，人们发现，穷举法这种想法很简洁，但通过这种方法证明的定理并不算很多。然而，正如我们将在第五章中看到的那样，用越来越小的片段覆盖一个图形的想法是现代最富成果的数学理念——微积分——的古老祖先。

2.7 罗马时期的亚历山大港

在亚历山大港建立后数百年间，罗马帝国成长为它周边地区的霸主。随着罗马的影响范围不断扩大，数不清的手稿被“赠予”著名的罗马人或者被他们劫掠，用以充实自己的个人藏书室。例如，我们知道，克利奥帕特拉[1]曾把亚历山大港皇家图书馆中数以万计甚至十万计的手稿作为礼物送给西塞罗。令人庆幸的是，许多罗马人崇敬希腊数学家，对数学知识的实用意义和理论意义都有高度评价。当时人们热衷于买卖著名数学家的半身像和肖像，许多希腊人受雇担任家庭教师。罗马皇帝在整个欧洲（远远超出罗马民族的范围）开展数学教育实践，但令人惊讶的是亚历山大港一直保持了它作为纯数学研究中心的统治地位。

62 尽管一场大火铸成了易燃的皇家图书馆的灾难性命运，但亚历山大港在许多个世纪中一直对数学家有着极大的吸引力。我们有充分的理由相信，阿基米德曾经在那里学习；而毕达哥拉斯学派的学者，吉勒萨的尼科马库斯（Nicomachus of Geresa，约公元60—120）正是在亚历山大港写下了他的《算术入门》（*Introduction to Arithmetic*），用算术符号和平实的语言解释了欧几里得从几何角度描述的主要论题。这本书的影响力非常大，在1000多年里一直是欧洲算术的标准课本。在《算术入门》问世后大约50年，克罗狄斯·托勒密（Claudius Ptolemy，约公元85—165）写出了另一部

---

① Cleopatra（公元前69—前30），埃及托勒密王朝末代女王，史称“埃及艳后”。——译者注

更具影响力的著作《天文学大成》(*Almagest*)。

作为在亚历山大港工作的罗马公民，托勒密运用详尽的巴比伦天文学知识改进了欧多克索斯的天体运行模型。他最后完成的这部杰作被认为是有关天体运行的一份确定无疑的指南，在此后几千年中，无数人运用他的体系成功地预测了夜空中各行星的明显位置。《天文学大成》也传播了经线和纬线的系统，包含角度测量和长度测量之间关系的许多精辟论证，我们今天称这些知识为三角学。

在罗马帝国崩溃之后，教士和业余神学人士继续讲授并研究希腊罗马文明的数学。在这方面，外交家兼哲学家波爱修斯(Anicius Manilius Severinus Boethius，约公元 480—525)特别值得一提。他的著作《算术入门》(*Institutio Arithmetica*)虽然不是一部伟大的原创数学著作，但他对这一学科的敬畏和热爱有助于保证天主教会按照波爱修斯的教育四艺(算术、几何、天文学和音 63
乐)讲授并保留毕达哥拉斯学派有关数字的知识。

尽管大量的实用参考点(例如制造混凝土的手段)都已经失传了，最抽象的理念却完整地保留了下来，这一事实带有某种诗意。的确，包括圣奥古斯丁(Saint Augustine)在内的许多基督教神学家都支持上帝的造物有数学上的性质。因此，我们可以理解，尽管罗马帝国崩溃后出现了可怕的剧变，数学科学的关键部分还是被忠实地保存了下来。到了中世纪，经院学者从已有的数学知识体系出发取得初步进展。不过，在意大利数学家在 15 世纪后期取得令人振奋的进展之前，欧几里得的《几何原本》一类古代著作一直是数学知识的顶峰。

在后面的章节中，我们将会看到，以希腊和阿拉伯学者的成就为基础，欧洲经历了一次数学复兴。首先，我想把注意力集中在几千年来萦绕于数学家、艺术家和建筑师心头的现实方面。测量和比例的观念尤其古老，我会在下一章解释人们如何利用计数和连续测量让比例显而易见。尤其是，我们将会看到，欧多克索斯和戴德金(Dedekind)的思考如何扩展了数的概念——从整数向分数扩展，并进一步向无理数扩展。

第三章　比率与比例 64

是否掌握了数的概念，这是野兽与人类的明显区别。多亏有了数字，呼喊才变成了歌唱，噪声获得了韵律，跳跃转化成了舞蹈，蛮力变成了动力，轮廓变成了画像。

——约瑟夫·德·迈斯特(Joseph de Maistre, 1753—1821)

3.1　测量与计数

在日常生活中，我们并不仅仅对物体进行计数，还测量长度、面积、重量和时间等这样的量。首先，我们需要选择计量单位：英尺、英亩、克或者小时，视情况而定。我们指定某种测量的相关数量为单位 1，然后数出有多少个单位量度刚好等于我们所要测量的数量。例如，如果要测量一块土地的长度，我们可以数出这块土地两个端点之间有多少英尺。一般而言，数出单位的结果可能不会是偶数。例如，土地的长度可能大于 60 英尺，却小于 61 英尺。在这种情况下，我们可以用亚单位（subunit）来测量余下的长度，这种亚单位可以通过将原来的单位均匀地分为 n 等份获得。

65 古埃及人和其他许多文明人类都研究了这一过程。他们用日常语言命名了这些标准单位和亚单位，比如英尺可以再分为英寸，小时可以再分为分钟等。一般来说，我们会把计量单位分为 n 个亚单位，在测量某物时，我们数出 m 个这种亚单位来补足所要测量的量。在这种情况下，我们说，我们测得的是一个分数 $\frac{m}{n}$。请注意，此处的“分母”n 告诉我们，我们用的是哪一种亚单位，而“分子”m 则告诉我们，我们数出了多少个这种亚单位。

在好几个世纪的进程中，现代符号 $\frac{m}{n}$ 的古代对应物逐渐失去了它们与这个过程和测量单位之间的联系。换言之，人们开始把分数考虑为一种与整数非常类似的“纯”数字。我们怎样才能说明把“数”这个词从自然数扩展到分数是合乎道理的呢？我们或许可以说，你是在数苹果、梨还是人这并不重要，我们在测量距离、重量、时间等时使用分数也无关紧要。同样基本的是，我们在计数的同时也可以做分数的加法和乘法。分数的加法和乘法法则可以总结如下：

$$\frac{a}{b}+\frac{c}{d}=\frac{ad+bc}{bd},\frac{a}{b}\times\frac{c}{d}=\frac{ac}{bd},\frac{a}{a}=1$$

以及当且仅当 $ad=bc$ 时，$\frac{a}{b}=\frac{c}{d}$。

从现代的观点出发，我们之所以承认分数是一种合法的数系，是因为分数的加法和乘法法则与整数的加法和乘法公理法则毫无二致。更具体地说，无论 p、q 或者 r 是整数还是分数，如下命题都成立：

$$p+q=q+p,\ p+(q+r)=(p+q)+r,\ pq=qp,$$ 66

$$p(qr)=(pq)r,\text{以及 } p(q+r)=pq+pr。$$

许多个世纪以来，人们都相信，可以想象的量只有可以表达为分数的数字或“有理数”。然而，正如我将在下面展示的那样，这种看似有理的说法事实上并不正确。作为一个初步观察，让我们考虑下列图形：

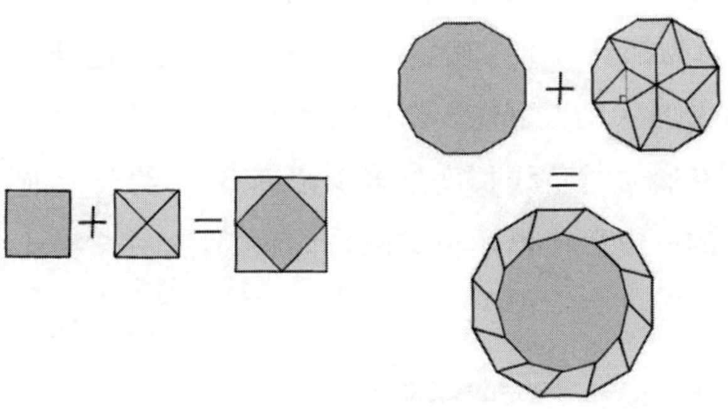

在每种情况下，我们都把一对同样的图形组合构建成了一个与之类似的图形，其面积是原来单个图形面积的 2 倍。这些较大图形的边长是原来单个图形边长的$\sqrt{2}$倍。我们可以用毕达哥拉斯定理证明这一事实。更普遍地，我们可以用欧几里得的公理来证明，如果将一个二维图形的长度乘以 n，改变其大小，这个图形的面积将会是原来图形面积的 n^2 倍。因为第二个也就是较大的图形的面积是原来的 2 倍（$n^2=2$），它的边长必定增加到原边长的$\sqrt{2}$倍。类似地，我们可以把 3 个六边形组合成一个面积为原来 3 倍的新六边形，其边长即为原来六边形的$\sqrt{3}$倍。

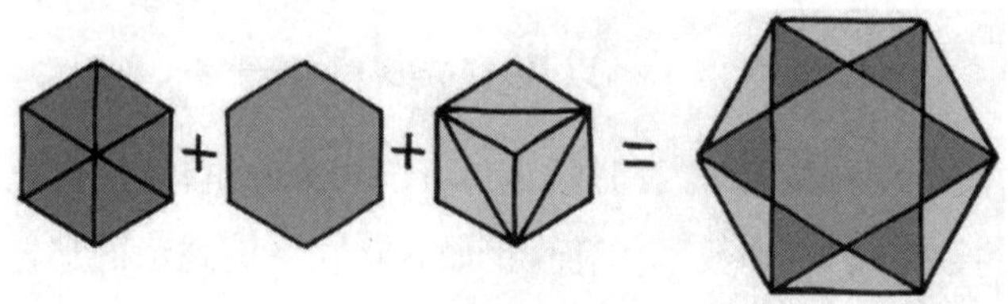

67 因为比率 $1:\sqrt{2}$和 $1:\sqrt{3}$是可以用几何方法构建的，所以我们凭直觉就认为，$\sqrt{2}$和$\sqrt{3}$必定是某种数字。换言之，我们欣然接受了每个这种事物都具有唯一确定的大小这一事实。这种观念非常古老，整个地球上的数百代人都仔细思考过这一问题："一个给定边长的正方形的对角线长度是多少?"事实上，约公元前 1800—前 1600 年的一份巴比伦泥板文献告诉我们，这一长度比率可以表达为：

$$1:1+\frac{24}{60}+\frac{51}{60^2}+\frac{10}{60^3}$$

(这一解答足够精确，可以用于任何实用目的，因为这一近似值的误差只有 0.00004%)。

正如我们在前一章中看到的那样，毕达哥拉斯科学使用了整数的语言，我们或许可以用这种语言说，一个量只是两个整数的比率而已。然而，在公元前 5 世纪，古希腊人证明，人们无法把$\sqrt{2}$表达为两个整数的比率，$\sqrt{3}$也不行。不但如此，当 p 为素数的时候，$\sqrt{p}$也无法被表达为两个整数的比率。

3.2　归谬法

为证明$\sqrt{2}$不等于任何分数，我们必须首先证明算术基本定理[①]。我们可以用数学家的策略——归谬法，对这两个命题加以证明。正如数学家G. H. 哈代所指出的那样，“这一招比象棋开局舍子的任何招数都要高明：棋手或许会牺牲一卒乃至更重要的棋子，但在数学家眼里，牺牲整盘棋都在所不惜”。我后面会再讨论这种观点，但我们目前暂时接受以下断言：**对于我们所研究的数学对象，我们不能讲述自相矛盾的事情**。简言之，数学不能接受一个逻辑上不能自圆其说的体系，因此，如果一套假定的公理无法自洽而我们又想要继续进行数学工作，就必须修改某个假定。有些令人惊讶的是，这一证伪原则（禁止前后矛盾的原则）让我们得以证明肯定性的新结论，其中包括涉及分数与测量长度之间关系的 68
事实。

欧几里得对算术基本定理的证明始于一个具有公理性的观察：“每个正整数集合中都必包含一个最小的数。”具体地说，假定存在着一些既不是素数，也不是素数的倍数的整数，我们不妨称其为具有性质P的整数。根据此公理，如果存在任何带有性质P的整数，则其中必有一个具有这种性质的最小整数，我们不妨将其称为k。换言之，如果算术基本定理是错误的，则必存在一个整数k，它是既非素数又非素数的倍数的最小数字。如果k不是两个整数

---

① 其内容为：每一个大于1的整数都可以且仅有一种方式写成素数的乘积。——译者注

的乘积(当然不包括 $k\times1$),则根据定义,k 是素数,这就意味着它根本不具有性质 P。

另一个可能性是,有两个整数 s 和 t,可使 $s\times t=k$。在这种情况下,k 必定大于 s 或者 t。这暗含着 s 和 t 不可能具有性质 P,也就意味着,它们或者是素数,或者是素数的倍数。因为根据定义,k 是具有性质 P 的最小的整数。但任何两个素数的倍数的乘积本身必定是素数的倍数,这就意味着 k 不可能具有性质 P。由于不可能存在一个具有性质 P 的整数 k,则每个整数都可以被因式分解,这一说法必定成立。

归谬法是种简单的技巧,但它揭示了大量真理:每个整数要么是素数,要么是某些素数的乘积。换言之,如果给定任何一个不等于 1 的正整数 N,则必存在一个素数 $p_1, p_2, \cdots, p_n$ 的集合,使得 $N=p_1\times p_2\times\cdots\times p_n$ 成立。欧几里得也证明,对于任何整数 N,只存在唯一一个其乘积等于 N 的素数集合。例如,$2\times3=6$,或者 $3\times2=6$,但其他任何素数的乘积都是 6 之外的其他数。

69 用类似的方法,我们可以证明 $\sqrt{2}$ 不等于任何整数的比。假设为了论证,我们找到了一个分数 $\frac{N}{M}$,该分数满足等式 $\frac{N}{M}=\sqrt{2}$。通过对等式两边同时乘以 M 然后再平方,我们可以把这个等式重新写成 $N^2=2M^2$。根据算术基本定理,我们肯定可以把整数 N 和 M 重新写成一系列素数的乘积的形式。因此可以得到如下形式的等式:

$$(p_1\times p_2\times\cdots\times p_n)^2=2(q_1\times q_2\times\cdots\times q_m)^2,$$

或者它的等价形式

$$p_1{}^2 \times p_2{}^2 \times \cdots \times p_n{}^2 = 2 \times q_1{}^2 \times q_2{}^2 \times \cdots \times q_m{}^2。$$

如果等号两边确实相等，则左边的素数因数必与右边的素数因数完全一样。但这一点是不可能成立的，因为左边的乘积中两次出现了因数 p_1、p_2 直至 p_n，右边的乘积中两次出现了 q_1、q_2 直至 q_m，另外还单独出现了一次因数 2。这个独自存在的因数 2 不可能在左边乘积中找到对应的数字，这就意味着，等式两边不可能相等。所以，我们必须否定原来的假设，即存在着一对可以令 $N^2=2M^2$ 成立的整数 N 和 M。换言之，我们的结论只能是：不存在分式 $\frac{N}{M}=\sqrt{2}$。

对当 R 为任意素数时，$\sqrt{R}$ 不可能等于任何分数的证明与此极为类似。首先，假设我们已经找到了一个分数 $\frac{N}{M}$，满足等式 $\frac{N}{M}=\sqrt{R}$，等价于 $N^2=RM^2$。下一步是把 N 和 M 重新写成素数乘积的形式，可以得到如下形式：

$$(p_1 \times p_2 \times \cdots \times p_n)^2 = R(q_1 \times q_2 \times \cdots \times q_m)^2,$$

或者它的等价形式

$$p_1{}^2 \times p_2{}^2 \times \cdots \times p_n{}^2 = R \times q_1{}^2 \times q_2{}^2 \times \cdots \times q_m{}^2。$$ 70

与 $R=2$ 时的情况一样，等式右边只出现了一次的因数 R 不可能在等式左边的乘积中找到对应数字。这就意味着，不可能存在一对整数 N 和 M 使得等式 $N^2=RM^2$ 成立。因此，不存在一对整数 N 和 M 使等式 $\frac{N}{M}=\sqrt{R}$ 成立。

一旦希腊人成功地完成了这一优美的小论证，他们便面临着一个重大的挑战。他们如何才能维持比例（测量不同长度的相互关系)与他们所熟悉的算术法则(计数、加法和乘法)之间的联系呢?考虑到$\sqrt{2}$是个无理数(即,$\sqrt{2}$不可能被表达为整数的比率),我们如何才能证明,称它为一个数的做法是正当的呢?假定可在$\sqrt{2}$与分数间进行加法和乘法运算,那么怎样才能证明这一假定是正确的呢?换句话说,在我们所探讨的长度不等于任何分数的情况下,如何才能用数字表达一个几何长度呢?

3.3 欧多克索斯、戴德金与分析的诞生

由于图形的广泛使用,大部分人都非常直观地理解了数轴的概念。这一概念的基本思想是,数轴上的每个点都代表一个数字:这是一个历史悠久且微妙复杂的隐喻形式。虽然我们今天所认识的图形是一种相对近代的创新,但数学家兼天文学家欧多克索斯(约公元前408—前347)早已认识到,尽管一个连续的数轴不只包含分数,但人们可以通过有理数的框架理解它的含义。欧多克索斯的独到见解在数学史上起到了关键作用。为了理解这一明晰思想产生的神秘基础,我们不妨回到毕达哥拉斯定理。我们已经看到,无论什么时候,一个边长分别为a,b,c的直角三角形,它的三
71 条边的关系必定满足$a^2+b^2=c^2$。反过来说,方程$a^2+b^2=c^2$的每个解都对应着一个边长分别为a,b,c的直角三角形。

可以确定,这个方程的每个解都对应着一个"实际存在的"直角三角形,因为我们可以画出两条成直角的线段,并让这两条线段的长度分别等于任意一对整数a和b。连接这两条线段的端点,所画出的直角三角形的斜边的长度必定等于第三个数字c。因为我

们已经指定这个三角形是直角三角形，所以，根据毕达哥拉斯定理，斜边的长度必定满足 $a^2+b^2=c^2$ 这一关系。

早在毕达哥拉斯的时代以前，人们就能够画出并确认直角三角形了。有人认为，早在公元前 1800 年，巴比伦人就知道，无论何时，只要连接满足 $a^2+b^2=c^2$ 这一关系的 a，b，c 三条线段，使之成为一个三角形，则这个三角形必定是个直角三角形。这种说法的主要证据是人称普林顿（Plimpton）322 的一块泥板文献，上面系统地罗列了 15 对整数 $\{a,c\}$，每一对 $\{a,c\}$ 里都有某个整数 b 使 $a^2+b^2=c^2$ 这一关系成立。例如，这块泥板文献中包含了 {45，74}、{1679，2929} 和 {12709，18541} 这 3 对整数，如果把它们分别与 60、2400 和 13500 组合，便可以形成“毕达哥拉斯三数组”。

直角三角形的几何事实与 $3^2+4^2=5^2$ 这样的纯算术事实之间的联系让数百代的人感触良深。在首次探索的时候，算术知识与几何知识之间的联系似乎十分脆弱，约翰·史迪威（John Stillwell）在其著作《数学及其历史》（*Mathematics and Its History*）中写道：

> 算术的基础是计数，是典型的离散过程。人们可以清楚地将算术事实理解为某种计数过程的结果，而不期待它有任何除此之外的意义。另一方面，几何涉及的是诸如直线、曲线 72
> 和曲面等连续的而不是离散的对象。连续对象不能由单个元素通过离散过程来构建，人们希望看到几何事实本身而不是通过计算来获得它。

尽管算术与几何之间存在许多不同,毕达哥拉斯定理暗示了两者之间有深刻的联系。事实上,他的传奇贡献就是证明下列命题是逻辑等价的:

1. 一个边长分别为 a,b,c (其中 c 最长)的三角形是直角三角形,当且仅当

2. 一个边长为 c 的正方形的面积与一个边长为 a 的正方形和一个边长为 b 的正方形的面积之和相等。

早在能够证明这两个句子逻辑等价以前,我们就已经能够分别提出并理解它们了,因此毕达哥拉斯的成就是显赫的。还应该注意,作为一个公式,这一定理读上去就像一个有关数量的加法和乘法的命题,因为给定的边长是相互之间具有 $a^2+b^2=c^2$ 这种关系的数值。希腊人当然知道如何做分数的加法和乘法,但**这个公式中提到的长度很可能是无理数**,因为人们当然会考虑到边长为无理数的三角形的存在。由于这一原因以及其他许多原因,人们必然会理解任意数值之间的加法和乘法运算过程,并将这一过程与分数的标准加法和乘法相联系。

这个问题对于现代读者来说并不令人生畏,因为大多数人会认为数是某种类似于 2.713…(可能带有无穷多位小数)的东西。
73 有着这样一个数字作为代表,我们自然就可以用一种相对直接的方式扩展加法、减法、乘法和除法的运算范围。例如,假设我们想知道 $x=2.713\cdots\times3.425\cdots$ 的计算结果。依次计算 x 的各个数位并不困难,只需要系统地进行运算。确实,只要观察一下第一位数字,我们就可以推断出,x 必定大于 2×3,小于 3×4。然后,通过观察第二位数字,我们就可以算出,x 大于 2.7×3.4,小于 $2.8\times$

3.5，以此类推。重要的是，如果你想确定 x 的某个位数，只需观察等号右边的两个数字的有限位数即可。我的观点是，当在想象中进行无数位小数的数字运算时，只要按照久经考验的方式进行加法和乘法运算就可以了，但是必须承认，当我们处理的是无限小数时，事实上看不到运算结果，即使我们涉及的运算只不过是单一的乘法也是如此。

一切都很好，但中心问题还没有得到解决。有可能证明两个无限小数是相等的吗（就像在毕达哥拉斯定理中出现的那样）？要理解这个问题，我们首先必须弄清楚大于、小于和等于这些关键的关系。对于分数的相等来说，我们有一个非常简单的标准：

$$当且仅当\ ad=bc\ 时，\frac{a}{b}=\frac{c}{d}。$$

例如，我们之所以说 $\frac{1}{2}=\frac{3}{6}$，原因就在于 $1\times6=2\times3$。与此类似，我们说：

$$\frac{a}{b}<\frac{c}{d}\ 的条件是：当且仅当\ ad<bc。$$

换言之，我们可以通过乘法和比较整数来比较有理数的大小。欧多克索斯认识到，不仅分数比较存在着定义明确的标准，还可以找到一种合理的运用于所有“实数”的标准。关键且看似简单的观察 74
是，当且仅当二者之间存在一个间隙的时候，两个实数（一个连续数轴上的两个点）才是“不同”的。如果确有这样一个间隙存在，则必有一个分数，大于其中的一个数字，而小于另外一个数字，因为数轴上的每一段都含有分数。这就意味着，当且仅当找不到一个比其中一个数大比另一个数小的分数时，这两个实数实际上是同一个数。

两个实数之间的相等是无法以计算定义的，也就是说，找不到一个分数——它大于其中一个实数，却又小于另一个实数。这一事实的意义极为重大。如果做一个更为积极的说明，我们可以证明，对于任何分数来说，如果我们通过两种定义选定了同一个实数，那么，想要证明根据一种定义确定的该数大于根据另一种定义确定的该数，这在逻辑上是不可能的。换言之，我们能够在有理数框架内证明实数之间的相等，而且不必担心无理数把事情搞砸。

欧多克索斯的绝妙想法的另一个关键点在于，为了讨论一个数字的大小即定义其特性，我们只需说出它是大于还是小于或者等于任意给定分数即可。例如，我们能够比较任意分数 f 与$\sqrt{2}$，方法是计算 f^2，并将所得结果与 2 进行比较。我们能够对分数进行加法和乘法计算并比较它们的大小，根源在于我们能够计数，因为对分数进行加法、乘法计算并比较其大小的恰当方法完全是由对整数进行加法、乘法计算并比较其大小的方法决定的。所以，我们可以绝对肯定，每个分数都确定无疑地属于两个集合中的一个，其一为“小于$\sqrt{2}$”的分数集合，其二为“至少与$\sqrt{2}$一样大”的分数集合（与大于$\sqrt{2}$的分数集合完全一样）。

75 把分数分割为“小于”和“大于”这两个集合的观点至关重要。一个把任意分数分成“小于$\sqrt{2}$”或“大于$\sqrt{2}$”这两类的规则与其他一些事物一起，为我们提供了一个生成$\sqrt{2}$的十进制展开式的严格确定的方法。这一过程是按如下方法进行的：

$1^2=1$，1 小于 2，因此 1 必定小于$\sqrt{2}$。

$2^2=4$，4 大于 2，因此 2 必定大于$\sqrt{2}$。

$1.4^2=1.96$，1.96 小于 2，因此 1.4 必定小于$\sqrt{2}$。

$1.5^2=2.25$，2.25 大于 2，因此 1.5 必定大于$\sqrt{2}$。

$1.41^2=1.9881$，1.9881 小于 2，因此 1.41 必定小于$\sqrt{2}$。

$1.42^2=2.0164$，2.0164 大于 2，因此 1.42 必定大于$\sqrt{2}$……

我们还可以运用其他许多方法有效地把分数归类，令其进入“小于”或者“大于”这两个集合中的一个。例如，考虑下面这种确定$\frac{a}{b}$是大于还是小于 π 的计算方法；请记住，人们通常给 π 的定义是圆的圆周率，但它也是半径为 1 的圆的面积。

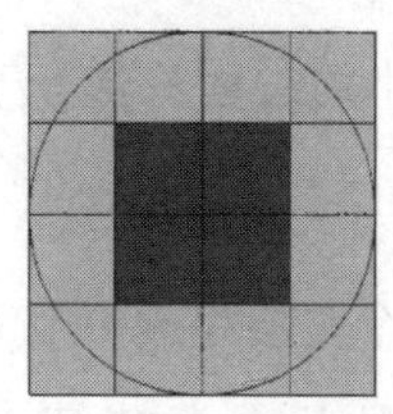
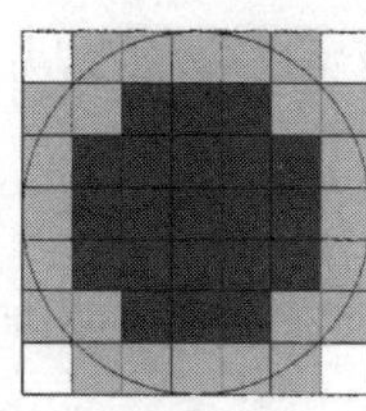
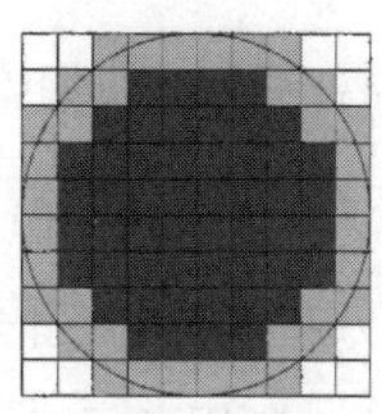

我们可以通过在越来越小的正方形组成的网格上画圆来计 76
算 π 值。把完全在圆外的正方形涂成白色，把完全在圆内的正方形涂成黑色，把圆穿过的正方形涂成灰色。当正方形越来越小的时候，黑色区域的面积便越来越接近于 π，灰色区域将变成任意小。

如果一个分数$\frac{a}{b}$不同于 π（其实每个分数都如此），则这些像素化的图像中的一个将会有足够精细的程度来说明这一事实。正如欧多克索斯所理解的那样，“$\frac{a}{b}$不同于 π”仅仅意味着“在$\frac{a}{b}$与 π 之间有一个可以看出的间隙”。也就是说，足够精细的图形将能证明，在以下命题中，有且仅有一个是正确的：

1. 黑色区域的面积大于$\frac{a}{b}$，因此$\frac{a}{b}$小于 π，或者

2. 黑色区域的面积加上灰色区域的面积小于$\frac{a}{b}$，因此$\frac{a}{b}$大于 π。

请注意，在所有情况下，我们都在用分数$\frac{a}{b}$与其他分数(相关面积)进行比较。我们可以通过运用毕达哥拉斯定理来正确地填入任何网格，这个定理能告诉我们正方形网格的顶点与中心之间的距离。因此，我们检查$\frac{a}{b}$与 π 之间相对大小的过程只依赖于整数加法和乘法的知识。

另一种确定一个特定实数的方法是把这个实数写成一个无限和式的“极限情况”。例如，印度数学家尼拉坎萨·索玛亚吉(Nilakantha Somayaji，1444—1544)证明了$\frac{\pi}{4}$小于 1 大于 $1-\frac{1}{3}$，小于 $1-\frac{1}{3}+\frac{1}{5}$ 但大于 $1-\frac{1}{3}+\frac{1}{5}-\frac{1}{7}$ 等。这一近似值序列定义
77 了一个特定的实数，因为我们总可以用有限个这些近似值来说明任意给定分数大于或者小于 π。还应该注意，许多不同的序列可以准确地界定同一个实数，下列各个等式就向我们说明了这

一点：

尼拉坎萨·索玛亚吉(约 1500 年)：

$$\frac{\pi}{4}=1-\frac{1}{3}+\frac{1}{5}-\frac{1}{7}+\frac{1}{9}-\frac{1}{11}+\frac{1}{13}-\frac{1}{15}+\cdots$$

弗朗索瓦·韦达(François Viète, 1593 年)：

$$\frac{2}{\pi}=\sqrt{\frac{1}{2}}\times\sqrt{\frac{1}{2}+\frac{1}{2}\sqrt{\frac{1}{2}}}\times\sqrt{\frac{1}{2}+\frac{1}{2}\sqrt{\frac{1}{2}+\frac{1}{2}\sqrt{\frac{1}{2}}}}\times\cdots$$

约翰·沃利斯(John Wallis, 1655 年)：

$$\frac{\pi}{2}=\frac{2}{1}\times\frac{2}{3}\times\frac{4}{3}\times\frac{4}{5}\times\frac{6}{5}\times\frac{6}{7}\times\frac{8}{7}\times\cdots$$

莱昂哈德·欧拉(约 1750 年)：

$$\frac{\pi^2}{6}=\frac{1}{1^2}+\frac{1}{2^2}+\frac{1}{3^2}+\frac{1}{4^2}+\frac{1}{5^2}+\frac{1}{6^2}+\frac{1}{7^2}+\cdots$$

$$\frac{\pi^2}{6}=\frac{2^2}{2^2-1}\times\frac{3^2}{3^2-1}\times\frac{4^2}{4^2-1}\times\frac{5^2}{5^2-1}\times\frac{6^2}{6^2-1}\times\cdots$$

3.4　循环小数与戴德金分割

当欧多克索斯澄清“大于”“小于”“等于”这几个基本关系的时候，数学在本质上说是几何的。然而，后世数学家更多地在代数方面进行了研究，到了 19 世纪，他们想再次准确地阐明“实数”的含义。从直观意义上说，实数与数轴上的点对应。如我们所知，这个
概念尽管十分直观，却相当微妙。实数轴的现代定义要归功于理 78
查德·戴德金(Richard Dedekind, 1831—1916)，但数字可以由一条线上的点来确定，这一想法是由勒内·笛卡尔(René Descartes,

1596—1650)最先提出来的。

我们知道如何利用一条数轴上的某些点(例如整数点)进行算术演算,但数轴上的每个点实际上都是一个数这种说法存在问题,因为我们应该如何利用一条几何直线上的任意一点进行算术演算,这一点并非显而易见。戴德金认识到,有更好的方式来定义实数,这种方式并不需要借助一条线是一个运动点描绘的路径这种几何理念。独具慧眼的戴德金注意到,每个实数都可以通过一对集合加以定义,即小于 x 的分数的集合和至少与 x 一样大的分数的集合。出于明显的原因,人们称这一对互补的集合为“戴德金分割”。

把实数想象成数轴上的点可能更直观,但当需要严格解释实数概念时,数学家转而使用戴德金分割来澄清“数轴上的点”这一概念。也就是说,人们把确定一个实数 x 的过程理解为确定一种方式把分数的集合一分为二,由此,在“小于”集合中的每个分数都小于在“大于”集合中的每个分数。根据定义,当且仅当集合“大于 y”中有一个分数也在集合“小于 x”中时,则数字 x 大于数字 y。同理,当且仅当集合“小于 x”与集合“小于 y”完全一样时,数字 x 与 y 相等。

我们一开始学习分数的时候,往往把分数看成一个数除以另一个数,即分数带有动词的性质。在慢慢积累了分数的加法和乘法经验之后,我们学会了把它们当作名词,即它们本身就是“完整
79 的事物”。当我们用类似 0.3333…一类循环小数规定一个数的时候,也必须进行一次从动词向名词的概念性转变。这种符号背后的思想是,我们可以使用一个以 0.3,0.33,0.333,…为其各项的

无限序列来选定某个特定的数字。也就是说，通过把分数放入“小于”集合，当且仅当这些分数小于 0.3，0.33，0.333，…各项中的一项时，我们就可以指定一个特定的戴德金分割。这让我们提出了下面这个问题：是否存在这样一种分数，它们带有规律性的循环小数数位，但并不与任何分数相等？尤其是，$\sqrt{2}$有循环小数位吗？还是说它的小数部分永远都不会重复？

我们可以通过观察循环小数的某些代数特性来回答这个问题。举个例子，不妨考虑一下数字 0.234523452345…。让我们设这个数为 x，然后进行如下论证：

$$10000x=2345.23452345\cdots,$$

且 $$x=0.23452345\cdots,$$

两式相减，得 $$9999x=2345。$$

将方程两边同时除以 9999，我们得到

$$x=0.2345\cdots=\frac{2345}{9999}。$$

我们可以通过给分母加上相应数量的 0 来改变循环数位。例如，$0.0023452345\cdots=\dfrac{2345}{999900}$。在循环位数串之前存在有限位其他数位的情况下，我们也能找到一个等价分数。例如，

$$0.6623452345\cdots=\frac{66}{100}+\frac{2345}{999900}=\frac{662279}{999900}。$$

每个循环小数都可以写成一个分数的形式，这一事实现在应该很清楚了。这意味着$\sqrt{2}$肯定没有循环小数位，因为$\sqrt{2}$不能像带有循 80
环小数位的数字那样被写成分数的形式。这一论证方法的一项特别应用让我们清楚地看到了欧多克索斯的相等概念在完善数学理

念上的强大功用。令 $x=0.999\cdots$,我们可以得到:

$$10x=9.9999\cdots,$$

因为 $$x=0.9999\cdots,$$

所以 $$9x=9,\text{于是 } x=1。$$

许多人在发现循环小数 0.999…等于 1 时多少有些不安。但我们可以看到这是一个事实,因为如果一个分数小于 0.9,0.99,…中任一数字,则它必定也小于 1。而且,数字 1 是不小于 0.9,0.99,0.999,…中任一数字的最小分数。这便意味着,1 是“大于 0.999…”集合中的最小成员。因此,符号 1 和符号 0.999…表明的正是同样的戴德金分割,也就是说,它们是同一个实数的两种不同表达方式。

0.999…与 1 之间存在一个无穷小的差这种观点不属于普通数学,尽管有些数学形式中含有无穷小量。换言之,数字 1 是唯一能够与 0.999…相等的实数。说 1 与 0.999…之间的差实际为 0 似乎有些怪异,但用伟大数学家莱昂哈德·欧拉的话来说,“对于那些问我们数学中的无穷小量是什么的人来说,我们的回答是,这个数值实际上就是零。因此,这一概念并不像人们通常认为的那样神秘”。更普遍地说,我们的分析表明,每个循环小数都等于某个分数,而且,通过考虑长除法,我们能够看到,这一命题的逆命题
81 也是正确的。换言之,每个分数都有一个无限循环小数的表达形式,而每个循环小数都等于某个分数。

3.5 连分数

十进制记数法是一个极为有力且方便的表达数字的方式,然

而它远不是唯一的系统，还有一种特别优雅也很有趣的表达方式。我说的这种形式被称为连分数，许多历史学家都认为，古希腊人曾经研究过这种形式（当然，古希腊人至少熟悉其中的关键思想）。尽管拉斐尔·邦贝利（Raphael Bombelli）从未声称这种记数法是他发明的，但就连分数的使用来说，我们能够发现的最早记录确实出现在他 1572 年撰写的著作《代数学》（*L'Algebra*）中。

那么，什么是连分数呢？这么说吧，我们都熟悉这种观点：1 除以 2 是一个数字，可以把它写成$\frac{1}{2}$。我们也熟悉另一个观点，即如果$\frac{1}{2}$是个数字，则 $2+\frac{1}{2}$ 也应该是个数字。既然 $2+\frac{1}{2}$ 是个数字，难道我们不可以说，这个数字的倒数也是一个数字吗？或者说，我们不能说$\frac{1}{2+\frac{1}{2}}$是个数字吗？而且，为什么我们不能继续在这个数字上加上整数，并用所得结果除 1 呢？也就是说，$\frac{1}{3+\frac{1}{2+\frac{1}{2}}}$也是一个具体的数，只不过用了一种不同寻常的方式写出来。

人们称这种形式的数为连分数。在链状结构个数有限的情况下，我们总可以把这个数写成普通分数的形式；但如果这个数字成了一个无限的链，情况可能就不再如此了。正如我们最习惯于通过一个小数的无限序列来考虑一个任意数字一样，考虑一下如何把一个小数转化成连分数的形式是很有启发意义的。基本的观察结果是，每个实数 x 都可以写成 $\lfloor x \rfloor+\Delta(x)$ 的形式，其中 $\lfloor x \rfloor$ 是 82

x 的整数部分，$\Delta(x)$是某个实数余数，其值在 0 与 1 之间。例如，2.269的整数部分是 2，而余数 $\Delta(2.269)$则是 0.269。人们还注意到，每个非整数实数 x 都有一个整数部分 $\lfloor x \rfloor$，但也存在一个整数部分与$\frac{1}{\Delta(x)}$对应，这给了我们更大的启示。

例如，当 $x=2.269$ 时，整数部分是 2，余数是 0.269，而$\frac{1}{0.269}=3.71\cdots$。3.71…的整数部分是 3，这就告诉我们，数字 2.269 接近于 $2\frac{1}{3}$。通过一系列转化余数和取整数部分的迭代过程，我们可以生成一个特定的整数序列，代表实数 x。在上面的例子中，第一个整数是 2，第二个整数是 3，但更普遍地说，每个实数 x 都有一个整数$\lfloor x \rfloor$和一个(有可能为无限的)正整数序列 $r_1, r_2\cdots$，使如下等式成立：

$$x=\lfloor x \rfloor+\cfrac{1}{r_1+\cfrac{1}{r_2+\cfrac{1}{r_3+\cdots}}}$$

用以上记数方式写下数字 x 的过程被称为“将 x 表达为连分数形式”。此外，找出这一整数部分序列的过程等价于应用欧几里得算法。换言之，对于给定实数 x，我们可以找出相应的连分数形式，方法是首先画出一个 $1:x$ 的矩形，然后一步步地填入尽可能多的正方形，每一步都填入尽可能大的正方形。

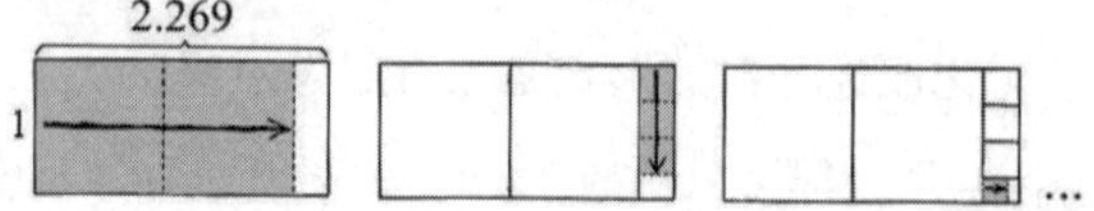

当 $x=2.269$ 时，我们得出 $\lfloor x \rfloor=2$，于是可以在这个矩形中填入两个正方形。

然后我们可以在余下的空间内填入 3 个正方形，这说明 $r_1=3$。 83

在余下的空间内我们只能填入 1 个正方形，这说明 $r_2=1$。

如果有一段长度恰好可以填满矩形的两条边，则我们的算法过程在找到这一长度时会戛然而止。当且仅当数字 x 可以被表达为两个整数的比时，这种情况才会发生。连分数是数字的一种表达方式，从某种意义上说，它与小数十分相像，都是最先出现的数字告诉我们 x 的大小的最主要信息。而且，有理序列 $2, 2+\frac{1}{3}$，$2+\cfrac{1}{3+\cfrac{1}{1}}$ 是由我们的实数 $x=2.269$ 的一系列精确度越来越高的近似值组成的；这与序列 2，2.2，2.26，…的情况一样，后者也是由基础数字（约为）2.269 的一系列精度越来越高的近似值组成的。

我们可以把 $\lfloor x \rfloor$，$\lfloor x \rfloor+\frac{1}{r_1}$，$\lfloor x \rfloor+\cfrac{1}{r_1+\cfrac{1}{r_2}}$ 各项重写为普通分数，而且随着序列不断延伸，各项变得任意接近 x。这一点很关键，因为这意味着，这样的序列能确定一个特定的戴德金分割。此外，序列中的奇数项都至少与 x 一样小。例如，第一个近似值 $\lfloor x \rfloor$ 肯定至少与 x 一样小。类似地，通过舍去尾数得到的第 3、第 5 和第 7 个近似值都得到了至少与 x 一样小的数字。相反，所有偶数项都至少与 x 一样大。因此，由于 $\lfloor x \rfloor$ 至少与 x 一样小，这就意味着，$\frac{1}{\lfloor x \rfloor}$ 必定至少与$\frac{1}{x}$一样大。

84 3.6 二次方程式与黄金分割比率

有限连分数可以重新写成普通分数形式，这就意味着，与循环小数一样，有限连分数也可以用来准确地确定一个实数。但无限循环连分数可以用来确定什么样的实数呢？让我们考虑下面这个例子：

$$1+\cfrac{1}{1+\cfrac{1}{1+\cfrac{1}{1+\cdots}}}$$

这是一个极为典雅的数字，按照惯例我把它标记为 Φ(即 phi，读音 fai)。根据定义，数字 Φ 满足 $\Phi=1+\frac{1}{\Phi}$。如果我们在上式两边同时乘以 Φ，则有 $\Phi^2=\Phi+1$。我们可以用标准的二次方程公式法求解这个方程，从而求得 $\Phi=\frac{1+\sqrt{5}}{2}$，即 1.618033989…。[①] 另外，也可以通过重复替换的迭代方法得出方程 $\Phi=1+\frac{1}{\Phi}$的解，其形式为一个连分数。我们只要反复用 $1+\frac{1}{\Phi}$代替每一个 Φ，就可以得到连分数

---

① 这个方程还有一个负数解为$\frac{1-\sqrt{5}}{2}$，但 Φ 显然是正数，因此可以舍去。——译者注

$$\Phi=1+\cfrac{1}{1+\cfrac{1}{1+\cfrac{1}{1+\cdots}}}。$$

比率 1∶1.618…(或与之等价的 0.618…∶1)被称为“黄金分割比 85
率”,而且,与 π 类似,它似乎也到处出现。许多自然图案显示了黄金分割比率,许多最著名的艺术作品也展现出了这一比率。例如,古希腊人相信,理想的人体应该充满黄金分割比率(比如,从肚脐至脚趾、从头至脚趾的比率“应该”符合黄金分割比率);蒙娜丽莎的身体也反复应用了黄金分割,极为合乎比例。现代派建筑大师勒·柯布西耶(Le Corbusier)也提倡在设计建筑或家具时应用黄金分割。

我很快就会重新讨论连分数的这个具体例子。首先我想要指出,在二次方程式与带有重复结构的连分数之间有一个非常普遍的联系。不妨考虑数字

$$x=2+\cfrac{1}{1+\cfrac{1}{2+\cfrac{1}{1+\cdots}}}。$$

因为这个连分数有重复出现的结构,我们可以用 x 来代替第二次出现的 $2+\frac{1}{1+\cdots}$,由此可得方程

$$x=2+\frac{1}{1+x}。$$

我们可以证明,给定任意描述带有重复出现结构的连分数,我们都可以用代数方法把它重新安排成 $ax^2+bx+c=0$ 的形式,此处 a,

b,c 都是普通分数。人们称这种形式的方程为“有理二次方程”。
86 可以用初等代数证明，在这个带有重复出现的结构的连分数例子中，$x^2-2x-2=0$，因此可以解出 $x=1+\sqrt{3}$。① 换言之：

$$\sqrt{3}=1+\cfrac{1}{1+\cfrac{1}{2+\cfrac{1}{1+\cfrac{1}{2+\cdots}}}}$$

我们已经看到，可以利用带有重复结构的连分数求解有理二次方程。埃瓦里斯特·伽罗瓦（Evariste Galois，1811—1832）短暂的悲剧人生以无拘无束地追求独创性为特点，他在年仅 17 岁时便证明，这一命题存在一个逆定理。换言之，当且仅当实数 x 可以写成具有重复出现的结构的连分数时，x 是一个有理二次方程的根。例如，假设我们以方程 $x^2=2$ 开始。我们可以在方程两边同时加上 x，因为这种操作不会改变原方程的性质。而且，$x+x^2=2+x$ 等价于 $x(1+x)=(1+x)+1$。用 $(1+x)$ 同时除方程的两边，我们得到 $x=1+\frac{1}{1+x}$。通过持续用 $1+\frac{1}{1+x}$ 代替方程中出现的 x，我们有效地对准了方程 $x^2=2$ 的唯一正数解，即 $1+\cfrac{1}{2+\cfrac{1}{2+\cdots}}$，

---

① 在这个例子中，用 x 来代替第二次出现的 $2+\frac{1}{1+\cdots}$ 之后得到的方程应该是 $x=2+\cfrac{1}{1+\cfrac{1}{x}}$，而不是 $x=2+\frac{1}{1+x}$，只有这样才能在后面得到 $x^2-2x-2=0$ 的形式。而在求解 $x^2-2x-2=0$ 时有一正一负两个根，原文只给出了正根 $x=1+\sqrt{3}$，而没有提到负根 $x=1-\sqrt{3}$。当然，负根不符合原题条件应舍去，但应该有所提及。——译者注

也就是 1.41421…。

伽罗瓦的另一项重大成就更令人吃惊。在他死于一场决斗的前一天晚上，他花了一些时间写下了对现在人称“伽罗瓦理论”的解释。他的结论是，带有项 x^5 的方程与带有项 x，x^2，x^3 或者 x^4 的方程有着根本性的差别。你可能记得，如果我们需要求解任何一个形如 $ax^2+bx+c=0$ 的方程，都可以用一个简单的公式找出所有 x 的值，即 $x=\frac{-b\pm\sqrt{b^2-4ac}}{2a}$。与此类似，我们也有能够求解 87
三次方程和四次方程的公式。许多数学家试图找到求解五次方程的普遍公式，但伽罗瓦证明，不可能存在这样一个公式，他因此而闻名于世。

3.7 无理性的结构

如果一个实数可以写成两个整数的比的形式，我们便称这个实数为有理数。每个实数要么是有理数，要么是无理数，但有些无理数的无理性强于其他无理数。也就是说，有些无理数比其他无理数更不像分数。为了理解情况为什么会这样，让我们想象在数轴上任取一点 x，然后尝试为它找到一个既简单又准确的有理数逼近。对于任意整数 n 来说，我们都可以为 x 找到一个形式为 $\frac{m}{n}$ 的最佳(或并列最佳)近似值。

$\frac{1}{n}$ $\frac{2}{n}$ x $\frac{3}{n}$ $\frac{4}{n}$

应该很清楚的是，每一个实数与这些分数的最大距离都是$\frac{1}{2n}$，这一最大误差发生在 x 刚好位于$\frac{m}{n}$与$\frac{m+1}{n}$两个分数的中间点的时候。我们也应该注意到，如果 x 接近$\frac{m}{n}$与$\frac{m+1}{n}$的中间点，就意味着它接近于$\frac{m+\frac{1}{2}}{n}=\frac{2m+1}{2n}$。

如果我们使用越来越大的 n 值，就可以找到 x 的越来越准确的逼近值。而且，对于每个整数 K 来说，对 x 都存在一个$\frac{m}{n}$形式
88 的"最佳有理逼近"，此处 $m \leqslant K$。上述说法一定是正确的，因为这个形式有有限多个"合理"逼近，因此一定至少有一个近似值，它与 x 的接近程度不低于其他近似值。

对于任意特定的整数 K，都存在一些非常接近它们的最佳有理逼近的数，而其他数字与最佳有理逼近的距离则相对远一些（在此我们要求，任意逼近$\frac{m}{n}$中的 m 都小于等于 K）。我们将在本章后面看到，对于每个整数 K，都存在一些与$\frac{m}{n}$逼近程度不高的数字 x。对于这些高度无理性的数字来说，每个整数比都是这个实数的近似值，但其精确度相对较低。

为了更好地理解无理性的结构，我们需要考虑一个由欧几里得算法产生的近似值序列。假设我们通过取整数部分的方法得出了一个近似值$\frac{m}{n}$，就有可能证明，对于任何分数$\frac{a}{b}$，以下两者中必

定有一个是正确的：

1. $\frac{m}{n}$比 x 更接近$\frac{a}{b}$，或者

2. a 大于 m。

换言之，给定一个实数 x，欧几里得算法可以产生 x 的逼近，它们是 x 的最佳有理逼近。下一步是考虑这些逼近的精确度与连分数的下一个整数之间的关键关系。例如，只要 $\Delta(x)$较小，则 $r_1=\lfloor\frac{1}{\Delta(x)}\rfloor$便较大。而且，如果余数 $\Delta(x)$较小，则我们的初始逼近$\lfloor x\rfloor$必定与 x 非常接近。更普遍地说，r_n的值越大，r_{n-1}与 89
$r_{n-1}+\frac{1}{r_n}$之间的差就越小，连续近似值之间的差也就越小。

当我们沿着欧几里得算法产生的近似值序列进行计算的时候，会在得出一个小于真值的近似值后得出一个大于真值的近似值，然后又得出一个小于真值的近似值，如此循环。因为这两种小于和大于真值的近似值交替出现，所以第 n 个近似值与 x 的真值之间的差必定小于第 n 个近似值与第 $n+1$ 个近似值之间的差。因此，如果第 n 个整数比较大，则第 n 个余数必定较小，第 n 个近似值必定非常精确。

举个例子，$3+\frac{1}{7}=\frac{22}{7}$充分逼近 π。我们可以说，个位数分数便可以给出很好的 π 的近似值，因为大多数实数没有如此简单又准确的近似值。相应地，π 的第三个分数近似值是 $3+\cfrac{1}{7+\cfrac{1}{15}}$。$\frac{1}{15}$相当小，因此，通过加入这个因素来改进我们的近似值，导致我们

的近似值稍微减小。这意味着我们原来的估计值一定比较接近 π,实际情况也确实如此。另一方面,分母为两位数的分数未充分逼近 π,在这种意义上,大部分数字都可以被更精确地逼近。这对应着如下事实:π 的连分数的第四位是 1,π 的连分数的前 100 万个整数中将近一半都是这种情况。

有一种更极端的情况,印度数学家斯里尼瓦瑟·拉马努金(Srinivasa Ramanujan, 1887—1920)发现,数字 $e^{\pi\sqrt{163}}$ 几乎等于一
90 个整数。事实上,这个数字在小数点之前有 17 位数,小数点后 13 位都是零。与此对应, $e^{\pi\sqrt{163}}$ 的连分数形式的第二项是1,333,462,407,511,这是一个非常庞大的数字。

3.8 斐波那契数列

莱昂纳多·斐波那契(Leonardo Fibonacci,约 1170—1250)也叫比萨的斐波那契。他是一位周游甚广的商人,曾师从阿拉伯学者。他颇具影响力的著作《计算之书》(*Liber Abaci*)是欧洲第一部包括了十进位记数法和现在为我们所熟悉的乘法和长除法的教材。使用十进位记数法进行乘法和除法运算比使用罗马数字要简单得多。斐波那契也帮助传播了代数的基本理念,我们将在下一章探讨这一进展。具有讽刺意味的是,大多数人听说斐波那契,是因为一个名叫爱德华·卢卡斯(Edouard Lucas)的数论家在 1877 年研究数列 1,1,2,3,5,8,13,…的时候,决定把这个数列命名为斐波那契数列,以表示对斐波那契的敬意。斐波那契本人对这个数列的阐述其实很少,但他应该认识到了这个数列是他书中一个

更古怪的问题的解决方案。事情是这样的，斐波那契曾经提出了下面这个问题：如果我们一开始有一对小兔，每过一个月我们会有多少对兔子呢？有关的假定是：

1. 兔子都不死，而且

2. 每对兔子每个月生一对兔子，新生兔子在出生后第二个月进入生育期。

对这个问题的回答就包括在下列数列中：

91

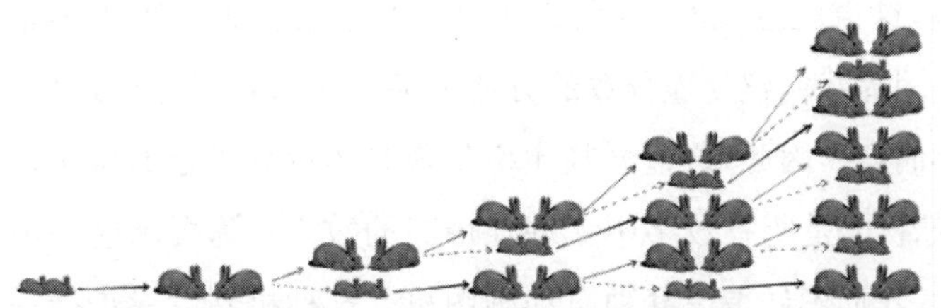

这个数列的任何一项都是前两项之和。该项前面的一项是所有存活的兔子，再往前数一项则等于生育期兔子的对数。因为每对处于生育期的兔子每月都能生育一对新兔子，因此，这两项的和就等于兔子的总对数。当我们沿着这个数列不断向前发展的时候，相邻两项的比率越来越接近 1.618…（黄金分割比率）。这一现象与如下事实有关：在有限多步之后结束连分数 $\Phi=1+\cfrac{1}{1+\cfrac{1}{1+\cdots}}$，会生成如下 Φ 的最佳有理逼近序列：

$$\frac{1}{1},\frac{2}{1},\frac{3}{2},\frac{5}{3},\frac{8}{5},\frac{13}{8},\frac{21}{13},\frac{34}{21},\cdots$$

该数列中各项的分子与分母都构成了我们在斐波那契的兔子问题

中发现的数列，因此，整数数列 1，1，2，3，5，8，13，21，…被称为“斐波那契数列”。回到黄金分割比率的问题上，上述 Φ 的有理逼近有一个迷人又非常重要的性质。因为 $\frac{1}{1}$ 是形式为 $\frac{1}{n}$ 的最大分数，所以我们的连分数的无限部分（也就是我们在有限多步后忽略不计的部分）所造成的差异是在可能情况下最大的。换言之，考虑到我们
92 取整数部分的方法，每一步都以最大的可能数量改变了逼近。这告诉我们，每一对相邻的高估值与低估值之间都有最大可能的差，这也就意味着，我们的任何一个近似值都不会很精确。

因为我们建立连分数的方法能够产生最佳可能逼近（相对其大小而言），因此，黄金分割比率是最难用分数逼近的数字。这就意味着，Φ 是所有数字中无理性最高的数字！为揭示这一美丽的事实，我们不妨考虑某种自动画图机。这种机器以一步接一步的方式运行，推动一条以每幅画的中心为枢纽的可收缩机械臂运动。在每个步骤中，机械臂以某个固定角度 R 旋转，按照固定比率 P 收缩，然后画下一个记号。为更清楚地表达这一点，我也在围绕一个封闭圆的边缘上画出了一些直线，用以说明机械臂留下记号时所指向的不同方向。

如果我们使用一个分数或者整数表示角度 R，这些记号会落在一条直线上。的确，当 $R=\frac{1}{n}360°$ 时，会产生 n 条射线。更普遍地，当 $R=\frac{m}{n}360°$（m 与 n 不存在公约数）时，我们会生成 n 条射线。

R 采用有理数角度时可以得到直线；采用无理数角度时，可以

保证任意两个记号都不会落在同一条过圆心的直线上。因为在通过圆心的一条直线上找出两个记号，等价于在通过圆心的一条直线上找到可以令下式成立的 a,b,c 三点：

$$(a\times R)=(b\times R)+(c\times 180°)。$$

但在这种情况下，我们会得到 $R=\frac{c}{(a-b)}180°$，这仅当 R 是有理数时才能实现。尽管 R 的有理数和无理数值生成的图案之间存在 93
这一根本性区别，但相近的值会产生类似的图案，所以对无理数 R，有限个点构成的画作看上去都有点儿像个变了形的分数。看上去相对带有直线外貌的记号的排布说明出现了一个比较“良好”的分数近似值。

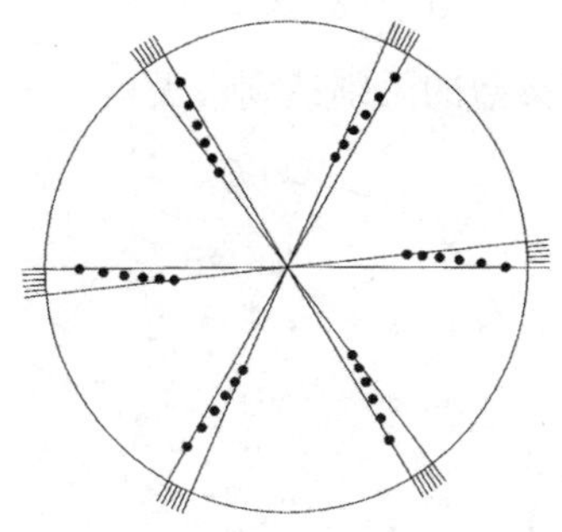

$R=60.2°$，刚好超过一个圆的六分之一

如果机械臂的长度保持相对恒定（即 P 相对接近 1），则封闭圆的边缘附近会出现更多的点，于是眼睛会倾向于选取更多的螺旋线。这意味着，如果我们增加 P 的数值，往往会注意到 R 与某个新的分数（一个有着更大分母的分数）类似。如果 R 与所探讨的分数非常接近，则螺旋线相对比较直，封闭圆周围的记号也会簇

拥得更紧密。

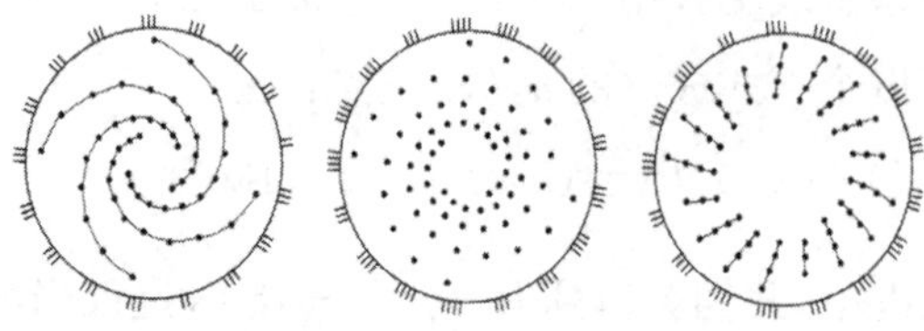

94 在上面三个图形中，$R=\sqrt{2}\times60^\circ$，P 则从左至右依次增加。

最左边的图形有四条螺旋臂，表明$\sqrt{2}\times60^\circ$的近似值大约为$\sqrt{2}\times60^\circ=84.85^\circ\approx\frac{1}{4}360^\circ$。第三个图形告诉我们，$\sqrt{2}\times60^\circ\approx\frac{4}{17}360^\circ$，这是一个好得多的近似值。[①]

当 $R=\Phi\times360^\circ$（相当于说，如果 $R=137.508\cdots$）的时候，我们建立的图形与任何分数的区别达到最大：

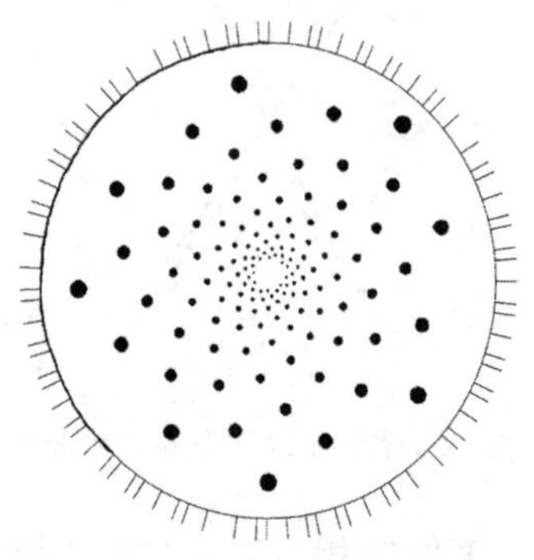

$R=137.5^\circ$，$P=0.98$

① 这里的分母即“旋臂”的数量，分子为两个相继记号所在旋臂的序号差。即，如将旋臂顺时针编号，则对第一张图而言，第一个记号在旋臂 1 上，第二个记号在旋臂 2 上，分子为 $2-1=1$；对第三张图而言，第一个记号在旋臂 1 上，第二个记号在旋臂 5 上，故分子为 $5-1=4$。——译者注

当 $R=\Phi\times360^{\circ}$ 的时候，我们可以赋予 P 任何值，并且图形的螺旋形态仍然会非常明显。这是因为完全不存在任何肉眼可见的充分逼近！而且，无论我们增加多少个点，封闭圆边缘周围的线总会均匀分布。的确，圆的边缘出现的每条新线都会落在原来的记号所留下的最大间隙内。

很多植物不会在其他侧枝、花瓣和叶子的上方直接生出侧枝、 95
花瓣和叶子，这种排列便包含了黄金分割比率。向日葵、菠萝、覆盆子、雏菊和松果全都表现出了以黄金分割比率为基础的特别清晰的模式。如果数一下这些植物的叶片形成的顺时针方向的螺旋形线条的数目，就（几乎）总是可以发现斐波那契数列中的某个数字。逆时针方向螺旋线的数目将会是这一数列中与之相邻的一个数字。因为无论沿着哪个方向计数，叶片的总数都是一样的，顺时针方向的螺旋线上点的平均数，与逆时针方向螺旋线上点的平均数成黄金分割比率。

几千年来，人们一直对黄金分割比率在自然中的普遍存在感到吃惊。自 19 世纪初，生物学家和数学家对螺旋形叶序现象——叶子、花或者其他从中心主轴或主干上生长出来的侧向生长部分——特别感兴趣。在一片叶子的上方直接长出另一片叶子显然是种缺乏效率的行为，因为其中一片叶子会让另一片叶子处在阴影下，因此我们或许会期待植物通过进化形成非重叠性的叶子安排。而且，当植物随着时间推移长出更多的叶子，这种非重叠模式应该能够进一步扩展以便为更多的叶子提供生长空间。

正如我们已经看到的那样，相对于后出现的那片叶子，按照黄金角度生长每片叶子是项绝妙的策略，因为它保证了无论一棵植物长出多少片叶子，它们都不会直接出现在已经长出了的叶子的上方。然而，为避免相互遮掩的自然选择压力产生了黄金分割比率，而不是别的非重叠性安排，这一点远非那么显而易见。人们只是在最近几年才开始弄清楚决定叶子位置的关键机理，尤其是，我
96 们现在知道，植物生长素在其中扮演了关键角色。植物生长素浓度较高的细胞往往倾向于长得更为迅速，而高浓度的植物生长素往往会刺激叶子的生长。此外，细胞积极地把它们含有的植物生长素通过特殊的输出渠道抽提出去，而每个细胞的输出渠道都倾向于直接通向含有最多植物生长素的相邻细胞。

这个过程导致含有较高浓度的生长素的细胞往往聚集越来越多的这种物质，而相邻的细胞则会耗尽它们的储存。而且，当一个细胞得到越来越多的植物生长素时，便会有新的叶子形成。这个过程有效地抽干了临近细胞的植物生长素，抑制了其他叶子在临近区域的生长。由于枝干在继续生长，一片叶子的上方直接长出另一片叶子的可能性不大，原因是枝干部分来自于植物生长素浓度特别低的区域，那个区域的细胞正忙于向新生成的叶子输送植物生长素。有些细胞生长得比其他细胞更快，这一事实意味着，当正在生长的细胞推挤邻近细胞的时候存在一种非对称推动力的作用；而在许多植物中，生长动态与植物生长素传输之间的相互作用意味着，将要长出叶子的地方彼此间往往形成黄金角度。

当然，在生物学中没有什么东西是严格地具有数学精确性的，但许多不同的植物产生的模式却非常接近黄金角度模式。事实上，通过将计算机模型与物理模型和生物实验相结合，人们可以越来越清楚地看到，黄金角度与非重叠的关系是两方面的。不仅黄

金角度能够产生重叠最小的模式，而且避免重叠的生长过程也非常倾向于产生黄金角度。

我们还将对数学模型在生物科学中扮演的角色进行更多的讨 97
论。但在评价这一令人兴奋的知识新分支的重要性之前，我们应该回到数学科学的发祥地。尤其是，我们应该考察两种观点，它们从根本上塑造了我们思考这个世界的方式：十进制记数法和代数方程。在下一章，我将讨论零的发明，而且我们将会看到，代数数论的关键想法在进入欧洲之前是如何从印度进入伊斯兰世界的。

第四章　代数的兴起

印度人有 9 个数字:9,8,7,6,5,4,3,2,1。正如我们即将演示的那样,用这 9 个数字再加上阿拉伯人称为零的符号 0,我们就可以写下任何数字。

——莱昂纳多·斐波那契(《计算之书》第一行,1202)

4.1　零与数位制

将数字写成数位序列形式的现代数字书写体系非常简单方便,我们往往把这当作理所当然,但怎么评价这一光辉创新的重要性都不为过。数学家阿尔弗雷德·诺斯·怀特海(Alfred North Whitehead, 1861—1947)曾经写道:

在引入(十进制计数法)之前,进行乘法运算是很困难的,即便是整数的除法也需要运用最高的数学才能。现代世界最能令希腊数学家感到震惊的事物或许莫过于让他知道,在义

> 务教育的影响下，所有西欧人，上至王公贵族，下至贩夫走卒，
> 都能进行最大数值的除法运算。这一事实对他来说是完全不 99
> 可能的……我们通过小数轻而易举地进行计算的现代能力是
> 一种完美的计数法最富奇迹性的结果。

但关键在于，如果没有零这个符号，我们就不会有十进制计数法。"什么也没有"可以被视为一个数字这个观点奇怪而微妙，但是非常重要。毫不夸张地说，如果没有零，数学以及科学、技术和文化不可能发展到今天这个程度。按照我们今天的意义所理解的数字零源于印度，但历史学家如今认为，零的故事真正开始于古代的美索不达米亚，在那里，一系列文明使用泥板文献记录数字信息。随着时代的发展，各种计数制被应用，但是一个主要的进展发生在大约公元前 2100 年的乌尔(Ur)第三王朝，那时的苏美尔人开始使用数位作为他们的数字系统的一部分。

第一位使用进位制计数的无名书吏是位真正的天才，这个特别方便的想法是现代十进制的核心。例如，我们都知道，"23"表示 2 个 10 加上 3 个 1，而"32"表示 3 个 10 加上 2 个 1。这说明我们的计数制是与位置有关的，这意味着，改变数字的相对位置会产生一个不同的数字。同样的数字"3"可以在"23"中代表 3 个 1，也可以在"32"中代表 30，还可以在"302"中代表 300，等等。这与罗马数字或古希腊人使用的计数制形成了鲜明对照，那里的符号 V 总是代表 5，X 总是代表 10，如此等等。

然而，现代数字系统与最早的以数位为基础的计数系统之间存在一个关键区别，即后者没有一个类似于"0"的符号。为了弄清

100 这一特别重要的变化是如何发生的，考虑一下几乎每个文明都发明过的计数板或者算盘这类事物是很有指导意义的。通过这种方式，我们可以探讨人们在没有这个符号的情况下是如何计数的，这个符号首次被引入时又起了多大的作用。苏美尔人使用的计数系统以数字 60 为基数，而不是以 10 为基数。的确，我们把圆分为 360 度，把 1 小时分为 60 分、1 分分为 60 秒，这些是我们从美索不达米亚文明那里继承来的。然而，为了简单起见，我们考虑一下马达加斯加人计算军队的方法。

这种计数方法就是，让士兵们排成一路纵队进入现场，每通过一人便在一只碗中放入一块卵石。当碗里放入 10 块卵石后便清空，然后在第二只碗里放入一块卵石，用以数出有多少个 10 人队通过。与此类似，当第二只碗里放入 10 块卵石后也清空，并在第三只碗内放入一块卵石，用以记下有多少个百人队通过。现在，我们想象一下军队想要把计数过程记录下来的情景。记录上可能会写“第三只碗中有 6 块卵石，第二只碗是空的，第一只碗中有 4 块卵石”。这份账目会告诉读者，士兵总人数为 604 人。请注意，无论使用何种词语或符号来说出第二只碗是空的，这一点都扮演了一个核心角色，现在这一角色是由符号“0”扮演的。然而，用这种方式进行的计数和数字记录并不要求我们把零考虑成一个正式的数字。

即使当这种数字记录变得高度简化或者系统化的时候，我们也不必然会产生零的概念。例如，假定人们写下“6E4”来表示第三只碗有 6 块卵石、第二只碗是空的和第一只碗有 4 块卵石。这里的符号“E”仍然被理解为某种类似于标点符号的东西，而不是
101 与其他数字如“6”和“4”一样的东西。的确，我们对现代小数点也

可以做出同样的评论。它们都与数字 0 至 9 一样出现在数字表达中，但没有谁会认为小数点是个数字。

现在让我们回过头来继续讨论古代苏美尔人。我们会十分吃惊地注意到，尽管他们发展了进位制，在稍晚些时候还发展了一个由两条对角线组成的、功能与现代的“0”相似的符号，但他们的系统并没有传播到其他文明中。我要说，这种情况非常令人吃惊，因为与罗马数字等其他记数法相比，进位制计数的方便程度令人惊叹。例如，想象一下 LXXVII 乘以 CXI 的计算，然后想想，与之相比，87 乘以 111 又多么简便。关键在于，罗马数字就像英语中的数字词汇一样，与算盘的工作原理没有什么关联。也就是说，几组 10 的加法与几组 1000 的加法本来完全类似，但英语和罗马数字都没有充分反映这一数学事实。

尤其是，如果你想让一对以罗马数字表示的数字相乘，就根本无法通过一次乘一位数来分解和简化问题。与此相反，进位制会自然地引导我们观察到 87×111＝8700＋870＋87。与此类似，用进位制计算加法和减法也要容易得多，因为这种记数法像算盘一样告诉我们，可以一次只加一位数。而且，进位制让较大数字的书写变得容易进行，因为无论写多大的数字，我们只需要同样的基本数字。对于罗马记数法来说，即使像 100 万这么小的数字也只能连写 1000 个 M 才能表达，既不实用又容易出错。[①]

---

① M 是表示 1000 的罗马数字，作者在这里说的是罗马数字的一个规则，即某数字重复几次即表示将此数乘以几；然而，在罗马数字中，要表示 100 万却并不需要连写 1000 个 M，只需在 M 上加一条横线即可。这种加横线表示乘以 1000 的方法同样适用于其他罗马数字，而且加两条横线表示乘以 1000000。——译者注

亚历山大大帝肯定见过用进位制记录的重要信息，因此这种想法大概可以追溯到古希腊；但这种记数法由于某种原因未能广
102 泛流行，并且很快就被人们遗忘了。不过，现代数字系统并不只需要进位制的基本思想。负数是另外一个基本概念，我们很难相信一个连数字零都能发明的文明不会首先使用负数。对负数的使用大约开始于公元前 200 年，那时的中国人使用红筹代表盈余，用黑筹表示负债。为中国古代官宦准备的教科书中有这样的说明，“如果你的计数板上同时包括红筹和黑筹，则同时拿掉同样数量的这两种筹”。换言之，他们明白，同样大小的正数和负数可以相互抵消。

当然，能够使用整数来代表账面余额和负债并不等于有一套包含正数和负数的数字系统，即使他们很清楚从某人的账面上减去一笔数量为 n 的余额就相当于增加了同样数量的债务，而在账面上减去一笔数量为 n 的债务就相当于增加了一笔同样数量的余额。我想说明的一点是，要想有一个正整数和负整数的有效系统，我们需要能对任何一对整数进行加法、减法和乘法运算来得到另一个整数，此外还必须将“什么也没有”概念化为一个数字。这一概念上的飞跃是思想史上的一个关键事件，它发生在印度。

没有人知道是谁发明了符号零，但几乎没有疑问的是，这个符号早在公元前 500 年便存在于印度的一些地区，尽管那时它的应用并不广泛。最初，这个符号只是作为占位符而存在，代表着计数板上的空白栏。这对于当地的数位系统而言是个绝妙又方便的发明，但在上千年历史中，零这个符号并没有真正地代表这个数字本
103 身。首次对**数字**零做出真正可靠论述的人是数学家兼天文学家古

吉拉特邦的婆罗门笈多(Brahmagupta of Gujarat,约 598—670)。他说,零是当你把结余与等值的债务放到一起时得到的数字(也就是说,他注意到“$n-n=0$”)。他还叙述道:1 加零等于 1,1 减零也等于 1,1 乘以零仍然等于零。这些公理非常重要,因为它们把零放到了其他数字所在的概念域。例如,我们可以说,6 减去 5 之后还剩下余额 1,5 减去 6 之后还留下债务 1,而 6 减去 6 则余下零,这时候我们把这 3 个命题视为同种事物。

婆罗门笈多为零取的名字是“sunya”,意思是虚无或者空无一物。在婆罗门笈多的时代以前很久,人们就已经使用 sunya 一词来描述计数板上没有任何记号的一栏了。也可以把 sunya 翻译成“空间”,因为古代印度建筑师指出,与其说建筑师设计的是墙,倒不如说是墙之间的 sunya。在数字零发明之前,sunya 的多种用法十分发人深省,提出零这一概念的数学家属于吠陀传统绝非巧合,这个传统在几千年中都在认真讨论虚无或“空无一物”的特性。事实上,当基督教徒、穆斯林和犹太人倾向于把神灵与无限联系到一起的时候,印度人、佛教徒和耆那教徒则更经常地把神灵与一种空无一物的概念联系到一起,因为涅槃的本质就是欲望的无存。我认为这一点意义重大。

当阿拉伯人于公元 10 世纪采纳了印度的计数制的时候,他们把 sunya 翻译成阿拉伯语中表示空无一物的词 sifr。英语词汇 cipher (密码)与 decipher (解码)便得自 sifr 这个词,因为当现代十进位计数制被引入欧洲的时候,许多人需要把这样的数字解码成罗马数字才能明白它们的含义。zero (零)这个词来自同一词根,因为在 13 世纪初,人们把 sifr 拉丁化为 zephirum,它后来就发 104

展成了 zero 这个词。

4.2 花拉子密与方程式的科学

如果没有受到来自伊朗和伊拉克的人的影响，数学的历史将会非常不同。在伊斯兰教兴起前后，那些地区的统治精英对他们邻居——包括君士坦丁堡、亚历山大港、印度和中国等地的经验丰富的数学家——的知识发展具有严肃的学术兴趣。这些地区留下的精确科学的伟大遗产建立在对人类数学知识极为广阔的评价之上，其中包括一些学者为了扩展他们的学术兴趣而四处搜寻获得的成果。例如，他们翻译了印度重要的数学和天文学文本“悉檀多”(*Siddhantas*)。而且非常有可能的是，还有一批学者专门研究婆罗门笈多的杰作《婆罗门历数书》(*Brâhmasphutasiddhânta*)，这本书写于公元 628 年，是当时世界上最先进的数论著作。除了有关零与负数和正数的运算规则之外，这部影响深远的著作还介绍了我们今天仍在使用的二次方程的一般形式。婆罗门笈多这本著作最先进的地方是它还包括了一项求解某些“佩尔方程”(Pell Equations)如 $x^2-92y^2=1$ 的方法。

阿拉伯学者的研究范围相当广泛，他们获得的许多数学知识都是欧洲人完全闻所未闻的。他们还保存并研究了古希腊人的著作，保持了欧洲丢失的传统。除了集中保藏和巩固全世界数学知识这一价值无可估量的工作之外，阿拉伯学者还有他们自己的创新，其中最为关键的是，他们向欧洲人介绍了使用十进制的好处。
105 巴格达数学家中最著名、影响最为深远的一位是阿布·加法尔·

穆罕默德·伊本·穆萨·花拉子密(Abu Ja'far Mohammed ibn Musa al-Khwarizmi,约公元780—850),或可简称花拉子密。al-gorithm(算法)一词就是他的名字的拉丁文形式,algebra(代数)出自他最著名的著作《代数学》(*Al-Jabr W'al Mûqabalah*)的书名。

科学家和数学家通过操作方程式符号来得到其他同样有效的方程式,这种基本方法的重要性怎么评价都不为过。例如,按照花拉子密陈述的方法,我们知道,可以把方程中的几项集中放在方程中等号的一边,或者在方程的两边同时乘以任意一个合适的数字。尽管花拉子密完全无愧于他的名声,但我们也必须公正地强调,他求取未知数的一般方法是在一些古代传统的基础上发展起来的。有些人特别指出,丢番图(Diophantus,约公元210—294)才是代数之父。有关丢番图的生平和事迹我们所知甚少,但公元3世纪他生活在亚历山大港,并因求取各种多项式方程的整数解而闻名于世。也就是说,他研究了涉及整数与未知数相加或相乘的方程式,例如$2x^2+10=60$。他的突出贡献在于,他不仅用单一的符号代表未知数x(据说更早的著作者已经这样做了),他还使用了表达未知数的平方和立方的符号方法。

丢番图的数学工作具有高度的独创性,因为他第一个叙述了有些方程中的未知数可以有无数个解。然而,他研究的方程总是与几何问题相关,在这种情况下,他的工作自然不会导致一个全新的数学分支的形成。我们合法地调整或操作方程式的基本方法实际上是由花拉子密确定的,他的著作《代数学》在许多个世纪中一 106
直被认为是处理涉及未知数的算术问题的权威文本。

古代希腊人和阿拉伯人最关键的不同在于,阿拉伯人认为,线性方程、二次方程和三次方程等是数学问题的各不相同的基本范畴;希腊人认为,这些问题是他们正在进攻的几何问题的一部分。阿拉伯人认为,代数语言可以应用于人们感兴趣的所有数学领域,包括几何和数论。他们因此认识到,找出操作方程的合理方式本身是一个有价值的事业。例如,尽管花拉子密研究的是文字方程而不是形如现代的 x 所涉及的符号方程,但他实际上说过,形式为 $x=40-4x$ 的方程可以重新写为 $5x=40$ 的形式。而且,他还让人们清楚地看到,合并同类项是一项基本的普遍原则,因为他的“简化”和“还原”原理实际上告诉我们,我们可以在方程等号的一边任意操作,只要同时在方程等号的另一边进行同样的操作。这种基本技巧可以在各种情况下使用,例如,可以在方程的两边同时除以5,从而把方程 $5x=40$ 简化成更简单的形式:$x=8$。

花拉子密在他的杰出著作中声称,他写这本书的目的是说明,“什么是算术中最简单、最有用的东西,是人们在处理以下事务时经常需要的:在有关如何计算继承、遗产、财产分割、法律诉讼、贸易及一些买卖的事务中,在丈量土地、开挖运河的过程中,在几何运算和各种各样相关的事物上”。花拉子密清楚地认识到,他所解释的原则极为普遍,适用于古人考虑过的一切数学主题。花拉子
107 密用如下简洁的语言评述了数学的这种统一性:“当我考虑人们在计算中普遍需要什么的时候,我发现,一直以来,这个东西都是数字。”

处理方程的技巧可能会形成一个独立的数学分支,这种想法是一个极为重要的发展,阿拉伯人在发展这种想法方面具有得天独厚的环境。约翰·史迪威在他的经典著作《数学及其历史》一书

中是这样说的：

> 在印度数学中，代数与数论和初等算术是不可分割的。在希腊数学中，代数隐藏在几何里。代数其他可能的发源地——巴比伦和中国，与西方的联系要么丧失要么被切断，等它们想获得影响力时已为时过晚。由于同时吸收了西方的几何和东方的代数，阿拉伯数学发展的时间和地点恰到好处；阿拉伯数学家们认识到，代数是个有其自身独特方法的独立领域。于是，代数这个有关多项式方程理论的概念就诞生了。这一概念证明了它的价值，因为它独立支撑近 1000 年而不倒。只是到了 19 世纪，代数的发展才突破了方程理论的樊篱，也正是在这个时刻，数学的大多数领域都突破了已有的传统，成长壮大。

4.3 代数与中世纪的欧洲

在少数几本用拉丁文写成的名作中，我们可以看到欧洲中世纪早期科学的基本教学大纲。为在数学和科学方面超越同侪，学者们转向古希腊文本和阿拉伯世界的科学。欧洲学者向阿拉伯人学习的动作比较慢，但有一点很清楚，阿拉伯人的影响最终起到了关键性作用。我们在一个非常引人注目的人物身上，可以了解到
早期欧洲基督徒是怎样向阿拉伯人学习科学的。欧里亚克的热尔 108
贝(Gerbert of Aurillac，约公元 946—1003)生于法国，但他在 967 年搬到了巴塞罗那附近，师从比克主教阿托(Atto，Bishop of

Vic)。在西班牙的安达卢斯(al-Andalus),基督徒与穆斯林发生了冲突;在基督徒即将战败的时候,阿托受命担任使者,传达一份停火协议。

对方把阿托作为贵宾接待,阿托很快就发现自己被科尔多瓦[①]的宫殿深深地迷住了。天资极高的学生热尔贝也和老师一样被阿拉伯人的风采所折服,非常钦佩他们在数学、天文学和科学方面的学识。热尔贝是一位多产的学者,也是一位有天赋的教师,让欧洲人重新使用算盘和浑天仪被认为是他的功劳。这两件物品是讲授数学和天文学的直观辅助教具,这种教学方法在希腊罗马时代之后就湮灭在欧洲的历史长河中了。不同寻常的是,在十进制被应用于欧洲其他地区之前好多个世纪,热尔贝的算盘就已经与阿拉伯的数字相结合。据传,他年轻的时候曾在夜间悄悄从修道院溜出去,在阿拉伯人的指导下学习。

热尔贝被任命为神圣罗马帝国皇帝奥托二世(Otto II)的老师,并于公元 999 年获得罗马教会的最高地位,成为第一位法国籍教皇,即教皇西尔维斯特二世(Pope Sylvester II)。同年 12 月 31 日,罗马人民面对即将来临的世界末日感到恐慌,他主持了一次庄严的弥撒。与人们预想的完全不同,翌日的朝阳依旧在公元 1000 年的早晨冉冉升起,热尔贝直到 1003 年 5 月 12 日去世之前一直稳坐教皇的宝座。在那些动荡的岁月里,先进的科学知识鲜有所闻,在几个世纪中,很少有熟悉十进位数字的欧洲人。知识的传播在那时要比现在缓慢得多,但到了 12 世纪,阿拉伯书籍被翻译成

---

① Cordoba,中世纪西班牙的都城。——译者注

了拉丁文，并在整个欧洲传播。

十进制数字的引进与其在商人和官宦阶层中的广泛运用之间居然相隔了好几个世纪，这有些令人惊讶。第一部被广泛阅读的
有关十进位数字的书籍是莱昂纳多·斐波那契于 1202 年撰写的 109
《计算之书》，但公众对这一创新的反应基本上是敌意的。比如，1299 年，佛罗伦萨竟然宣布使用十进位数字为刑事犯罪！在不知多少个世代中，一般公众充满怀疑地认为这些数字是某种形式的金融花招，直到 14 世纪末，才有越来越多的人抛弃罗马数字，改用先进的十进位制。例如，欧洲规模最大也最有势力的银行——美第奇银行——直到 1439 年才在他们的账户中改用十进位数字。

十进制是个非常强大的体系，代数的引入也对欧洲数学和科学的发展产生了巨大的影响。我们已经看到，古巴比伦时代的人就已经能回答这类问题："一个矩形的面积为 77 m^2，且其中一条边比另一条边长 4 m。这个矩形的两条边各长多少？"我们会用现代符号写下 $x(x+4)=77$ 或者 $x^2+4x-77=0$ 这样的方程式。我认为，这种人称方程式的书写形式是一种相对现代的创新，尽管它可用于重新书写古代的问题，这种伟大的创新可以追溯到阿拉伯。在现代世界中，我们对方程的使用和误用已经成了我们理解这个世界的尝试的核心。

一个关键点在于，我们能用这种方程总结所有类似的东西，而不仅仅是最早那批"方程式"所涉及的几何事实。众所周知，现代科学中存在着大量方程式。雅各布·克莱因和其他学者曾令人信服地证明，用方程式研究整数使数字概念发生了微妙的转变和抽

象的扩展。例如，我们知道每个整数或自然数必为偶数或奇数。如果整数 N 是偶数，我们就可以把它写成 $N=2x$ 的形式，其中 x
110 是另一个整数。与此类似，如果 N 为奇数，我们可以把它写成 $N=2x+1$ 的形式。更普遍地说，给定任意正整数 M，则任意整数 N 可且仅可表达为下列形式中的一种：

$N=Mx$（其中 x 是个整数），或者 $N=Mx+1$，

或者 $N=Mx+2$，或者 $N=Mx+3$……或者 $N=Mx+M-1$。换言之，每个整数 N 要么是 M 的倍数，要么是一个比 M 的倍数大 1 的数字（因此 N 除以 M 有余数 1），要么是比 M 的一个倍数大 2 的数字（因此 N 除以 M 余数 2），等等，直至两数相除产生可能的最大的余数 $M-1$ 为止。

著名律师兼数学家弗朗索瓦·韦达（1540—1603）探讨了这个问题。韦达想要理解当他用不同的整数作除数时出现的不同模式，并检查得出的余数。他以系统的方式进行了这项研究，引入一种与我们今天所用的代数标记法非常相近的表示法。更具体地说，如果 N 除以 M 时出现了余数 n，则我们会说 N 同余于 n 模 M，记作 $N\equiv n \pmod M$。例如，$3\equiv 1 \pmod 2$，因为 3 除以 2 余 1。与之类似，$10\equiv 1 \pmod 3$，因为 10 除以 3 余 1。

现在假设有三个整数，分别为 A，B 和 M，且 A 除以 M 余 a，B 除以 M 余 b。我要问的一个深刻的问题是：$A+B\equiv a+b \pmod M$ 与 $A\times B\equiv a\times b \pmod M$ 是否永远成立。举个例子，假设 $M=10$，$A=53$，$B=12$。A 与 B 分别除以 10 之后取余数，这就相当于观察这两个数字的最后一个数位。如果你想知道 53×12 的最后一位数，只需计算 3×2 即可。在此之前的各个数位只会影响答案前面

的各数位，不会影响最后一位。

这一结果让我们想到，如果用 A 和 B 分别除以 M 并计算余 111
数 a 和 b 之和，其结果一定与我们先求 A 和 B 之和，然后除以 M 所得的余数刚好相等。用代数方法很容易证明这一非常普遍的事实。我们只需把 A 写成 $a+xM$ 的形式，把 B 写成 $b+yM$ 的形式（此处 x 和 y 都是整数，a 和 b 是小于 M 的非负整数）即可。现在我们可以注意到：

$(a+xM)+(b+yM)=a+b+(x+y)M$，且

$(a+xM)\times(b+yM)=a\times b+(bx+ay+xyM)M$。

这就证明，如果 $A\equiv a(\mathrm{mod}\ M)$ 且 $B\equiv b(\mathrm{mod}\ M)$，则 $A+B\equiv a+b(\mathrm{mod}\ M)$，以及 $A\times B\equiv a\times b(\mathrm{mod}\ M)$。由此我们可以证明命题“奇数乘以奇数必为奇数”为真，而不需要考虑特定整数的情况。我们只需注意到，一个整数是奇数的条件是，当且仅当这个整数可以写成 $1+2x$ 的形式，且

$$(1+2x)(1+2y)=1+2(x+2xy+y)。$$

换言之，我们已经证明，$1\times 1\equiv 1(\mathrm{mod}\ 2)$。类似地，证明 $1+1\equiv 0(\mathrm{mod}\ 2)$也是非常容易的。

重要的是，遵循弗朗索瓦·韦达给出的先例，人们可以设想通过利用纯代数系统来确立“奇数乘以奇数必为奇数”这一类事实。通过这样的工作，我们发现可以系统地处理数（偶数或者奇数）这种“物种”，而不需要实际数出藏品的数量，尽管后者是古代数学家的基本参考点。这样的方程式正确地总结了各种不同的事实，这些事实牵涉到的 x 和 y 是一些有限的、可一一数出的整数对，但这些方程式也陈述了一个更普遍的抽象真理。

112 尽管我们把符号 x 和 y 视为固有变量，但还是可以理解方程 $(1+2x)\times(1+2y)=1+2(x+2xy+y)$。换言之，我们把 $2x+1$ 视为我们用符号方法代表“奇数”的一般形式的方式。而且，人们认为表达式 $2x+1$ 具有某种本质上属于数字的特性，原因就在于，它可以充当运算系统中的一个项目。也就是说，我们知道如何加上或者乘以 $2x+1$ 和 $2y+1$ 这样的表达式，而且，做这样的和式不需要我们用特定的整数值代替变量 x 和 y。

4.4　费马小定理

在 17 世纪，欧洲数学家已经能够充分利用代数的基本技巧了。通过使用符号来代表未知量以及研究方程式的一般形式，数学家现在能够证明新的数论结果。这种相对现代的数论形式的一个迷人的例子便是费马小定理，它是由皮埃尔·德·费马(Pierre de Fermat, 1601—1665)证明的许多重要结果中的一个。费马在他 1640 年写的一封信中说道，如果我们选取任意素数 p 和任意整数 n，就可以肯定

$$n^p\equiv n(\bmod p)。$$

我们将在后面看到，这一定理是如何支持用以保护电子商业交易的数学挂锁的构建的。首先，我想大致描绘一下对这个引人注目的定理的证明。

费马小定理隐含的基本的数学观察，涉及我们对带有加法运算的括号表达式进行乘法运算。例如，$a(b+c)=ab+ac$，以及 $(a+b)(c+d)=ac+ad+bc+bd$。一般来说，当我们进行一系列

带有括号的项的乘法运算时，将从每个括号中抽出一项相乘，用以构成等号右边表达式各项中的一项。当我们完成对每个括号 113
中取一项相乘的所有方式之后，将所得各项相加即可得出最后答案。

举个具体的例子，让我们考虑如何打开括号，重写下列表达式：

$$(x_1+x_2+\cdots+x_n)^2=(x_1+x_2+\cdots+x_n)\times(x_1+x_2+\cdots+x_n)。$$

从每个括号中取第一项相乘，我们得到 x_1^2。类似地，从每个括号中取第二项相乘，我们得到 x_2^2；从每个括号中取第三项相乘，我们得到 x_3^2；以此类推。如果我们从第一个括号中取第一项并从第二个括号中取第二项，就能得到 x_1x_2。如果从第一个括号中取第二项并从第二个括号中取第一项，我们也能得到与 x_1x_2 相等的 x_2x_1。因为我们可以从第一个括号或第二个括号中取 x_1，最后的表达式将包括 $2x_1x_2$ 这一项。更普遍地说，我们的最后表达式将具有如下形式：

$$x_1^2+x_2^2+\cdots+x_n^2+2f(x_1,x_2,\cdots,x_n)。$$

其中 $f(x_1,x_2,\cdots,x_n)$ 是以 x_1 至 x_n 为变量的一个多项式。现在让我们考虑怎样才能将下列表达式重写成不带括号的形式：

$$(x_1+x_2+\cdots+x_n)^p=(x_1+x_2+\cdots+x_n)\times\cdots\times(x_1+x_2+\cdots+x_n)。$$

从每个括号中取第一项相乘，我们得到 x_1^p；从每个括号中取第二项相乘，我们得到 x_2^p；以此类推。如果我们从第一个括号中取第
一项并从其他所有括号中取第二项，就能得到表达式 $x_1x_2^{p-1}$。类 114
似地，如果我们从第二个括号中取第一项并从其他所有括号中取第二项，就能得到 $x_2x_1x_2^{p-2}$，即 $x_1x_2^{p-1}$。因为我们可以从任意 p

个不同的括号内取 x_1 项并仍然得到同样的结果，所以我们的最后表达式中必定包括 $px_1x_2^{p-1}$ 这一项。更普遍地说，我们一定可以把最后的表达式写成 $x_1^p+x_2^p+\cdots+x_n^p+pf(x_1,x_2,\cdots,x_n)$ 的形式，其中 $f(x_1,x_2,\cdots,x_n)$ 是以 x_1 至 x_n 为变量的一个多项式。

我们刚刚论证了

$$(x_1+x_2+\cdots+x_n)^p=x_1^p+x_2^p+\cdots+x_n^p+pf(x_1,x_2,\cdots,x_n),$$

这已经差不多完成了对费马小定理的证明。下面我们只需要考虑当 $x_1=x_2=\cdots=x_n=1$ 时的特例。在这种情况下，我们可以得到

$$(1+1+\cdots+1)^p=1^p+1^p+\cdots+1^p+pf(1,1,\cdots,1)。$$

由此可知，

$$n^p=n+pf(1,1,\cdots,1)。$$

因为 f 是个包含整数系数的多项式，所以 $f(1,1,\cdots,1)$ 必定是个整数。因此，我们证明了，对于任何整数 n 和任何素数 p 来说，n^p 必定等于 n 加上 p 的某个倍数。换言之，对于任何整数 n 和任何素数 p 来说，n^p 必定同余于 n 模 p。如果我们将两边同时除以 n，将会看到，$n^{p-1}\equiv1(\mathrm{mod}\ p)$，我们将在下一节中看到，这一事实是互联网安全的核心。

4.5　如何制造数学挂锁

对于任何合数 n，要证明它是合数这一事实非常简单。我们只需要两个数，不妨称这两个数分别为 a 和 b，它们的乘积 $a\times b=$
115 n。与某数 n 为合数这种简单的证明相反，证明某一给定数字为素数的过程(必定?)会很复杂。也就是说，分解因数的任何已知方法

都涉及大量艰苦的计算，证明一个数没有因数也是一项耗时良久的工作。

一些非常大的数已被证明是素数。但事实上，已知的最大素数远比天文数字大得多，因为这个最大素数远远超过了我们对宇宙中的原子总数的最可靠估计。说来奇怪，大素数具有经济上的价值，因为它们对制造用以保护电子商务交易的数学挂锁具有至关重要的意义。

这些数学挂锁就是把输入转变为输出的规则。公司实体会公布这些规则（即他们免费传播这些挂锁），想要把“我将购进 100 万股”这一信息加密的人，只需把他们的信息输入规则，这些规则将把他们的信息转化为某个很大的数字 C。然后这个人再传输数字 C，这个数字在另一端被输入某种秘密规则（即挂锁的钥匙），把这条加密信息解密，还原成普通文本。

理论上，如果有人窃听到了这些传输内容，是能够在不知道秘密规则的情况下弄清楚任何加密信息的。例如，他可以依次编码每种可能的陈述，并将所得结果与加密信息 C 比较，也就是与他想要解读的信息的加密版本比较。如果这位黑客炮制的加密信息恰好与数字 C 完全相同，他就会知道，他编造的这条信息实际上与他想要翻译的那条信息的解密版是一样的。当然，把某人可能传输的所有信息都加密，并不是一种切实可行的窃听方式，而且人们认为，成功地破译这些密码需要天文数字一样的计算（当然，除非你
知道秘密规则）。也就是说，通过检查挂锁来找出密钥实际上是不 116
可能的。

一种标准的数学挂锁被称为 RSA 系统，它以首次发表这一算

法的三位数学家兼计算机科学家的姓氏首字母命名。[①] 这种数学挂锁选取位数固定的二进制数字作为其输入。任何二进制数字的序列都可以被翻译成一个整数 M。给定这样一个整数 M，系统的输出就是

$$C \equiv M^e \pmod{n},$$

此处 e 和 n 为固定整数，由分发数学挂锁的人确定。在实际生活中，大部分 RSA 密码系统所用的 e 和 n 的值都超过 1000 位。因为我们正在进行这些模 n 的计算，对于一台现代计算机来说，计算正确的输出实际上是相当简单的。然而，"反向"进行这个计算过程却充满困难，而且需要很长很长的时间。这与试图把被碎纸机粉碎了的文件重新复原的尝试有些类似，即使是输入信息的那个人也没办法解开它。相比之下，那项秘密规则非常简单：我们只需接收加密信息 C，然后计算 $C^d \pmod{n}$ 即可。

这一系统的整个要点是 $C^d = (M^e)^d = M^{ed} \pmod{n}$。要让这个系统工作，我们只需要三个数字：$e$、$d$ 和 n，使得对于每条信息 M 而言，都有 $M \equiv M^{ed} \pmod{n}$ 成立。由此，如果我们让一条信息通过挂锁加密后再通过密钥解码，就可以得到最初的那条信息。

117 如果已知两个素数 p 与 q，我们可以通过令 $n = p \times q$ 找到所需要的数字。整数 e 和 d 必须小于 $(p-1)(q-1)$，而且同样重要

① RSA 系统是以罗纳德·李维斯特(Ron Rivest)、阿迪·萨莫尔(Adi Shamir)和伦纳德·阿德曼(Leonard Adleman)三个人的名字命名的，他们于 1977 年发明了这一算法。事实上，英国数学和密码破译专家克利福德·柯克斯(Clifford Cocks)在 1973 年已经描述过一项与此等价的系统，但当时柯克斯受雇于政府通讯总部，他的工作被列为核心机密，直到 1998 年方才解密进入公众领域。——原书注

的是，$ed \equiv 1(\bmod (p-1)(q-1))$。换言之，必定存在着某个整数 t，使 $ed=1+t(p-1)(q-1)$ 成立。已知任意两个素数 p 和 q，要找到一对具有我们想要的性质的整数 e 和 d 实际上并不难。

现在，已知任意素数 p，费马小定理告诉我们：

$$M^{p-1} \equiv 1(\bmod p)。$$

对这一方程式的两边同时做 s 次乘方运算，可得如下关系式：

$$M^{s(p-1)} \equiv 1(\bmod p)(s\text{ 为任意整数})。$$

特别地，取 $s=t(q-1)$，可得 $M^{t(q-1)(p-1)}=M^{ed-1} \equiv 1(\bmod p)$。换言之，$M^{ed-1}-1$ 是 p 的一个倍数。类似的论证可以证明，$M^{ed-1}-1$ 也是 q 的一个倍数。因为 p 和 q 都是素数，这就告诉我们，$M^{ed-1}-1$ 必定是 $n=p \times q$ 的一个倍数。换言之，$M^{ed-1} \equiv 1(\bmod n)$。等式两边同时乘以 M，我们就得到了想要的结果，即：

$$M^{ed} \equiv M(\bmod n)。$$

让我们做个简单的总结。通过对信息 M 做 e 次乘方运算，我们得到了加密信息 $C \equiv M^{e}(\bmod n)$。对加密信息 C 做 d 次乘方运算，我们得到了 $M^{ed} \equiv M(\bmod n)$，这就是说，我们的秘密规则正确地解码了信息。从理论上说，我们可以通过使用公众挂锁数字 n 和 e 来计算保密的编码数字 d。唯一的困难是对整数 n 进行因数分解，其他所有步骤都可以相对迅速地计算出来。

这意味着，世界金融市场的安全依赖于如下假设：对庞大的数 118
字进行因数分解是非常困难的，或者更准确地说，破解 RSA 系统是非常困难的。做出这样的假定合情合理，但这终究只是一项假定。尽管数学家可以证明，在某种清楚界定的意义上，很多类问题的困难程度是相同的，但要证明解决某些问题比解决其他问题更难，却非常困难。我们看到，用某种特定方法解决一个问题比用某种方法解决另一个问题更费时间，但这完全不是同一件事情。实际上有人悬赏100万美元，奖给任何能够证明困难存在固有区别的人。根据这样的固有区别，我们可以说明，解决某类问题的任意可能方法必定比解决另一类问题的某已知方法耗时更久。

当数学的一个分支可以影响另一个分支的时候，数学就会出现巨大的进步，这种情况在历史上屡见不鲜。例如，费马小定理和现代数学挂锁都是代数数论的例子。我们在下一章中会看到，代数的基本技巧对代数几何的发展也起到了关键作用。如果没有这种处理古代几何的新方法，现代科学就得不到发展，我们也不会有今天所知的那些科学方程。

第五章　力学与微积分

数学的核心是由具体的例子和具体的问题组成的。重要的一般理论通常都是事后在小而深刻的洞见的基础上形成的，这些洞见本身则来源于具体的特例。

——保罗·哈尔莫斯(Paul Halmos，1916—2006)

5.1　分析学的起源

我将在本章探讨微积分的起源，以及数学科学的两大非常不同的分支——分析学与力学——的共同发展。大体上说，数学分析是有关无穷、数学序列的研究，而力学是对运动中的物体的研究。正如我们将要看到的那样，力学在分析学的发展中，特别是在微分学的发展中扮演了一个举足轻重的角色。另一方面，许多与无穷序列有关的想法极为古老，在我们有能力用数学方法分析运动之前就存在了。我们其实已经见过最古老的分析概念，例如产生无穷序列的直观想法、找出极限情况等。

120 例如,阿基米德最优美的证明之一涉及抛物线下方区域的面积。举个例子,让我们想象在一个水平射击场向空中发射一枚弹丸的情况。这枚弹丸将按照一条抛物线轨道运行,我们可以以发射点、抛物线的最高点以及弹丸着陆点为顶点画一个三角形。[①]对于阿基米德来说十分明显的是,如果这个三角形的面积为 A,则三角形底边与抛物线围成的面积一定大于 A,因为三角形内接于抛物线。因为有一小部分抛物线的面积没有被三角形覆盖,他加了两个三角形,而且用了一种很巧妙的方式,因此他可以证明,这两个三角形的面积之和必定为$\frac{A}{4}$。加上这两个三角形之后,还有更小一部分抛物线面积未被覆盖,于是他又加上了 4 个总面积为$\frac{A}{4^2}$的三角形。他还清楚地向我们展示了,我们能够不断地添加越来越小的三角形,每次新添加的小三角形的总面积都是前面的总面积的$\frac{1}{4}$。

阿基米德证明,标记为 A 的三角形的面积刚好是它上面那两个三角形的面积之和的 4 倍。他还可以证明,这两个三角形的面积之和刚好是在它之上的四个三角形的面积之和的 4 倍。以此类推。

19 世纪以前,一条曲线之下的面积一直被认为是个给定的数值。换言之,阿基米德只不过假设,一个只留下顶端的抛物线定义

① 这里是弦为水平时的情况。一般情况下(见下页图),第三个点为通过弦的中点、与抛物线对称轴平行的直线与抛物线的交点。——译者注

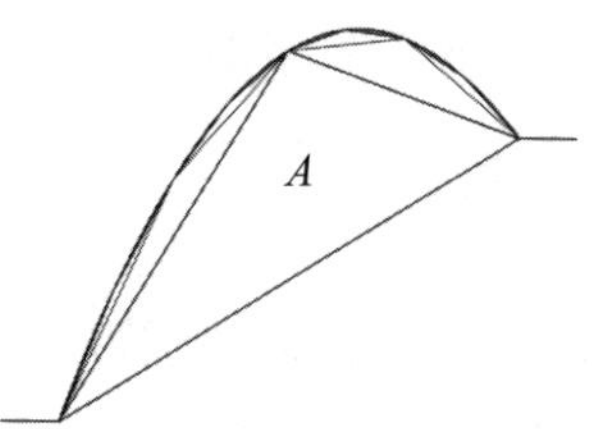

了一个确定的数值，即抛物线下方的面积。并非每条曲线下都有一个定义明确的面积，但在卡尔·弗里德里希·高斯（1777— 121
1855）的时代之前，数学家只研究了其下的面积具有明确定义的曲线。因为可以很直观地看出，上面所说的图形具有明确的面积，数学家在使用无穷序列来计算这一面积时无一例外都感到十分自信。我认为，我们不必担心 $A\left(1+\frac{1}{4}+\frac{1}{4^2}+\frac{1}{4^3}+\cdots\right)$ 是否真的定义了一个确定的量。我们的几何直觉足以让我们相信，某条特定抛物线下面的面积等于一个特定数值，这个事实让我们接受 $1+\frac{1}{4}+\frac{1}{4^2}+\frac{1}{4^3}+\cdots$ 正好等于一个实数。考虑到这一极限情况确实是个数字，因此我们可以很有把握地进行如下论证：

因为 $$x=1+\frac{1}{4}+\frac{1}{4^2}+\frac{1}{4^3}+\cdots$$

所以 $$4x=4+1+\frac{1}{4}+\frac{1}{4^2}+\frac{1}{4^3}+\cdots$$

用第二个等式减去第一个，我们得到 $3x=4$，这就意味着 $x=\frac{4}{3}$。

阿基米德能够看出 $1+\frac{1}{4}+\frac{1}{4^2}+\frac{1}{4^3}+\cdots=\frac{4}{3}$，但他对任何建立在无穷序列的思想上的论证都很小心翼翼，这是可以理解的。

因此，他用穷举法论证了他的答案的可靠性。换言之，他严格地证明了，一条抛物线下面的面积既不可能小于$\frac{4A}{3}$，也不可能大于$\frac{4A}{3}$，因此它必定等于$\frac{4A}{3}$。尽管阿基米德的证明没有依赖无穷序列，但把一个图形切割成越来越小的部分的理念已经存在了至少 22 个世纪。我们知道情况如此，是因为阿基米德在一部题为《方法论》（*The Method*）的著作中解释了他的天才想法。

122 这部卓越的著作在中世纪即已失传，因此微积分的近代发明者自然没有读过这本书。直到最近，我们对阿基米德的数学贡献的了解基本上来自两部手稿：手抄本 A 和 B。然而，1906 年，丹麦文献学家 J. L. 海伯格（J. L. Heiberg）发现了第三部古代手稿（手抄本 C），其中便包括《方法论》。阿基米德的这部选集被忽视了这么多世代，原因在于它在 10 世纪被人抄录在羊皮纸上，而两百年后，这份珍贵的材料被人清洗干净、重新装订并印上了祷告词。羊皮纸上的原始文字几乎已经看不见了，但在伊斯坦布尔的圣墓修道院（Monastery of the Holy Sepulchre），它静静地等待着有缘者的来临。幸运的是，原稿的部分字迹依稀可辨，而且多亏了 X 射线技术，几乎所有文字都得到了复原。

在《方法论》中，阿基米德透露，他的许多最深刻、最富首创精神的结果是运用当时仍旧存疑的无限论证发现的，他后来才用穷举法做出了严格的证明。换言之，阿基米德建立的论证是用无穷序列构建的，但由于这种论证的逻辑基础尚不清楚，他不愿意在陈述自己的证明时依赖它们。不过，《方法论》告诉我们："当我们事先通过这种方法获得了有关这个问题的知识，提供证明当然就比没有任何知识的情况变得容易了些。”换言之，当你知道了正确的答案之后，写下严格的证明就容易多了。

自 20 世纪 70 年代以来，学者们还知道另一种形式的古代分析学，它隐藏在中世纪印度的天文学中。尤其是，印度西南部的喀拉拉(Kerala)地区产生了一位伟大的数学先知：桑加马德拉马的玛达瓦(Madhava of Sangamagrama，约 1350—1425)。玛达瓦的所有数学著作都遗失了，但他有关天文学的一些文字有幸存留至 123
今。我们通过后来几个世纪中主要以马拉雅拉姆(Malayalam)的方言写就的报告，才对他杰出的数学工作有所了解。在绘制恒星运行路线时通常都会出现三角学问题，玛达瓦发现并推广了解决这类问题的规则。重要的是，他的方法涉及无穷序列。例如，他知道

$$\frac{\pi}{4}=1-\frac{1}{3}+\frac{1}{5}-\frac{1}{7}+\cdots。$$

玛达瓦需要在天文学记录中写下数学答案，而且，最让人印象深刻的是，当他用无穷序列得到一个近似答案后，还对误差范围做出了评论。例如，在计算$\frac{\pi}{4}$的时候，他知道如果使用序列的前 n 项来计算近似值，则误差范围在$\frac{1}{2n}$内。在一个描述如何构建这种序列的引人注目的段落中，数学和天文学家杰斯塔蒂瓦(Jyesthadeva，约 1500—1575)声称必须要十分谨慎，“否则修正项(即误差范围)不会是一个可以被忽略的数量”。这行文字表明，玛达瓦的工作在四五百年前便预示了极限情况的现代定义。

关键的一点是，有些序列没有极限情况，我们不能总是依赖几

何直觉来让自己确信极限必定存在。例如，数列 1，1－1，1－1＋1，1－1＋1－1，…与数列 $1,1-\frac{1}{3},1-\frac{1}{3}+\frac{1}{5},\cdots$ 之间存在根本差别。第一个数列在 1 与 0 之间跳跃，永远不会得到一个极限；第二个数列持续向一个特定数字靠近，其误差范围会变得任意小。由
124 此，我们称 $1-\frac{1}{3}+\frac{1}{5}-\frac{1}{7}+\cdots$ 是个收敛级数，它定义了一个实数。与此相反，我们称 1，1－1，1－1＋1，1－1＋1－1，…是发散的，它没有定义一个实数。

现代数学家声称，根据定义，如果一个序列 $x_1, x_2, x_3, \cdots$ 收敛至某个极限 L，则应满足以下条件：

当且仅当对于任何正数 δ 来说，都存在一个数字 n，令数列 $x_n, x_{n+1}, \cdots$ 的各项都大于 $L-\delta$ 且小于 $L+\delta$。

换言之，点 L 是一个序列的极限的条件是，当且仅当**任意**包含 L 的"目标"区域内包含数列中除有限个点之外的所有点。我们在下一章会看到，我们的定义使用了"且""每个"（任何）和"某个"这些逻辑词汇，这一点很关键，因为这种词汇可以支持各种逻辑推理形式。而且，我们应该注意到，尽管某些分析思想起源于古代，但现代分析的这种逻辑和公理基础直到 19 世纪初才出现。在这个时期以前，微积分的适用范围并不那么明显，一些不那么熟练的人在运用微积分时可能会犯更多的错误。

5.2 测量世界

数学的大多数分支都受到经验科学的影响，但本章呈现的数

学理念与对运动物体的研究存在特别紧密的关系。研究运动物体需要测量时间，这是一个基本事实。例如，无数代人试图计算行星围绕天空运行一周所需的时间，这种探索对现代数学科学的发展至关重要。为了说明牛顿力学之前的知识传统的一些情况，让我 125
们考虑两位测量大师的工作，他们分别是比鲁尼和伽利略·伽利莱(Galileo Galilei)。

波斯学者阿布·拉伊汗·穆罕默德·本·艾哈迈德·比鲁尼(Abu Rayhan Muhammad ibn Ahmad al-Biruni，973—1048)是位思想特别超前的学者，我们可以通过他了解中世纪科学的先进之处。作为一个伟大的博学者，比鲁尼的研究处于数学、科学和人文科学的最前沿。他最著名的书是《印度的历史》(*Tarikh Al-Hind*)，该书对印度的宗教仪式、数学和天文学知识做出了杰出的阐释。他也是希腊数学和科学方面的专家，但跟许多同时代的人不同，他敢于挑战亚里士多德的权威。例如，人们普遍认为，让物体冷却能让它缩小，但比鲁尼质疑这一假定，因为他注意到，一个装满水的玻璃杯在水结冰的时候会被冻裂。作为撰写各种专业手册的专家级著者，他还是第一个明确定义相对密度的人，并将在经验上确定的各种宝石和金属的密度编制成表。

在欧洲，数学物理的发展经历了更长的时间，直到伽利略·伽利莱(1564—1642)的时代，古希腊文本还在科学中占据着主导地位。进一步发展的道路需要将理论工作与经验工作结合起来，但科学革命的精神可以用伽利略强有力的格言总结：“测量一切可测物体，并让不可测物体成为可测。”伽利略被任命为比萨大学的数学主任，在漫长又多变的职业生涯中，他对运动物体的仔细测量，

使人们从数学的角度对运动有了深刻的理解。他对钟摆的摆动给出了准确的数学描述，而且是第一个论证抛射体应该按照抛物线
126 轨迹运动的人。他也是首先用望远镜探索夜空的人之一，并确认了木星的卫星，观察到人们通过肉眼看到的银河的云雾实际上是由无数恒星组成的。

由于他取得的许多成就，以及他明确将数学推理和经验数据推崇为自然的最终指南，人们有时称伽利略为现代科学之父。他最出色的洞见对牛顿力学的发展至关重要。伽利略曾经发表了非常著名的论断，认为在引力的作用下，所有物体都将以同样的比率加速运动。换言之，让石头和羽毛在下落时出现先后差别的只有空气阻力。伽利略认为，这一论断必定是真实的，它并不是某种物理实验的结果（尽管他当然是位非常热切的实验主义者），而是出于一项数学思想实验。

这个思想实验首先假设较重的物体比较轻的物体下落得更迅速，这是亚里士多德的观点。但伽利略想问，如果这是一项基本事实（大多数人这么认为），那么我们让一颗沉重的炮弹与一枚较轻的步枪子弹一起下落，会出现什么情况呢？按照亚里士多德的理论，步枪子弹会落后于炮弹，因为它的重量较轻。这将意味着，如果把两颗子弹绑在一起，重量较轻因而速度较慢的步枪子弹会让重量较大因而速度较快的炮弹的速度放慢，于是这个联合体的下落速度要比炮弹单独下落慢一些。

但另一方面，步枪子弹和炮弹的总重量要大于炮弹的单独重量。因此，亚里士多德的理论也暗示，这两颗弹丸的联合体应该比单独的炮弹落得更快。这种分析对亚里士多德的引力思想是个毁

灭性的打击。一颗沉重的炮弹既不可能在被绑上了一个比它自身 127
更轻的子弹时下落得更快，也不可能下落得更慢。现在，考虑到亚里士多德的落体理论已被证实无法自圆其说，那么我们应该用什么来代替它呢？同样的推理也将摧毁轻的物体比重的物体下落速度快的可笑观点，这就只剩下一种可以考虑的选择了：地球的引力将让所有物体以同样的速度下落。

5.3　时钟的时代

古代对运动或者变化的说法大体上集中在为人们观察到的各种变化的形式或“宇宙目的”分类。对物体的下落速度进行量化（仅以此为例）这种科学直到文艺复兴时期才开始发展，伽利略就是其中一位关键的过渡性人物。值得强调的是，力学本质上涉及物体在时间推移的过程中的运动。在中世纪即将结束的时候，人们对时间本身的理解发生了根本性的转变，这个转变使得这种新型科学开始成形。所有人都知道，某些行为或事件具有一种特有的持续时间，这个行星上的生命一直都遵照着某种古老的韵律运行。日复一日，太阳升起又落下；年复一年，四季交替在重复进行。每个人都非常清楚，一天与一年之间有很大的差别。

古人也谈及时段（例如烧开一定量的水所需要的时间），但这是行为本身的持续时间，时间并没有被一般地视为一种抽象概念，独立于我们可能有兴趣测量其持续时间的事件。把时间看作一种抽象的单位（天、小时、秒等）序列，是典型的现代感受力的结果。毕竟时钟本质上是我们的行星系的一个力学表象：云层可能会遮

128 蔽太阳,但时钟的指针始终在嘀嗒嘀嗒地运动,告诉我们太阳何时当空照。只有现代人才会说,24 小时就是 24 小时,而不管地球自转一周所需要的时间!

时钟最早为欧洲的修道院所用,那里的日常生活受到高度管控,要遵照严格的时间表进行祷告,就需要认真记录时间。时钟的使用最终从修道院走向了钟楼,并逐步进入外面的城市。这有利有弊,因为精确的计时使时间的定量分配得以可能,它还永久地改变了人类事务的组织方式。毕竟,时钟不仅可以测量时间,还可以用来让人的行为同步,告诉我们什么时候该去工作,什么时候该吃东西,什么时候戏剧会开始。

在一个有时钟的世界里,时间的进程似乎不言自明地是一种经验事实,我们甚至开始相信,时钟证实的事实多少要比我们自己对时间进程直接、主观的经验更为真实。简言之,时钟的心理学意义是,它把时间与人类活动或者我们在自然中观察到的现象分开了。作为作家和技术史学家,刘易斯·芒福德(Lewis Mumford)在他的著作《技术与文明》(*Technics and Civilization*)中谈到,时钟的传播"让时间脱离于人类实践,让人们相信存在一个独立的、在数学上可测量的序列,即特殊的科学世界"。在这个"特殊的科学世界"中,单个研究对象能被孤立地测量和检测,而与理解相关的特点则被选取,被合格的专家小组认可。

客观的测量是科学事业的核心,用计算机科学家约瑟夫·魏岑鲍姆(Joseph Weizenbaum)的话来说就是:

129 > 对直接经验的拒绝将成为现代科学的一个主要特征。它不仅通过时钟，也通过许多假体感官仪器，尤其是那些能对某些现象进行报告的仪器，在西欧文化中留下了深深的烙印。这些仪器（例如气压计、温度计以及天平）通过指针进行测量，指针的位置最后被转化成数字。为了让实际经验在常识看来是合法的，它们必须被呈现为数字，开始时只是逐步的，然后便越来越快，而且我们可以很公允地说，这种变化越来越带有强制性。

正是在这样一个无可置疑的可以测量的世界，笛卡尔、牛顿和莱布尼茨这类伟大的思想家才能创造他们的功绩。正如我们将在下一节中看到的那样，这几位伟人中最年轻的一位——勒内·笛卡尔，发展了一种哲学和一种全新的、有影响力的数学方法。这对于发展出一种超越古代科学的科学来说是极为关键的一步，尽管很显然，向现代性迈进的这一走并非没有付出代价。有关这一点，我在上面引用的魏岑鲍姆的话中应该已经阐述得很清楚了。

5.4　笛卡尔坐标

在最近大约400年间，几何的研究与代数方法的联系越来越紧密，这种发展使艾萨克·牛顿得以利用方程来描述运动物体的路径。几何与代数之间的这种相互作用极为重要，原因不仅是我们由此开始用方程描述运动。按照伟大的数学家约瑟夫·拉格朗日（Joseph Lagrange，1736—1813）的说法："只要代数与几何在各自不同的道路上旅行，它们的发展就不会迅速，它们的应用便会十

分有限。而一旦这两门学科结合起来共同发展，它们就能从彼此
130 身上获得新鲜的生命力，迅速向前迈进。”这一重大转变背后有许多数学的、历史的和哲学的因素，但弗朗索瓦·韦达(1540—1603)和勒内·笛卡尔(1596—1650)显然是其中的关键人物。

作为一个无疑具有极高天赋的人，笛卡尔对与他同时代的知识巨人抱有不同寻常的敌意。他乐于在相对孤独的状况下工作，偏爱的听众似乎是那些既能理解他的思路，在他发表了错误观点时又不敢对他表示质疑的人。大多数时候，笛卡尔的生活都是简单清闲的，直到去世前一年他都不肯在 11 点之前起床。不幸的是，他同意教导瑞典的克里斯蒂娜女王(Queen Christina of Sweden)，而后者要求在早上 5 点开始上哲学课。在几个星期的早起之后，笛卡尔在瑞典的凛冽寒冬中感染了致命的肺炎。

与那个时代的许多伟大思想家一样，笛卡尔相信，我们应该依靠“一种普遍的理性方法来找出科学的真理”。若不是笛卡尔总结出一套彻底改变数学思想的有效推理的普遍原则，我会倾向于认为他的这种目标荒谬且无法实现，因而对之不屑一顾。笛卡尔最有影响力的创新之一是在 x 轴与 y 轴上画图时使用坐标的想法(皮埃尔·德·费马也独立地提出了这一想法)。

据说，笛卡尔躺在床上的时候，他意识到，在他头顶嗡嗡的苍蝇的明显位置可以用两个数字来描述，即苍蝇与他脑后墙壁之间的距离，以及苍蝇与他左边墙壁之间的距离。这是一个简单的观察结果，但笛卡尔的天才就在于，他认识到了运用这种想法的重要方式。以坐标为基础作图极为方便，我们可以由它们在现代世界
131 中无所不在而感受到这一点。坐标的重要性还体现在：在我们利

用函数(即一种规则,把一个数字作为输入,取得一个数字作为输出)描绘图形的时候,它们可以表现绘图过程。换言之,坐标系让人们可以把曲线视为函数,也可以把函数视为曲线。

举个例子,我们不妨想象一下画一条函数 $y=x^2$ 的曲线的情况。当我们画出这条曲线之后,就可以通过研究和处理方程来获取有关这个图形(一条抛物线)的种种洞见。古希腊人完成了这一壮举的逆过程:他们通过几何论证对方程有了更深刻的理解。然而,古希腊的"方程"并不是现代数学的简洁、形式化的命题。与此相反,他们把类似 $y=x^2$ 这样的关系写成完整的句子。而且,他们把这种关系视为相关曲线的性质,而没有把相应的方程本身视为数学研究的对象。因此,他们没有发展出笛卡尔从阿拉伯人那里继承来的基本代数技巧。

对希腊人来说,一条曲线就是一个运动的点留下的痕迹,可以通过使用直尺和圆规,通过切割一个圆锥体,或凭借对一种物理作用的理想化而形成一条曲线。循着坐标系的想法,笛卡尔采取了使用方程来定义曲线的独特措施。关键之处在于,我们一旦定义了一对曲线 $y=f(x)$ 和 $y=g(x)$,显然还可以考虑曲线 $y=f+g$,此时函数 $f+g$ 在任意点 x 处的值就是 $f(x)+g(x)$。与此类似,我们也可以用这个方法来表达曲线 $y=f-g$,$y=f\times g$ 或 $y=f\div g$,尽管最后一条曲线将在某些令 $g(x)=0$ 的点上没有定义。请注意,函数或曲线的加法、减法、乘法和除法是全新的概念。这些
重要的观点是使用数字的算术的自然延伸,但古希腊人并没有这 132
样使用符号,他们无法想象可以在曲线之间进行加法或乘法运算。

现在在数学上占据主导地位的是我们对离散的代数符号的使

用，但在近代以前，欧洲数学一直都是几何推理占据优势。笛卡尔对促成这种根本变革产生了重大的影响，这得益于他的哲学和他对数学方法的贡献。他对我们的感官提供的证据有所怀疑，他认为，数学命题的本质在于它们的“理性”特征。因此(举个例子)，如果我们发现自己只不过是漂浮在缸中的大脑，那么，我们认为自己所知道的有关世界的一切信息就都可能是错误的。但即便如此，当我们想象这种古怪的情况时，照样可以想象自己在从事数学研究，笛卡尔用这个思想实验证明，对符号的基于规则的使用是我们的最确定的知识形式。

在笛卡尔的时代之前，人们认为，与线性方程有关的问题是真实的，因为那些方程可以从物理长度的角度加以理解。与此类似，二次项可以通过面积来理解，三次项则可从体积的角度来理解。我们现在仍然可以这样联系，但我们一般不再这样考虑。例如，我们喜欢用代数方法来求解方程 $x^2+x=110$。很少有现代人会担心如下问题：既然 x^2 代表面积，x 代表长度，把面积和长度加到一起是没有道理的。

与此相反，希腊人与在他们之前的埃及人和巴比伦人一样，让数学以几何解释为中心发展。对于他们来说，方程 $a^2+b^2=c^2$ 始终都是对三个不同的正方形的面积之间关系的真实描述。实际上，他们甚至没有写下我们非常熟悉的这个方程，他们只是用语言
133 和图形陈述了相关面积之间的关系。今天的学生经常把毕达哥拉斯定理视为在已知两个数字的前提下求解第三个数字的秘方。当然，他们知道这些数字指的是三角形的边长，但他们看到这个方程的时候，心中可能完全没有想到面积。

简言之，笛卡尔让我们认识到，我们可以把几个长度或者其他测得的数量，单纯地视为符号命题，完全脱离实际世界中任何测量的含义。换言之，我们可以系统地命名一个长度“2”，而不是“2 厘米”或者其他带单位的长度。这一步骤的有效进行，标志着数学与物理之间的界限，因为就抽象数学而言，单位的意义没有那么紧要。作为一位数学家，笛卡尔很乐意考虑 x 和 x^2 或 x 的其他次幂的相加，因为我们可以不理会任何可能刺激我们使用数字符号的直觉知识。例如，x^2 这一表达式并不必然是一个边长为 x 的正方形的面积，它可以被简单地认为是一条长度为 x^2 的线段。我们求取某一给定和数时，也不需要关心各个加数在“真实的世界”里到底是长度还是面积。

这种对形式符号的强调是现代的特征。事实上，我认为，对于现代数学家来说，概念具有的可用符号表示的性质，似乎使它们具有某种坚实的基础或者得到了“恰当定义”，成为其他人可以使用的符号系统的一部分。例如，古人在让诸如$\sqrt{2}=1.414\cdots$之类的东西与他们的数的观点相协调方面存在相当大的概念上的困难。我相信，我们对数字的感觉发生了微妙但显著的转变，今天的大多数人都会很自然地把一个数视为任意的数位序列。换言之，诸如 $1.414\cdots$一类的符号形式是我们的数字系统的一部分，学习使用这种数字系统是我们进入数字概念的关键。

我想在此澄清一下坐标和数轴的历史，因为我不想让你觉得 134
它们都是一下子被发明出来的。自喜帕恰斯①的时代（约公元前

① Hipparchus（约公元前 190—前 125），古希腊天文学家。——译者注

150 年)起,天文学家和地图绘制师就开始使用坐标以及经线和纬线的概念。事实上,使用坐标研究几何图形的想法可以追溯到尼科尔·奥雷姆(Nicole Oresme, 1323—1382)的时代,但奥雷姆并没有用这种深刻的方式发展这一想法。笛卡尔时代的创新之处就在于同时使用坐标轴和方程,将之表达为一种简洁的符号形式。笛卡尔对“线”这个词的理解本质上是传统的,即它代表运动的点留下的轨迹。他敏锐的洞察力在于,他认识到可以通过点距离坐标轴的长度来确定几何空间内的点。希腊人要提出这种观点会比较困难,因为他们没有零的概念。他们通过计数与长度之间的比率来考虑数量,因此无法想象一条直线上有一个与零对应的点。是牛顿对数轴进行了创新,令其一侧为正数,另一侧为负数(笛卡尔的图形中只有正数)。而且我们将会看到,数轴的现代概念直到 19 世纪末才完全形成。

5.5　线性序与数轴

数轴是个相当微妙的概念,因为数字与几何直线之间的关系并不明显。最基本的事实与一个根深蒂固的、有其现实基础的理解有关,当我们把 A,B,C 三个物体沿一条直线排列的时候,就可以应用这种理解。我们知道,如果物体 A 在 B 的左边而 B 在 C 的左边,则 A 必定会在 C 的左边。当我们用“大于”“高于”“比……
135 更热”“比……更重”等词语代替“在……的左边”时,得到的类似命题也成立。我们通过把事物按照大小、高矮、温度或重量的次序进行排列来认识世界,并且明白,每种这样的次序都在一种比喻的意义上与线性序的空间形态类似。

这一涉及线性序的自明真理并不像象棋规则那样是某种任意的约定：世界似乎就是如此运行的，很难想象会是别的样子。的确，正常地使用数字概念就是接受(除了其他方面)以下一点：如果 x 小于 y，而且 y 小于 z，则 x 必定也小于 z，这与实际物体排成一行时的情况是一样的。也就是说，实数与一条直线上的点都满足以下公理：

1. 已知一对数字 x 和 y，则 x 可以小于、大于或等于 y。与此类似，如果在一条直线上有两个点，则第一个点要么在第二个点之前，要么在第二个点之后，要么与第二个点实际上是同一个点。

2. 如果 $x<y$，且 $y<z$，则 $x<z$。与此类似，如果点 x 在点 y 左边，且点 y 在点 z 左边，则 x 在点 z 左边。

简言之，两个数字之间的关系的建立方式，与一条直线上的点之间的关系的建立方式相同。但另一方面，数字与直线上的点之间仍然存在根本差别，因为几何中的线是连续的，它的各个部分之间没有间隙，而数字在本质上是离散的。尽管数轴在“它不会漏过任何实数”(即数轴上任何两个实数之间都不存在间隙)这个意义上是“连续的”，但从几何意义上讲它又不是连续的，因为数轴的各个部分是点，而这些部分相互并无接触。数轴上的各点之所以并
无接触，是因为如果一对实数之间有接触，它们之间就不存在距 136
离，那么它们事实上就是同一个数(点)。

关键问题在于，一旦我们确定某个点“是”数字 0 而另一个点“是”数字 1，则直线上的每个点都将确定一个唯一的实数。更具体地说，在我们考虑的点与点 0 之间有一段距离，点 0 与点 1

之间还存在另外一个距离。给定任意点，这两段长度的比率就确定了一个传统意义上的量，我们可以把那个数考虑为该点与原点（即我们确定为 0 的点）之间的距离。反过来说，我们可以使用“到原点的距离”这个概念把每个实数与直线上的某个点联系起来，其中不同的实数会在空间内选定不同的点。理查德·戴德金明确地完成了最后的概念飞跃，他声称：我们可以把数轴定义为实数集，其中由数字 r 确定的点与原点之间的距离为 r 个长度单位。

根据这个全新的定义，直线本质上就是点的无穷集合。这与直线的经典的几何概念有着微妙却十分重要的不同，因为后者认为，一条线是运动中的点留下的轨迹。在经典的几何直线的概念里，线本身是主要的，给定直线上的各点并不是构成直线的元素，它们只不过是那条直线上的无数个精确位置而已。而且，在经典几何中，线本身具有确定的内在性质。例如，某条构成了一个回路的线形成了一个空间区域的边界，我们知道，情况如此的原因是我们有关线的概念，而不是线上的各点。

根据戴德金的定义，点永远是首要的实体。线则被重新定义
137 为离散点的无穷集合，而且在这一框架内，线的性质需要通过这些点之间的关系重新得到定义。事实上，因为点的长度为 0，因此我们可以在一条几何线上放无穷多个点。所以我们无须假定，对于每个实数来说，有且仅有一个与之对应的点。不过，通过接受戴德金的定义我们得到了一个系统，在这个系统中，一条线上的点的算术关系是完全确定的；而且，我们还可以在这个新的离散系统中证明经典几何的一切内容。

5.6 艾萨克·牛顿

牛顿的父亲是个没有文化的自耕农，在牛顿出生前几个月就去世了。当他的母亲汉娜·艾斯库（Hannah Ayscough）在大约三年后改嫁的时候，牛顿的继父坚持要求她把儿子托付给艾斯库家族。牛顿长大后成了一个神经过敏又行为诡秘的人，很容易陷入暴怒。他终生未婚，痛恨批评，对《圣经》和自己周围的世界有着强烈的好奇心。他对人类视力的性质的好奇心甚至差点让他失明。其中包括：他仔细地描述了人盯着太阳看一整天后会发生什么；述说了当用一根小木棒挤压自己的眼球时，人的视野会发生怎样的扭曲。1665 年，鼠疫波及剑桥，尚未崭露头角的年轻人艾萨克·牛顿（Isaac Newton，1642—1727）离开他在三一学院的住所，回到他的出生地林肯郡（Lincolnshire）的伍尔斯索普（Woolsthorpe）乡村。当时牛顿只不过 20 岁出头，却处在一生创作的高峰期。有充分的理由认为，没有任何科学家能像牛顿在 1664—1666 年那样，在短短两年内就做出了如此多的成就。在这段时期，牛顿设想了他最伟大的洞见中的三个（任何一项都足以使他名垂青史）：万有引力定律，白光实际由彩虹的所有颜色组成的观点，以及微积分的开创。

牛顿与他那些喜欢推测的前辈不同，他不打算解释物体“为什 138
么”会运动，而专注于以力、质量和加速度为语言，对物体“怎样”运动给出数学上的解释。亚里士多德及其追随者都曾试图区分天体的运动与地球上物体的运动，牛顿却大胆地宣称，任何物质都对其他所有物质具有吸引力，这种“引力”是真正普遍存在的力。也就是说，牛顿在灵光闪现中意识到，并非只有太阳和地球能够产生引力，因为一个苹果或者一团泥土、一块岩石就像其他具有质量的物体一样能够产生引力。而且，已知任意一对物体，它们之间的引力都与各自的质量成正比，与它们之间距离的平方成反比。换言之，如果第一个物体的质量为 m，第二个物体的质量为 n，两者之间的距离为 r，则这两个物体之间的引力 F 为

$$F=G\frac{mn}{r^2},$$

其中 G 是个常数，被称为“万有引力常数”。这个简单的命题几乎就是牛顿的著名理论的一个完整总结。我们只漏掉了对一个物体受到一个已知大小的力作用时会出现的情况进行定义。“什么是力”并不是一个微不足道的小问题。不过，要理解牛顿理论的成就，我们只需理解力所造成的运动即可。根据定义，如果一个质量为 m 的物体受到一个大小为 F 的力的作用，这一物体就会以 $\frac{F}{m}$ 的加速度加速。

牛顿的引力定律被描绘为人类思想成就的最伟大总结，这种说法是恰如其分的。这个简单的“平方反比定律”具有许多含义，
139 其中第一个是很容易推导的。假设地球上空同一位置有两个质量不同的物体，牛顿定律指出了伽利略最先提出的观点：这两个物体将以相同的速率加速向地面运动，其加速度为 $\frac{Gm}{r^2}$；其中 m 为地球的质量，r 为物体至地心的距离。

这个定律也可用于解释行星的运行规律、抛物体的轨迹、潮汐的存在、彗星的偏心轨道，以及许多其他可测量的现象。尤其

是，德国天文学家兼数学家约翰·开普勒（Johann Kepler，1571—1630）对夜空中行星运动的详细观测结果进行了著名的研究。他试图用多种方式总结这些数据，最终在 1609 年构建了一套极为符合观察数据的简单定律。开普勒的三大著名定律如下：

1. 行星以椭圆轨道围绕太阳运行，太阳则位于椭圆的一个焦点上。

2. 如果我们在行星与太阳之间画一条线并测量这条线在固定时间内扫过的面积，会发现这一面积永远恒定。

3. 如果我们对行星绕太阳的公转周期取平方，并用它除以行星的椭圆轨道的长轴的立方，得到的商永远是同一数值（一个取决于太阳质量的常数）。这一定律意味着许多事实，其中之一便是：行星的公转年可以根据它与太阳之间的平均距离计算得出，反之亦然。

所有这些结果都是牛顿引力定律的逻辑推导，这一关系人尽
皆知。但是，我们必须强调，牛顿的非凡成就绝不局限于以数学推
论的形式加以阐述并确立的引力定律。我们知道，1684 年埃德 140
蒙·哈雷（Edmond Halley）、雷恩·克里斯托弗爵士（Sir Christo-
pher Wren）和罗伯特·胡克（Robert Hooke）在伦敦的一家咖啡馆
见面，讨论行星运行遵从平方反比定律的观点。当时牛顿的想法
还只存在于他的私人笔记中。哈雷、雷恩和胡克试图计算行星轨
道遵循平方反比定理但归于失败。同年晚些时候，哈雷问牛顿，他
是否知道如何解答这一问题。牛顿立即答道：这一问题的答案他
差不多 20 年前就知道了，即行星的运行遵循平方反比定律，其轨

道为椭圆。哈雷听后十分欣喜，他请牛顿提供一份严格的证明，后者花了整整三个月才把他年轻时的那份论证重新整理出来。哈雷认识到牛顿的工作极其重要，多亏他的鼓励和经济支持，牛顿花了一年半时间写成了有史以来最有影响力的物理学巨著：《自然哲学的数学原理》(*Principia Mathematica*)。

如果牛顿不发展他的微积分，就无法写下这部杰作。但《原理》并没有直接使用微积分的语言，这多少有些令人吃惊。实际上，在写作这本书的时候，牛顿依赖的是古希腊传统中非常多的几何论证，并结合对运动的物理直觉，同时求助于极限情况下的几何概念。也就是说，牛顿尽可能使用非常传统的手段找出切线或者计算曲线下方的面积。不过，为了发展新的力学科学，牛顿需要回答那些超越了古希腊人的认知范围的问题。尤其是，他需要一种方法来处理变化率的概念。例如，如果某物体在 1 秒内移动了 4 米，则其速度即为 4 米/秒，这一点是很清楚的。与此类似，如果一个物体在半秒内移动了 2 米，则它的移动速度也是 4 米/秒。但我
141 们如何定义一个物体在一瞬间的速度，而这段时间根本不足以令其移动任何距离呢？

5.7 微积分基本定理

早在 13 世纪，法国数学家尼科尔·奥雷姆便认识到，我们可以通过作图来表现一个位置和速度都在不断变化的物体的运动。例如，我们可以用 x 轴表示时间，用 y 轴表示物体离开原点的距离。当物体从左向右移动的时候，我们的曲线可以上升或下降，代

表物体的位置发生了变化。物体运动得越快，曲线就会越陡峻。的确，有了运动的这种代表形式，我们就可以把这个物体的瞬时速度**定义**为这条曲线的斜率。这一想法把力学与微积分的两大基本过程之一——找出曲线的斜率（微分）——联系了起来。我们把微积分的另一个基本过程称为积分。在许多情况下，我们可以用求解曲线下的面积的过程来确定积分过程，尽管严格意义上的积分并不是这样定义的。

阿基米德和其他古代数学家都熟悉切线的定义。他们也知道如何求出某些曲线下的面积。然而，他们的证明在很大程度上与他们所研究的图形相关，我们面对一条新的曲线时就不能轻易利用他们的论证。牛顿和戈特弗里德·威廉·莱布尼茨（Gottfried Wilhelm Leibniz，1646—1716）各自独立地发展了微积分，这种方法更具有普遍性。几百年来，人们一直以数不清的方式使用微积分，但我们用它来解决的最简单的问题，是在已知曲线方程的情况下计算曲线的斜率和它所围成的面积。

举个简单的例子，假设我们要找出抛物线上的一点的斜率。因为方程 $f(x)=x^2$ 完美地描述了我们的曲线，因此我们可以通过检查这个方程找到斜率。这与希腊人使用的几何推理形成了鲜明 142
对照。这条曲线变得越来越陡峭，因此我们可以连接点(1,1)与点$(1+d,(1+d)^2)$，画一条比在点(1,1)上的切线更加陡峭一些的直线。经过简单的代数处理之后，我们可以证明，这条直线的斜率是 $2+d$（d 为任意大于零的数），这就意味着，曲线在点(1,1)上的切线必定小于这种形式的任何数字。

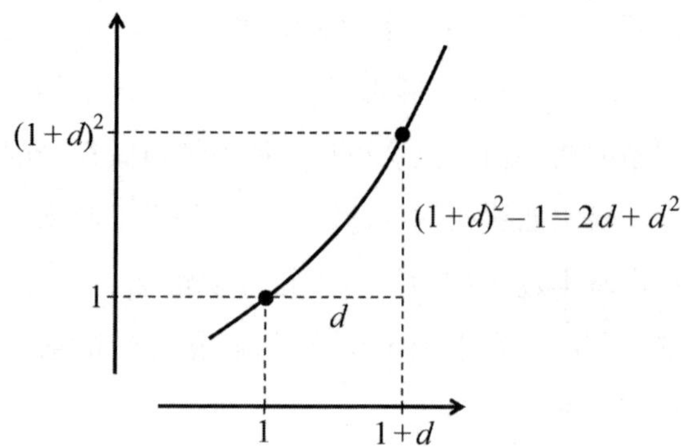

为在这两个点之间画一条直线，我们可以从图中的点(1,1)出发，向右沿着平行 x 轴的方向移动 d 单位长度，然后向上沿着平行于 y 轴的方向移动 $2d+d^2$ 单位长度。所以，连接这两点的直线的斜率就是：

$$\frac{2d+d^2}{d}=2+d。$$

与此类似，对于任何大于零的 d 来说，切线的斜率必定大于 $2-d$。所以，切线的斜率刚好等于 2(不多不少)。更普遍地说，过点(x,x^2)的切线的斜率小于 $2x+d$，但大于 $2x-d$，这就意味着斜率等于 $2x$。

换言之，曲线在点(x,x^2)上的斜率是 $2x$。我们现在有了第二个方程，即 $f'(x)=2x$，它告诉了我们在原来的曲线 $f(x)=x^2$ 上
143 任意一点的斜率。方程 f' 被称为 f 的导数，我们很快会看到，方程 f 被称为 f' 的积分。请注意，我们通过分析 f 得到了 f'：根据展开$(x+d)^2$ 的方式进行演绎。方程 $f(x)=x^2$ 与 $f'(x)=2x$ 还有第二层关系：

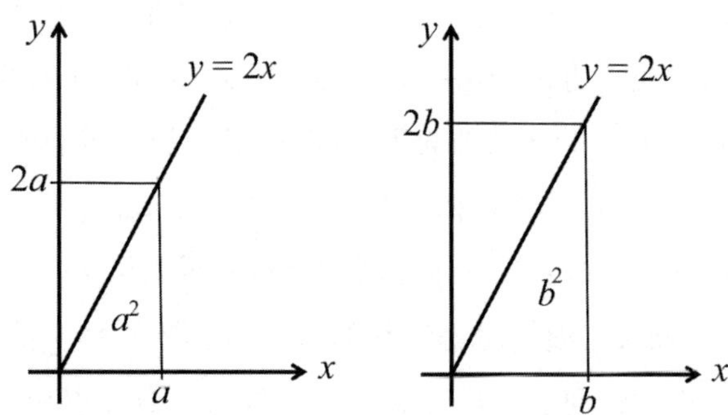

当 a 取任何值的时候，由 x 轴、y 轴、直线 $y=2x$ 和直线 $x=a$ 围成的区域的面积都等于 a^2。用莱布尼茨引入的记号，我们将这层关系表达为

$$\int_0^a 2x\mathrm{d}x=a^2。$$

1684 年，莱布尼茨发表了微积分的这一基本定理。换言之，他证明了，求取一条曲线下的面积的运算（积分）是求取一条曲线的斜率的运算（微分）的逆运算。我们将在后面探讨莱布尼茨的定理。首先我想指出，早在莱布尼茨发表文章之前 18 年，牛顿就已经知道了这一结果。牛顿能够走到这一步，是因为他专注于代数几何的新数学的研究。他尤其是一位研究“幂级数”的大师。也就是说，他知道，某些几何和三角学关系是可以用 x 的非负幂级数序列表达的。例如，就像中世纪喀拉拉邦的数学天文学家一样，牛顿 144
知道：

$$\sin(x)=x-\frac{x^3}{3\times2\times1}+\frac{x^5}{5\times4\times3\times2\times1}-\cdots。$$

牛顿也知道另一个基本事实：如果函数 f 的积分是 F，且函数 g 的积分是G,则函数 $f+g$ 的积分是$F+G$。这在直觉上是明显的,因为根据定义,我们通过加法得到函数 $f+g$。由此,如果我们想要知道函数 $f+g$ 下的区域的面积,只需求 f 下的区域的面积,然后把它与 g 下的区域的面积相加即可。类似地,如果函数 F 的导数是 f,且函数 G 的导数是 g,则函数 $F+G$ 的导数是 $f+g$。

因为牛顿知道如何对幂级数的每一项求导数并求积分,他认识到,他可以对任何表达成幂级数的函数求导数并求积分。这便是我所描述的他的方法。牛顿本人并没有使用函数、积分或者求导这些术语,不过,牛顿在1666年准备了一份题为《试论对带有无穷多项的方程之分析》(*On Analysis by Equations with an Infinite Number of Terms*)的手稿,并把这份手稿给了几位同好欣赏。几年后,牛顿准备发表他有关微积分的想法,作为一部光学著作的技术附录,但他在与他痛恨的对手罗伯特·胡克发生争执之后,便收回了整部著作。

牛顿受到萦绕心头的一些想法的困扰,他对于大众可能会持有的观点时而感到怀疑,时而漠不关心,时而又很鄙视。与此相反,博学的莱布尼茨总是注意寻找合适的听众,乐于尝试解决任何可能给他带来金钱或声望的问题。与牛顿一样,莱布尼茨发现了
145 一种运用算术原理考虑变化率的方法,但这两位伟人发展出的微积分的形式有显著的区别。牛顿通过几何方法进行论证,注意的是切线序列的极限情况。莱布尼茨的论证则清楚地提到了无穷小量之间的比率。

从现代观点来看,一个无穷小量的概念是完全可以接受的,即使(根据定义)这样的无穷小比任何实数都要小。我之所以这么

说，是因为它们在集合论中有清楚的定义。根据集合论，人们能够给出一个叫作“超实数”的数系，以及一个叫作“非标准分析”的数学形式。然而，正如那个名字所暗示的，数学家们通常不承认无穷小量是他们的数系的一部分。通过使用极限情况的概念，我们不援引无穷小的“数字”就可以研究微积分；这正是研究微积分的标准方法，因此现代数学家是按照牛顿的方法，而不是按照莱布尼茨的方法工作的。但另一方面，我们今天使用的是莱布尼茨创造的更为优越的符号表示法。

莱布尼茨对微积分基本定理的证明尤为简洁，这证明他具有找出关键点的杰出能力。首先，让我们想象方程 $f(x)$ 描述的一条连续的、不间断的曲线。人们称任何一条以一个数字为输入并以一个数字为输出的数学规则为函数，我们的方程 $f(x)$ 就是这样一个函数，因为对于任何一个点 a 来说，都存在唯一输出值，即 $f(a)$。如图所示，我们可以把这个方程转化为一条曲线，曲线在点 a 处相对于 x 轴的高即为 $f(a)$。请注意，曲线上的每个点都对应着曲线与 y 轴和 x 轴之间的距离。而且，我们可以用 x 轴、y 轴、曲线 $f(x)$ 与直线 $x=a$ 围成一个有限的区域。莱布尼茨用符号 $\int_0^a f(x)\mathrm{d}x$ 标记这个区域，但为简单起见，我将用符号 $F(a)$ 表示 0 与 a 之间的面积。

如果我们改变常数 a，就改变了与之相关的面积。换言之，原 146
来的曲线还确定了另一个函数，因为对于任意整数 a，都存在唯一一个数字 $F(a)$，$F(a)$ 等于从 0 开始到 a 结束的一段曲线下的面积。现在，如果把 a 变为 $a+\mathrm{d}x$（$\mathrm{d}x$ 是个“无穷小”量），则上述面

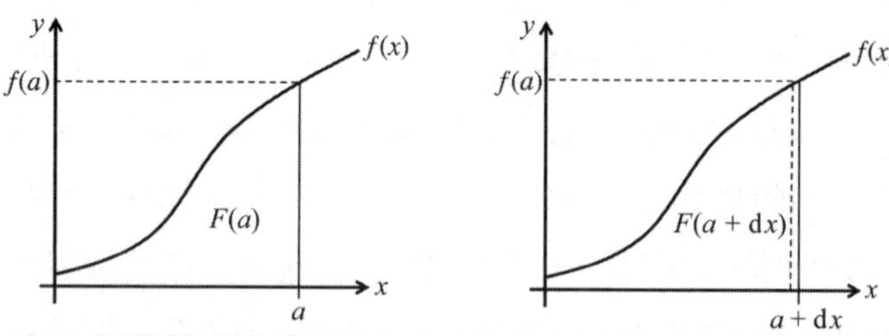

积也会取得一个无穷小的增量。假定 $f(a)$为正，则 $F(a+\mathrm{d}x)$大于 $F(a)$，因为面积 $F(a+\mathrm{d}x)$中包含另一个高为 $f(a)$、宽为 $\mathrm{d}x$ 的面积。

根据定义，$F(x)$在点 $x=a$ 上的斜率可以通过如下比率确定：x 从 a 变为 $a+\mathrm{d}x$ 时 $F(x)$出现的增量，除以 x 的增量(根据定义该增量等于 $\mathrm{d}x$)。换言之，$F(x)$ 在点 $x=a$ 上的斜率是 $\dfrac{F(a+\mathrm{d}x)-F(a)}{\mathrm{d}x}$。我们看到，$F(a+\mathrm{d}x)-F(a)=f(a)\cdot\mathrm{d}x$。因此，$F(x)$在点 $x=a$ 上的斜率是：

$$\frac{F(a+\mathrm{d}x)-F(a)}{\mathrm{d}x}=\frac{f(a)\mathrm{d}x}{\mathrm{d}x}=f(a)。$$

因为 $F(x)$是我们的任意连续函数 $f(x)$的积分，因此，如果我们对一个函数求积分之后再对其结果求导，就会得到原来的函数。换言之，微积分基本定理是有效的。

147 5.8　从代数到变化率

在上一节中，我复述了莱布尼茨对微积分基本定理的证明。除了用的语言是英语之外，我的论述与他的原始证明基本相同。

然而，我们的论证方式与他的论证方式却有微妙但重大的差别。与17世纪的数学家不同，现代读者熟悉函数的概念。严格地说，一个函数就是一种集合，其中每个可接受的输入都与唯一一个输出组成一对。尽管我们并不熟悉这个严格的定义，但习惯于输入与输出间的映射规则这一想法。例如，当我们学习如何计算数字的平方时，会有人告诉我们，$f=x^2$“是个函数”。因此，我们现在认为函数是基本的数学**对象**。对于我们的前辈来说，求取一个边长为 x 的正方形的面积是个**过程**，而对象则是数字或者面积本身。

莱布尼茨是带来这种改变的重要人物。作为一个哲学家，他对我们能够在规则的形式中获取知识这一想法十分迷恋。我认为，可以很公允地说，在某种意义上，莱布尼茨具有以函数为基础的观点。不过，有关函数的现代的完全一般的定义直到1755年才被提出来，当时莱昂哈德·欧拉写了《微积分概论》(*Institutiones Calculi Differentialis*)一书。事实上，有人会认为，这一概念直到大卫·希尔伯特(David Hilbert，1862—1943)的工作问世之后才得到充分发展。尤其是，希尔伯特写到了有关“算子”的问题，算子是一种把一个函数作为输入而得到另一个函数作为输出的规则。根据他那高度抽象的现代观点，所有实值函数组成的集合是典型的数学对象，与所有实数组成的集合非常相像。

积分和求导都是算子，因为当我们对一个函数求导的时候，就会得出另一个函数。例如，我们已经看到，函数 $f(x)=x^2$ 在经过微分之后成为 $f'(x)=2x$，而 $f'(x)=2x$ 经过积分之后成为 $f(x)$
$=x^2$。同样值得一提的是，牛顿和莱布尼茨之前的数学家已经知 148
道其他某些基本微积分结果。例如，荷兰数学家约翰·范·瓦维尔·胡德(Johann van Waveren Hudde, 1628—1704)知道,如果对函数 x^k 求导,可以得到 kx^{k-1}。当然,他没有使用"求导"这个术语,但他计算了一些代数几何曲线的斜率,其中包括 $y=x^k$。我之前提到过,以方程式为基础研究几何的方法是微积分发明前的数学形式,莱布尼茨和牛顿都熟悉胡德的工作。

一个更早的研究结果是曲线 x^k 下的区域的面积等于 $\frac{x^{k+1}}{k+1}$(条件是 k 不等于−1)。我们可以把过去的结果与微积分基本定理结合起来,推出这一事实。还要注意到,这一结果的特例对应标准的几何问题。例如,求解 x^2 之下的面积对应于找出抛物线下的区域的面积。事实上,阿拉伯数学家伊本·海赛姆(Ibn al-Haytham, 约 965—1039)就知道当 $k=1,2,3$ 和 4 时的特例。6 个世纪之后,意大利人博纳文图拉·卡瓦列里(Bonaventura Cavalieri)改造了阿基米德的把一个图形分割成无数小片段的想法,并证明了在 k 的数值上至 9 的情况下这一结果的正确性。他猜想,这一结果对任何整数 k 都成立,17 世纪 30 年代,法国数学家费马、笛卡尔和罗贝瓦尔(Roberval)证明了他的猜想是正确的。甚至在微积分发明之前,费马事实上就证明了,当 k 取分数值时,$\int_0^a x^k \mathrm{d}x=\frac{a^{k+1}}{k+1}$ 也成立。

在微积分发明后的数百年间,欧洲科学经历了大规模的发展。
149 正如牛顿曾经强有力地证明的那样,微积分及其他新数学对科学具有无可估量的价值。与过去一样,完善中的数学理论与人们试图回答的问题一起进化。尤其是,一代又一代后世数学家发展了微分方程的理论。按照定义,一个微分方程把函数 f 及其导数 f' 联系了起来。例如,$f(x)=\frac{x}{2}f'(x)$就是一个微分方程(尽管不是那么有趣),$f(x)=x^2$ 是这个微分方程的一个解。微分方程在工程学、物理学、经济学、化学、生物学及其他许多学科中都发挥了重大作用。从某种意义上说,这一点儿也不令人吃惊。每当我们得到一个规则,告诉我们一个连续量如何随时间而变化,我们几乎总会建立一个微分方程。

例如,如果一个盘子里有一些细菌,我们可以合理地假定,每分钟内“出生”的细菌的数量与当前盘子里的细菌的数量成正比。换言之,如果不存在资源短缺的问题,我们就可以合理地根据导数 f'与函数 f 成正比来建立一个细菌总数大小的模型,其中 $f(t)$为时间 t 时的细菌数量。这是最简单的微分方程,如果比例常数为正值,这个微分方程的解将呈指数增长。换句话说,我们有关变化率 f'的假定意味着,如果细菌的数量在时间 t 从 n 增加到 $2n$,则这一数量将在 $2t$ 达到 $4n$,在 $3t$ 达到 $8n$,在 $4t$ 达到 $16n$,以此类推。

当我们规定,求函数 f 的导数的导数会产生一个与最初的方程 f 成正比的方程时,我们就描述了一个更有趣的微分方程。这类微分方程可以用来描述一个弹拨乐器,因为当我们拨一根吉他
弦的时候,它会加速返回其初始位置,其加速度速率与琴弦被拨离 150
的距离成正比。举个例子,如果琴弦的一些部分从其初始位置移动 $2x$ 距离,则它们向初始位置加速返回的速率将是离开 x 距离的琴弦的速率的 2 倍。这个特殊的微分方程被称为“波动方程”,是物理科学中最重要的方程之一。这个方程的产生源于对振动弦的

研究，因为人们想要描述并解释一根弦可以产生振动的所有不同方式。更具体地说，找出“波动方程的一个解”就意味着找出一种振动方式，而“求解波动方程”就意味着找到所有可能的解。

一些数学家试图总结振动的所有形式，对解决这个问题的最佳方法的争论帮助推广并澄清了函数的概念。例如，如果我们看一下我对莱布尼茨证明微积分基本定理的阐释，就会发现，我们在选择函数上有多大自由度是不清楚的。这一论证对于多项式方程来说当然是有效的，但我们能想象 f 是可以让输入与输出配对的任何规则吗？换句话说，一个任意的连续函数在多大程度上是任意的？与此类似的是，在分析的语言得到精化之前，人们并不清楚是否可以用幂级数的形式来表达每个“函数”。

现在我们知道，波动方程有各种应用。它在描述和预测液体、气体、电磁现象和其他许多事物的行为方面扮演了关键角色。事实上，我们或许可以公允地说，振动弦启发的数学理论比其他任何物体都要多。数学的许多不同分支，从偏微分方程到傅立叶级数和集合论，都深深植根于振动弦研究。同样引人注目的是，如果把目光投向当前的知识，就会发现，如果我们想研究振动和振荡形式
151 的一般现象，从弦乐乐器入手是最佳起点（比研究一面鼓的表面振动更容易），这比以往任何时候都更显而易见。

数学家研究弦乐器已有数千年之久，当我们反思研究对象的选择对得出最简洁的数学模型至关重要这个问题时，这一事实具有特别重大的意义。毕竟，找到一个易于操作的具体例子，然后对其进行分析，并用分析结果去发展一种可以广泛应用的框架或者定理，这是我们理解这个世界的一切尝试中反复出现的核心主题。

因为面对一个百思不得其解的问题，如果我们认识到这个问题与一些我们已经知道解决方案的问题有某些共同之处，通常就能取得一定的进展。由于这一普遍流行的模式，相对简单的典型案例是每种专门知识（包括数学）的一个至关重要的部分，因为我们对于世界运行的普遍认识基于我们对具体事例的理解。

有些时候，简单的具体事例的重要意义在数学中没有得到充分的呈现，因为我们可能会合理地声称，如果数学与事物"有关"，那么它只与一般原则而不是具体例子相关。然而，这并不意味着，特例不重要。我们或许总在不断地尝试，想要尽可能地做出最普遍的命题，但就像希尔伯特所说的那样，"数学的艺术在于发现特例，在这些特例中包含着一切普遍性的萌芽"。

第六章　莱昂哈德·欧拉与哥尼斯堡的桥

真正的雄辩在于说出所有需要说的，而且除此之外别无赘言。

——弗朗索瓦·德·拉罗什富科(François de La Rochefoucauld, 1613—1680)

6.1　莱昂哈德·欧拉

人们普遍认为，莱昂哈德·欧拉(Leonhard Euler, 1707—1783)是有史以来最伟大的数学家之一，也是最多产的数学家。他声名卓著的原因有很多，他常常被称为现代数学之父。我们今天所用的数学符号基本上都是由欧拉创造的，而且，因为欧拉是最早认识到微积分威力的人之一，因此，他得以在物理学、工程学和天文学上做出许多重大贡献。

在欧拉所处的年代，巴黎科学院的一等奖(Grand Prix)是科学家所能获得的最权威、奖金最高的奖项。他 19 岁的时候，巴黎科学院提出了以下问题:“一条船上的桅杆的最佳放置方式是什么?”欧拉生于巴塞尔,此前从未离开过瑞士这个内陆国家。尽管他只见过大型帆船的照片,年轻的欧拉还是想出了“一种等价船 153
帆”的概念。从本质上说,如果单一桅杆和船帆的净推进力要与某种由多个桅杆和船帆组合产生的净推进力媲美,它们就需要处在正确的位置。

当时,有关力与牛顿运动定律的数学研究是新的创造,但欧拉对力学这门新科学有着极大的信心。他的《对一个航海问题的思考》肯定会让许多经验丰富的造船专家大为震惊,因为这个年轻人大胆地说:“我认为完全没有必要用实验来确认我的这项理论,因为它来源于最可靠、最安全的力学原理,因此不应该提出任何有关它是否真实、是否可行的疑问。”果然,欧拉的分析是合理的,英国和法国海军在下一代舰船建造中采用了他的观点。

直至生命最后一刻,欧拉都没有停止发表自己如同潮水般涌现的绝妙观点,尽管在去世前 12 年他已完全失明。他愿意与任何感兴趣的人共享自己的初步猜测和尚未完成的证明,这在科学家中是绝无仅有的,历史上也没有哪位数学家像他那样硕果累累。

与许多数学家不同,欧拉总是尽可能用简单直接的语言解释自己的观点,经常反复证明已确定的结果。他撰写了自欧几里得以来影响最大的教科书,对创造高效的现代符号标记法做出的贡献超过其他任何著作者。例如,他书写三角学中的事实的特殊方法正是我们今天在学校里讲授的:他最先用 $f(x)$ 表示变量为 x 的函数,还引入符号 e 表示自然对数的底 2.718…,并用 i 来表示 $\sqrt{-1}$。

在欧拉的时代，一个人是有可能学到欧洲数学的全部知识的。
154 欧拉做到了这一点，而且他拥有极不寻常的能力，能够穿过数个世纪的数学实践的混乱迷宫，用清晰明白的表达揭示必要的概念。维特根斯坦曾经说过："数学家无权吃惊。"我认为，说欧拉比他之前的任何数学家都更能体现维特根斯坦所说的这一原则，是非常公允的。当实验科学家检测自然的时候，他们必须睁大双眼，寻找令人吃惊的结果。与此相比，数学家则会受到如下事实的打击：已经确立的概念蕴含的模式可能比任何人意识到的都更丰富。

例如，对于毕达哥拉斯定理，我们开始可能会因为其揭示的各边的比例的规律性而感到惊异，因为我们还不理解这个结果。然而，证明的作用是让我们看到，结果非常明显，我们可能会说："面积 a^2 加上面积 b^2 等于面积 c^2，这没有什么可惊讶的，因为我们只不过重新安排了三角形而已。"许多最伟大的数学家都曾利用其理解力破解某项神秘现象，设想自己具有异乎寻常的能力，但他们得出的结果让人很难明白。欧拉的天才就在于，他意识到，如果数学家确信存在一个特定结论，那么明智的做法就是，相信能用简洁的方法去陈述相关的推理。他不断寻找更直接的方法证明已经被证明了的结论，人们认为他让那个时代的许多数学和物理学理论变得清楚、形式化。

6.2　哥尼斯堡的桥

哥尼斯堡曾是普鲁士的一座城镇，它现在是俄罗斯的一块飞地，更名为加里宁格勒。哥尼斯堡老城因其七座桥而闻名于世，18世纪初，那里的人们提出了一项挑战：“你能否步行走完七桥，且每 155
座桥只走一次？”数学家在分析问题的时候会忽略与问题无关的情况，只考虑需要考虑的。欧拉对这个问题的分析就是一个完美典范。更具体地说，他意识到，在城镇各个区域内部如何走动无关紧要。我们可以把每座桥画成一条线，把每个地区画成一个点，由此画出的地图便抓住了所有相关事实。换言之，当且仅当我们能在一次只穿过一条线的前提下走完下面的简化地图时，我们才能在一次只走一座桥的情况下走遍所有的桥。

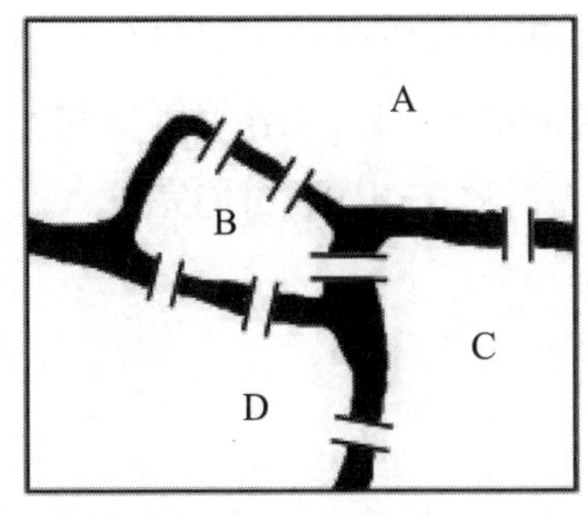

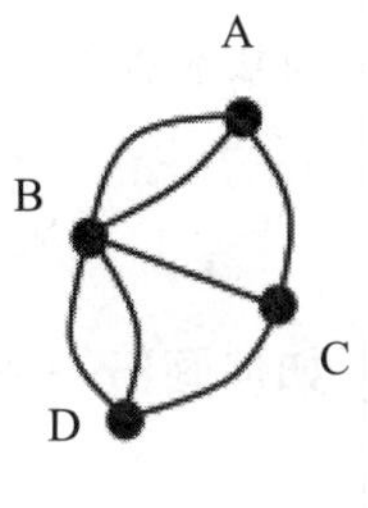

我们必须从一个区域开始，并在一个区域结束，哥尼斯堡共有四个区域。这就告诉我们，至少有两个区域既非我们的起点也非我们的终点。假设有人试图找出一条不重复地走过每座桥的路径。当此人进入一个既非起点也非终点的区域时，他出去时经过的那座桥必须不是他进入时经过的那座桥。因此，每座“入桥”必须与一座不同的“出桥”配对。这就告诉我们，任何既非起点也非终点的区域都必须有偶数座桥。换言之，想要完成这项不重复走过每座桥的任务，所有既非起点也非终点的区域都必须有偶数座桥。哥尼斯堡的四个区域的桥数都是奇数，这就意味着，这个任务是不可能完成的。

欧拉的解法本身是个迷人的智力小游戏，它同时指向某种新
156 的优美的数学。欧拉发表他有关这一问题的想法时，他的文章的标题是《一个与位置几何有关的问题的解法》（"The Solution of a Problem Relating to the Geometry of Position"）。这个标题很有提示性，我们在下一章会看到，数学家是怎样发展多重几何这一想法的。我想先探讨网络这一概念，以及存在一个几何真理的子集的理念，即在这一子集中的各项真理与距离毫不相干。欧拉对这一强有力的想法有一定的理解，我们在后面一节中会看到，对"拓扑学"的基本概念进行严格完整的阐述，这一工作要等亨利·庞加莱（Henri Poincaré）于 1895 年探讨这一主题时方能完成。

6.3　如何画出一个网络

有关"网络"或者"图形"的观点是非常基本的数学思想，我们用这个名字去描述一些由线连接的、带有标记的点的集合。要描述一个单一的连通网络，我们必须能够通过横跨网络中的线来达到这一集合内的所有各点。而且，每条线的末端都被视为一个点，两条线或者更多的线的交点也被视为一个点。为进一步阐述这一想法，我们需要注意到，我们可以（从一个点开始）以如下三种不同的做法画出任何网络：

1. 画一条通向新点的新线。

2. 在原有的线上画一个新点。

3. 在已有的两点之间画一条新线。

现在,想象任意连通网络。描绘这种网络的一个简单方法是数出规定点的数目并以数字 P 记之,然后数出线的数目并以数字 L 记之。我们也可以数出这个网络所包括的区域的数目并以 R 记之。从直觉上说,一个区域就是一组线所包围的一块面积。举个例子,如果我们的网络是一个在每个角都有一个点的正方形,则 157
$P=4,L=4,R=1$。

现在,我们有了三个可以描述任意给定网络的数字。为了更深入地认识网络,让我们回头看一下上面提到的生成网络的三个规则。按照步骤(1)做一次,我们会额外得到一个点和一条线,因此点的总数 P 便增加到了 $P+1$,而线的总数 L 则增加到了 $L+1$。同样的情况发生在我们按照步骤(2)做一次之后。你可以使用一支铅笔和一张纸证明,按照步骤(3)做一次,我们总会额外得到一条线和一个区域,因此 L 变成了 $L+1$,R 变成了 $R+1$。现在我们可以观察到一个令人吃惊的现象:按照这三个步骤中的任一个作图,数字 $P-L+R$ 仍保持不变。换言之,无论我们在纸上画了什么[①],$P-L+R$ 必定恒等于 1!

我们所考虑的所有网络都有两个共同因素:第一,它们的"欧拉数"$P-L+R=1$;第二,它们都是画在平面上的。假设我们把它们画在一个球面上,在这种情况下,我们将从一个区域和一个点开

① 下页上图展示了四种情况。请注意第三个"人形"网络的"头"其实并不能按上面的做法画出来,或者它可以视为步骤(3)的一种特殊形式。——译者注

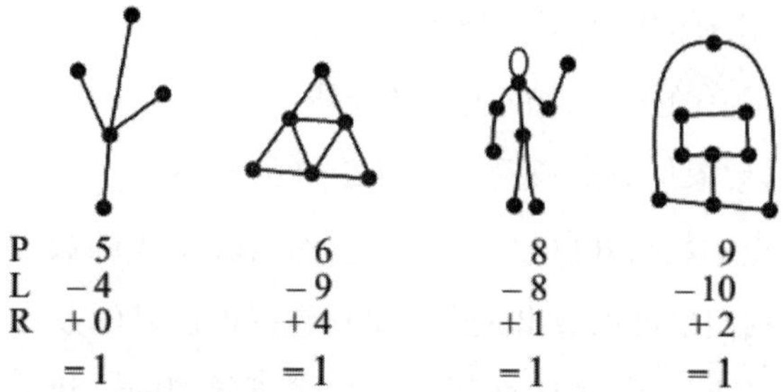

始画，而不是从没有区域的一个点开始。这就告诉我们，球面上的网络欧拉数是 2。这适用于在球面上画出的任何网络，其论证与平面上的网络几乎完全一样，只不过从单个点开始的网络欧拉数
158 是 2 而不是 1。尤其是，我们可以把正方体的棱画到一个球面上，只需要想象一个膨胀成球形的立方形的气球就可以了。重要的一点是，一个吹胀后成为球体的正方体跟其他任何立方体都有相同数目的表面、顶点和棱。我们的定理也适用于其他柏拉图立体。这些类型的图形有它们自己的词汇，所以，我们用“顶点数”代替“点的数目”，用“棱数”代替“线的数目”，用“表面数”代替“区域数”。我们对这个网络的分析表明，所有由多个表面包围而成的立体的欧拉数都是 2。

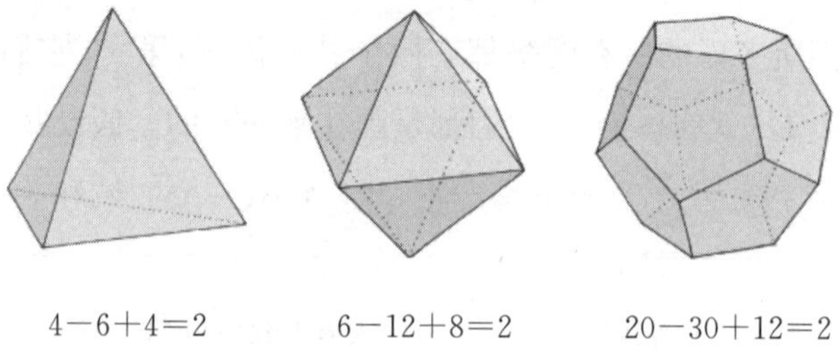

6.4 柏拉图立体再研究

我们已经在前面章节中看到，总共有 5 种柏拉图立体。也就是说，围出一个体积为 V、表面由多个相等的正多边形 P 组成的正方形的方式共有 5 种。在每个顶点上，相交的各角的总度数必须小于 360°，只有 5 种情况满足这个要求。然而，我们还没有证明下面这种对各种顶点的每种安排将产生的正立体的情况：

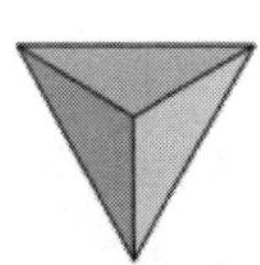

3 个正三角形

4 个正三角形

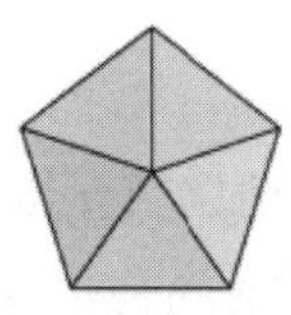

5 个正三角形

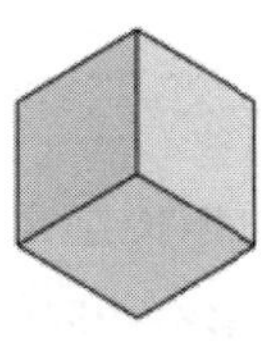

3 个正方形

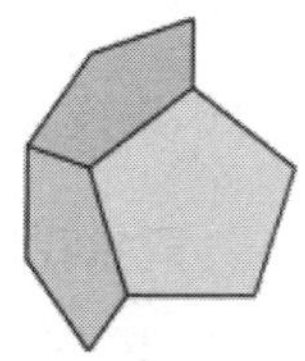

3 个五边形

完整的立体形可以由三个数字描绘：顶点数、棱数和表面数。 159
与此相关的还有另外三个数字：多边形总数 R、每个顶点发出的多边形的数目 N，以及每个多边形的顶点数或边数 S。如果我们把相关各个多边形拆开平放在地上，总共会有 RS 条棱和 RS 个顶点（R 个多边形，其中每个都有 S 条边）。在形成的立体上，每条棱都由两个不同的多边形共有。这就意味着，棱的总数必定是 $\frac{RS}{2}$ 条。而且，每个顶点都由 N 个不同的多边形共有（N 是形成的立体的一个顶点发出的多边形的数目）。现在，我们有了三个方程，它们分别告诉我们立体的顶角数或者顶点数（P）、棱数或者边数（L），以及面数或者区域数（R）：

$$L=\frac{RS}{2},P=\frac{RS}{N},\text{以及 }R=2+L-P=2+\frac{RS}{2}-\frac{RS}{N}。$$

立体的面数只存在一种可能性，因为面数(R)是由 S 和 N 这两个数字唯一确定的。例如，如果汇于顶点的是正五边形，则 $S=5$，$N=3$，因此我们知道，在完整的立体中，面数满足如下条件：

$$R=2+\frac{5}{2}R-\frac{5}{3}R,\text{这就意味着 }R=12。$$

现在我们已经知道了 R 的值，所以，根据方程可以求得 $P=\frac{5}{3}\times12=20$，以及 $L=\frac{5}{2}\times12=30$。

既然我们可以构建 5 种柏拉图立体，由此可见刚好存在 5 种
160 立体，其表面由多个相同的正多边形组成，并汇聚于同一顶点。

	表面数	顶点数	棱数
正四面体	4	4	6
正方体	6	8	12
正八面体	8	6	12
正十二面体	12	20	30
正二十面体	20	12	30

请注意，正方体和正八面体都有 12 条棱，但其中一个有 6 个面和 8 个顶点，而另一个有 8 个面和 6 个顶点。这种观察结果与一个优美的事实紧密相关：如果我们画出连结正方体各个面的中心的连线，会构建一个正八面体；反之，如果我们画出连结正八面

体各个面的中心的连线，会构建一个正方体：

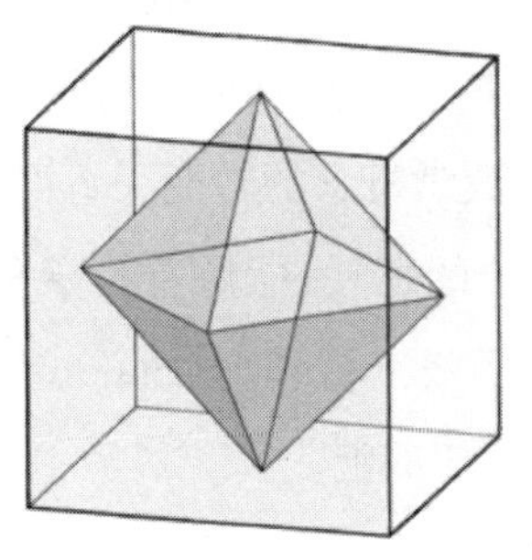
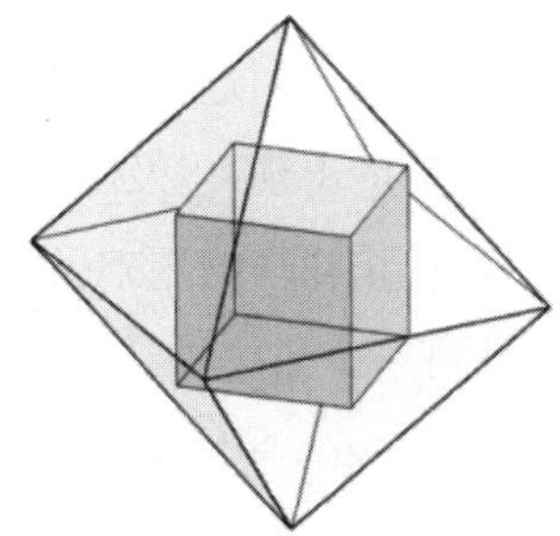

由于这两个形体之间存在如此密切的联系，我们称它们为对偶。正如正方体与正八面体互为对偶，正十二面体与正二十面体也互为对偶。

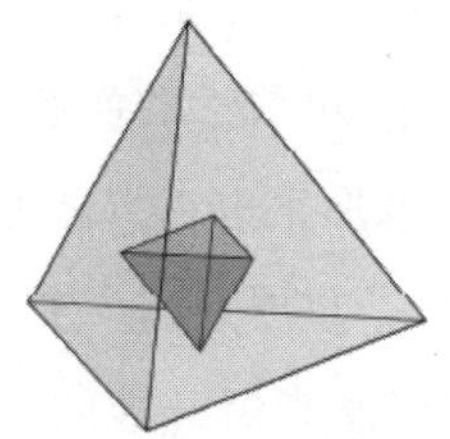
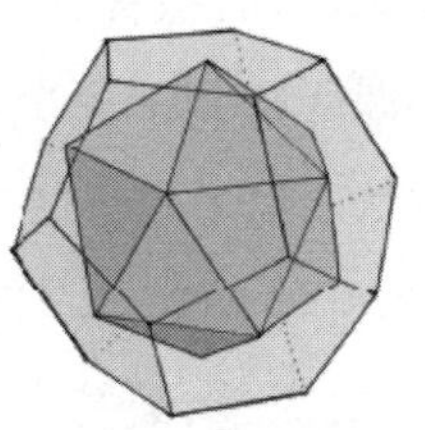
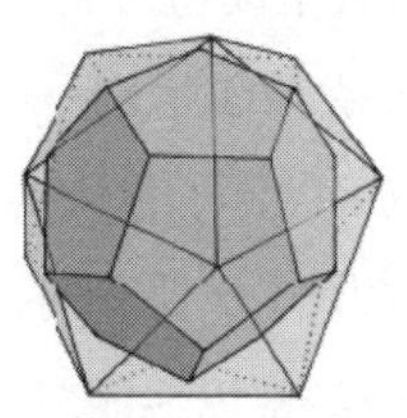 161

对偶的概念很值得研究，我们可以通过一个简单的思想实验考察这一概念。任选一个正方体，你可以用多种方式旋转它，之后令其恢复原状，这个正方体就像没有经过任何运动一样。你还可以把它反射到一面镜子上，得到的图形与原来的正方体毫无二致。换言之，正方体具有某些对称形式。正八面体也具有这种性质，当我们移动正方体并形成一个完全一样的形状时，它内部的正八面体也经历了一次等价变换。由于它们之间的对偶关系，正方体所具有的一切对称形式正八面体也具有，反之亦然。同样，正十二面

体和正二十面体具有同样的对称性。

这表明,5 种柏拉图立体可以分为三类完全正则的三维对称。我们将在下一章回过头来讨论对称这个概念,那时我将探讨非欧几里得几何的出现,以及随之而来的数学概念的转变。下面,我们首先对现代拓扑学的基础做一个简单的巡礼,然后看看亨利·庞加莱(1854—1912)和不那么知名的西蒙·吕利耶(Simon Lhuilier, 1750—1840)是怎样发展欧拉的思想的吧。

6.5 庞加莱与拓扑学的诞生

伟大的法国数学家亨利·庞加莱是欧拉的杰出继承人。他是
162 通俗科学读物的成功作家,有时被称为"最后一位全能者"。他以非同寻常的速度从一个课题跳到下一个课题,对数学的所有主要领域都做出了重大的贡献。除了数学之外,庞加莱也在天体力学、流体力学、狭义相对论和科学哲学方面进行了重要研究。有趣的是,他经常以他能想到的最简单、最基本的概念来展开他的文章、书和讲义的内容,每次都更喜欢从头开始,而不是与来自每个领域的专家讨论复杂的前沿问题。

1895 年,庞加莱出版了一本题为《位置分析》(*Analysis Situ*)的书。这是一部系统论述拓扑学的早期著作,其中特别阐述了"连续函数"的基本概念。我不打算在此描述一个连续函数的正式定义,但正如这个术语所暗示的那样,这种函数没有间断或跳跃。如果你在画一条线的时候不把铅笔从纸上提起来,你所画的线就被称为是连续的。与此类似,我们可以把一个连续函数想象为一个

逐步扭曲某个图形的规则，在这个过程中没有任何断裂或者跳跃。例如，我们可以连续地把一个正方体变形为球体，或者连续地把一份哥尼斯堡的地图变形为简化了的网络。当我们考虑立体形的拓扑学的时候，这些形体就像是由可无限拉伸也可收缩的橡皮块做成的。出于这个原因，拓扑学有时也被人称为“橡皮几何学”。

我们已经看到，对于柏拉图立体来说，它们的欧拉数为 $P-L+R=2$。欧拉和笛卡尔都知道这一结果，欧拉 1752 年的证明表明，这一结果其实很有普遍性：由多个表面以各种方式围成的立体形的欧拉数都是 2。然而，并非每个形状的欧拉数都是 2。正是庞加莱确认了两个与欧拉数等于 2 在逻辑上等价的拓扑学性质。

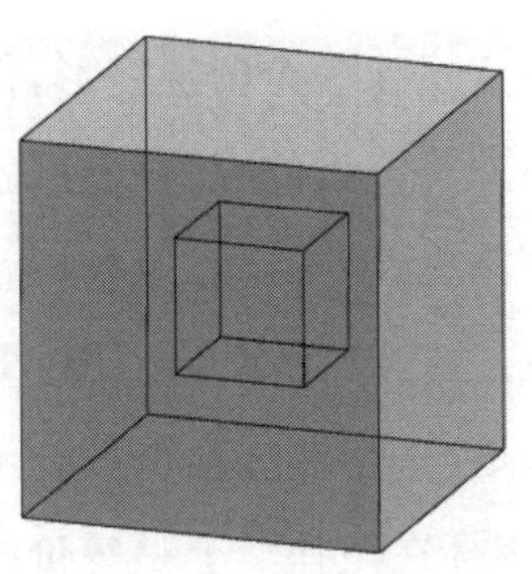 163

性质 1：图形的所有面都必须是连通的。并不是所有图形都具有性质 1。例如，考虑一个正方体，有人在其内部取走了一个小正方体。这个正方体的欧拉数是 4，因为这个图形的面由两个不连通的部分组成，而其中每个都对总欧拉数贡献了 2。

性质 2：如果我们切割某个图形，它会变成两块。下页图说明了一个不具有性质 2 的图形。如果我们沿着图中标记的回线切割这个图形，它不会变成两块。这与该图形的欧拉数为 0 有关。 164

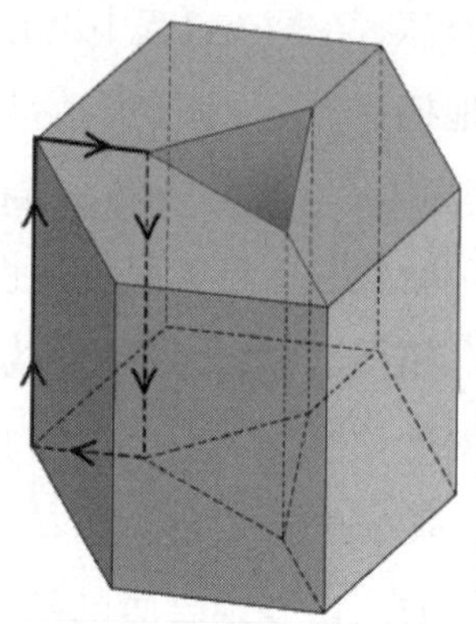

所有柏拉图立体和无数其他图形都具有这两个拓扑学性质。这与我们可以把这类图形连续变换为另一种图形这个事实有关。连续函数可以用多种方式让一个图形变形，但它们无法增加或者消除洞。因为加洞需要将临近的点移开，这就与连续的定义发生了矛盾。在拓扑学家眼里，球体与正方体实际上是同一种图形，因为它们都能连续转变成对方。由此，我们说，球体与正方体在拓扑学上是等价的。类似地，一个油炸圈饼具有不同于球体的拓扑学性质，但它与一个咖啡杯在拓扑学上是等价的。为了更好地理解这一想法，让我们考虑一下在油炸圈饼的图形上画一个网络时会发生些什么。

画下两条线之后，我们实际上把这个图形(可以称为一个圆环面或者一个油炸圈饼)剪成一个平坦的表面：

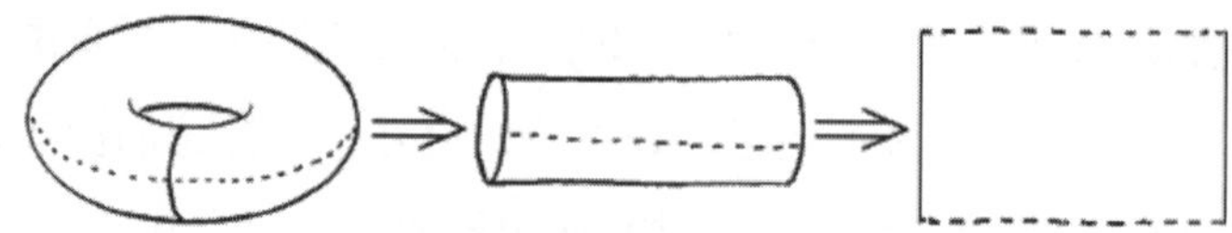

从这一点出发，步骤(1)、(2)和(3)都无法影响我们的网络的欧拉数。换言之，这个洞可以“免费”让我们画两条线。一个图形的欧拉数被定义为你在这个图形上画出的任何网络的最小欧拉数。我们可以看到，一个球体的欧拉数是 2，而一个环面的欧拉数是 0。[①]

第一个涉及拓扑学身份的一般方程被称为“欧拉多面体公
式”。不过这个公式最早其实是由胡格诺派教徒西蒙·吕利耶在 165
1813 年写下来的。吕利耶年轻的时候因为想学习数学，不愿在教会中发展事业，他因此拒绝了大笔财产(在教会中任职是亲戚赠予他金钱的条件)。吕利耶一生的大部分时间都在思考欧拉的研究，教他数学的是欧拉的一个学生。吕利耶对有关哥尼斯堡七桥问题的论证特别感兴趣，他的数学生涯中的一个亮点，就是他找到了任意图形的欧拉数与这个图形的“亏格”(genus)之间的关系。

直观地说，一个图形的亏格就是它包含的孔的数量。因此，一个球体的亏格就是 0，油炸圈饼和咖啡杯的亏格都是 1。当且仅当一个图形表面上的任意回路可将该图形界为两个区域——回路“内”和回路“外”时，我们可以说该图形亏格为 0。请注意，一个油炸圈饼的亏格并不是 0，因为可以在它的表面画一个回路，使其表面仍有一个单一的连通区域。

同时也请注意，我们可以把两个亏格为 1 的图形粘在一起，构建一个亏格为 2 的图形，这一过程可以通过明显的方式加以推广。

---

① 按上述方式剪开的环面相当于一个平面(但此时区域数 R＝1)附加两条线，故 R＝1，P＝1，L＝2，欧拉数为 0。——译者注

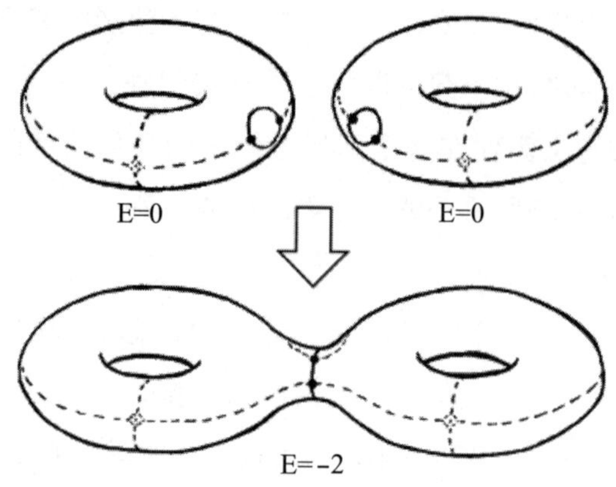

166 检查被粘在一起的部分(可在每个油炸圈饼上找到的由两个点和两条线构成的圆)。箭头上方图中的 4 条线、4 个点和两个区域为总欧拉数贡献了 2。图中与此对应的图形则由两条线和两个点组成,其中没有区域。其所以如此,是因为粘在一起的部分在新图形的内部,因此它不算一个区域。两条线、两个点与零个区域对总欧拉数的贡献为零,比原来减少了 2。换言之,对于两个给定的欧拉数各为 E(1)和E(2)的图形来说,我们可以把它们粘在一起,构建一个欧拉数为 E(1)+E(2)-2 的图形。因此,把一个油炸圈饼与任意图形粘贴,都会让欧拉数减少 2,而且一般来说,欧拉数 E 与亏格数 g 相关,其联系公式为欧拉的多面体公式:$E=2-2g$。

第七章　欧几里得第五公设与重新发明几何

就数学命题对现实的解释而言，它们是不确定的；而如果这种解释是确定的，那么它们就没有描述现实。但另一方面，可以肯定的是，一般来说，数学特别是几何学的存在应该归功于我们了解真实物体的性质的需要。

——阿尔伯特·爱因斯坦(1879—1955)

7.1　测量与方向

如果要说几何的第一个时代的特色，我们可以用古埃及人和他们在被尼罗河洪水淹没过的平原上重新划定边界线的仪式作为标志。欧几里得从他小心陈述的公设出发，证明了几何的各项真理，我们可以把他的工作视为几何发展的第二个时代的特征。直到19世纪，几何的第三个时代才露出黎明的曙光，在本章中，我们会看到数学家们是如何让这一根本性的转变付诸实现的。

1800 年的几何与欧几里得的几何极为相似，直到 19 世纪中叶，人们还认为几何命题是对实际的物理空间中的理想物体的真
168 实描述。诚然，几何研究取得了进展，但欧几里得的《几何原本》依旧是学生们的主要教科书；而且，与数学的其他分支相比，几何论证几乎还在原地踏步。事实上，在分析学和微积分这样更新的领域中发展出的论证，常常被转换成几何问题，因为几何论证被认为是可靠的、久经考验的、无懈可击的。

就代数符号在几何证明中的作用进行的长期争论，首先预示了一个根本性的突破。不过，在开始探索“射影几何”“非欧几里得几何”“弯曲空间”（或流形）之前，我们的几何概念还未发生根本性的转变。为理解这些根本性创新的本质和几何概念随之发生的转变，我们必须首先重温以下 5 个公设，这 5 个公设是欧几里得所有几何演绎的基础：

1. 任意两点之间存在一条最短路径，即直线段。

2. 任意线段都可以无限延长成一条直线。

3. 每条直线段都可以用来定义一个圆。该线段的一端是圆的圆心，其长度是圆的半径。

4. 所有直角本质上都是全等的，任何一个直角都可以经旋转或平移而与其他直角重合。

5. 给定一条直线与不在该直线上的一点，过该点可以作且只可以作一条不与该直线相交的直线。

169 这些命题及其他基本逻辑命题定义了欧几里得几何的概念。这些概念互相关联，共同构成了一个概念架构。从形式上

看,所有 5 条公设都具有同等的逻辑地位。也就是说,在欧几里得几何的框架内,5 条公设都确定无疑地是真实的。不过,从历史角度来说,前 4 条公设更接近人类的几何思维。如果你花时间使用一下三角板和卷尺,就会发现前 4 条公设很明显是正确的。我们可以证明,前 4 条命题描述了三角板和卷尺的世界,但是不清楚如何在实际上证明欧几里得第五公设的真实性。显然,我们根本不可能检查两条无限长的直线,并以此确定它们不会相交!

我在“导言”中给出了对毕达哥拉斯定理的证明。对于那些眼睛能看到的人来说,这种非正式的证明完全是有说服力的。的确,在欧几里得的定义体系出现之前许多个世纪,人们就已经认识到了毕达哥拉斯定理的正确性。考虑到这种情况,如下说法似乎不失公允。古希腊人之所以清楚地表达了欧几里得第五公设,并将其灌输给后世各代,是出于两个联系密切的原因:首先,他们看到这条公理是“真实的”;其次,这条公设能够让他们证明毕达哥拉斯定理及其他基本结论。

更贴切地说,以上陈述的第五公设应该用苏格兰数学家约翰·普莱费尔(John Playfair, 1748—1819)的名字命名,称之为“普莱费尔公理”。正如普莱费尔所说,欧几里得最初对第五公设的陈述足以令读者眼花:“如果直线 A 与直线 B 都与第三条直线 C 相交,且从 A 到 C 形成的角加上从 C 到 B 形成的角小于两个直角之和,则直线 A 与 B 必定相交。而且,这两条直线的交点将位于直线 C 与 A、B 两直线形成的内角之和小于两个直角之和的那一面，而不在内角之和大于两个直角之和的那一面。”①

170 欧几里得的第五公设的叙述相当混乱，足以让历代的数学家感到厌恶。有些人找到了更简洁的陈述，如普莱费尔。另外，伟大的英格兰数学家约翰·沃利斯(John Wallis, 1616—1703)证明，欧几里得第五公设在逻辑上等价于：任何三角形都可以被放大或者缩小(例如把每边的边长都减半)，同时每个角的大小保持不变。还有一些数学家试图用公设(1)—(4)来证明这一命题，以便完全摈弃这一公设。我们会看到，这个任务被证明是无法完成的。现在，当我说普莱费尔找到了一个更简洁的表达形式的时候，我指的是欧几里得原来的第五公设在逻辑上等价于普莱费尔公理，因此我们可以放心地切换。也就是说，我们可以用欧几里得的 5 个公设来证明普莱费尔公理，也可以用公设(1)—(4)加上普莱费尔公理来证明欧几里得第五公设。下列命题是另外一个与欧几里得第五公设逻辑上等价的命题：平行于同一条直线的各条直线互相平

---

① 这一公设的原文可能有些晦涩，译者按照自己的理解在此略加解释：两条直线 A 和 B 都与第三条直线相交，形成了两个同旁内角 α 和 β，如果 α 和 β 之和小于 180°，则 A 与 B 必定相交，且交点在 α 和 β 的同侧，而不在两侧。见下图(图片来自维基共享资源 https://commons.wikimedia.org/wiki/File:Parallel_postulate_en.svg#/media/File:Parallel_postulate_en.svg)。

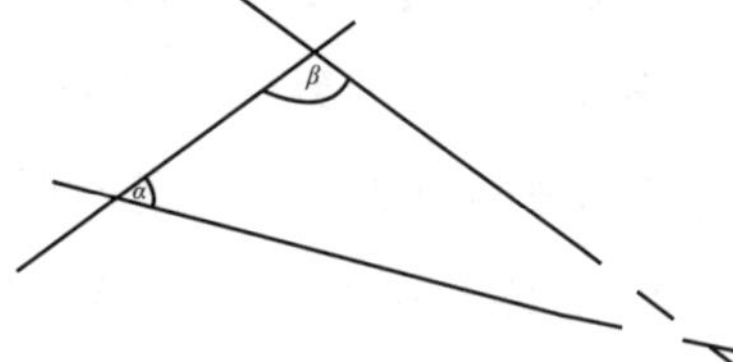

但实际上，如果 α 和 β 之和大于 180°，则 A 与 B 也必定相交，只不过交点不在 α 和 β 的同侧。——译者注

行。由于无论我们选择这一公设的哪种形式，都可以证明同样的定理，因此，我们给出的定义性公设的清单多少带有任意性，但从美学的观点出发，人们把普莱费尔的命题作为第五公设的标准形式。

除了为他们的几何演绎提供了一个公设基础之外，古希腊人还试图解释“点”和“线”这类词语的意义。例如，欧几里得就进行了诸如此类的解释，如“点是没有部分的东西”，“路径是一个运动的点留下的轨迹”，“线是一段没有宽度的长度”。我们会发现，这些说法在直觉上是生动的，它们为我们正在讨论的事物描画了一个图像。不过，我们不需要费心为大多数基本术语给出定义，因为它们的数学含义可以通过我们的公理，或另一套在逻辑上与这些公设等价的公理得到确定。毕竟，正是公理告诉我们，我们有权对 171
所要证明的东西做何种演绎。换句话说，如果我们的证明实际上并不需要使用某个基本词的定义，就没有必要对它下定义。一个与公理所给出的定义不同的定义或许能帮助学生理解老师想推导的事物，但如果我们真的愿意的话，也可以使用更多的词去界定定义中用到的词。但是布莱兹·帕斯卡在《说服的艺术》中建议：“不要试图定义任何本身即很明显的事物，因为不存在更清楚的术语来解释它们。”

欧几里得的 5 个公设定义了许多事物，其中之一就是当我们说“这些直线互相平行”时，我们到底保证了些什么。我们也可以说，欧几里得的第五公设与方向的概念有关，因为我们通常认为平行的直线“指向同一个方向”。在遵照欧几里得的理论体系行事两千年后，人们最终认识到，欧几里得所暗示的方向的定义并不是数学上唯一有效的定义，我们对直线等的一般理解也不是唯一与公设(1)—(4)一致的事物。正如我们很快就要看到的那样，如果我们接受公设(1)—(4)和一个与欧几里得第五公设完全不同的公理，照样可以顺利地研究几何。而且，在一种比原来构想的更广泛的语境下，不依靠欧几里得第五公设做出的各种几何推论也是有道理(且有效)的。

相当富有诗意的是，几何视野的扩展首次出现在一个战俘营中。当拿破仑被迫从俄国撤退的时候，法国人让-维克托·彭赛列(Jean-Victor Poncelet, 1788—1867)被俄军从死人堆里扒出来做了战俘，经过长达五个月的跋涉之后，被关在伏尔加河沿岸的一座战俘营里。他在俄国待了两年，1814 年 9 月获释回到法国时，他已经完成了著作《试论图形的射影性质》(*Treatise on the Projective Properties of Figures*)。我不拟在本书中讨论射影几何，
172 我将描述分别由卡尔·弗里德里希·高斯、尼古拉·伊万诺维奇·罗巴切夫斯基(Nikolai Ivanovich Lobachevsky)、亚诺什·鲍耶(János Bolyai)和费迪南德·卡尔·施魏卡特(Ferdinand Karl Schweikart)独立发展的各种非欧几何的情况。

卡尔·弗里德里希·高斯(1777—1855)从未发表过他早期对这个主题的思考，但早在 1824 年他给一位友人写的信中就有如下陈述：“假设三角形的三个内角和小于 180°会产生一种新奇的几何，这种几何与我们现有的几何十分不同，但也是整体上前后一致的……”第一次在文章中表达欧几里得第五公设并非不可替代这一想法的人是尼古拉·伊万诺维奇·罗巴切夫斯基(1792—1856)。1829 年，在自己的文章被圣彼得堡科学院拒绝并被斥为

"狂想"之后，罗巴切夫斯基找到了一份同意发表其论文的地方科学杂志。尽管许多数学家都不算太认真地思考过这种想法，但非欧几何这种理念在 19 世纪 50 年代之前并没有受到真正重视。

我们或许可以把发生转机的日期准确地确定为 1854 年 6 月 10 日，那一天，高斯请 27 岁的波恩哈德·黎曼（Bernhard Riemann，1826—1866）提交一份题为《论作为几何学基础的假设》的演讲稿。随后我们会看到，直到爱因斯坦的工作问世后，这篇讲稿的全部意义才得到广泛理解。黎曼的论点的基石是如下看法：几何的基础并不是关于"宇宙空间"的直觉知识，或者是在概念上必需的知识，而是正确地表述"测量"的能力。当我们测量平面上的线和角度，并用形式语言表达它们的时候，我们可以用欧几里得几何。当我们测量弯曲表面上的长度和角度的时候，虽然还是在用几何，但已经不再是"欧几里得的"几何了。

考虑到几何这个词来自于希腊文表示"土地测量"（earth-measuring）的词，长度和角度的测量具有根本意义这类说法听起来可能明显得有些可笑。然而，自希腊人以来，数学家们即使不必
求助于任何类似真正的物理形式的尺子这类粗糙工具，也能够知 173
道有关三角形的角度的所有事实以及与此类似的许多知识。对此，他们一直因感到自己高人一等而欣喜。要重新确立度量理论应有的优先地位，就需要一种精细的技巧：去芜存菁，以便进一步的分支得以生长。年迈的高斯为黎曼的方法感到欣慰，并以极不寻常的热情说到了黎曼思想的深度。高斯首创了"非欧几里得几何"这个术语（黎曼过于谦虚而不愿宣告），从此，非欧几何就不再被视为在逻辑上新奇的畸形怪物了。相反，非欧几何的真理与欧

几里得的真理同时为人所接受，几何的第三个时代就此开始。

7.2　非欧几里得几何

根据定义，两点间的一条连线成为直线段的条件是：当且仅当这条连线不长于连接这两点的任何其他连线。这个事实是术语“直”的意义的基础，这种说法在所有几何中都有效，而不只对欧几里得几何有效。欧拉意识到，任意凸面上的两点间的最短路径，都可以通过建立模型、在两点上戳洞、在洞中穿过一根绳子并拉直的方法找到。因为拉伸一条绳子能让距离尽量缩短，因此就有了一条最短路径，也叫“测地线”。

球面上两点间的最短路径永远在“大圆”上，大圆即与我们讨论的球体等半径的圆。如果我们朝着某个特定点（比如说北极）直走，一直走下去，围绕地球走过的路径就会画出一个大圆。如果两个人都面向北方前进，他们的路径会在北极相交。因此，“北”这个方向与欧几里得写下第五公设时想的东西不是一回事，因为他明确
174 说平行线永远不会相交。不过，我们还是可以通过重新解释基本术语如“点”和“直线”等来创造一个完全无矛盾的非欧几里得几何。我们这种做法不存在任何限制，因为这些术语的数学意义是由公设本身确定的，而不是由我们对主题可能具有的任何直觉确定的。

尤其是，我们能够设想出一种人称“椭圆几何学”的几何。想要成功地做到这一点，就需要把“点”这个术语的意义解释为“球面上的一对对径点”（也就是说正相对的两个点），把“直线”解释为“大圆”，等等。公设(1)与这套新概念完全兼容，因为穿过任意两

对对径点的大圆只有一个，这确实是它们之间的最短距离。

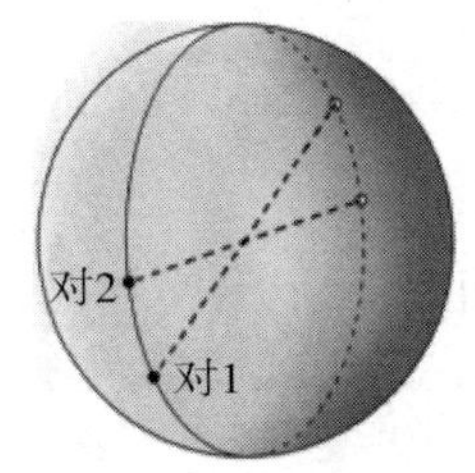

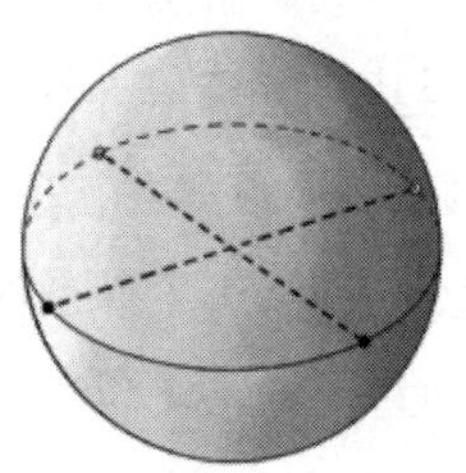

与此类似，公设(2)也是满足的，因为在球面上连接一对点的任何最短路径都可以通过延长来形成一个大圆。在这个模型中，公设(3)和公设(4)也可以得到满足：我们只要把"直角"和"圆"解释为"球面上的直角"和"球面上的圆"即可。唯一的技术难题是，因为球体是有限的，因此我们所能画出的线或者圆的大小存在一个上限，模型的这个局限性可以被克服，但这个新的球面几何与传统的欧几里得几何之间还有另一个根本差别。

这个根本差别就是，如果我们画一个大圆和一个不在这个大 175
圆上的点，就无法过这个点另外画任何一个大圆而不与我们原来的大圆相交。换言之，我们对术语"点""线""圆"做出新的解释后，公设(5)显然是不成立的，因为在这种新几何中根本不存在平行线一说。的确，如果我们想要研究椭圆几何而不是欧几里得几何，就必须接受下面这个公设：

给定任意一条直线和不在这条直线上的一点，不存在过这一点而又不与原来的直线相交的直线。

这里的基本观点是，我们可以自由地解释"点""线""圆"这些基本术语，只要我们的解释满足公设的规定。毕竟，我们在演绎的时候只依赖公设。而且，我们可以用欧几里得几何中的公设来证明，球面上的直线满足椭圆几何中的 5 个公设。这就告诉我们，椭圆几何至少与欧几里得几何一样是前后一致的，因为存在一个满足我们所讨论的公设的欧几里得对象。

这一论证表明，当人们试图使用公设(1)—(4)来证明欧几里得第五公设时，他们是不可能成功的。欧几里得第五公设与公设(1)—(4)是相互一致的，但与欧几里得第五公设矛盾的命题也与前 4 项公设一致。因此，如果公设(1)—(4)是相互一致的(这一点毫无疑问)，则欧几里得第五公设就不可能是公设(1)—(4)的逻辑结果。也就是说，欧几里得第五公设告诉我们的东西，我们无法从其他公设推演出来。

7.3　空间曲率

在椭圆几何中，“三角形”和“正方形”这类数学术语具有完备的定义。

176 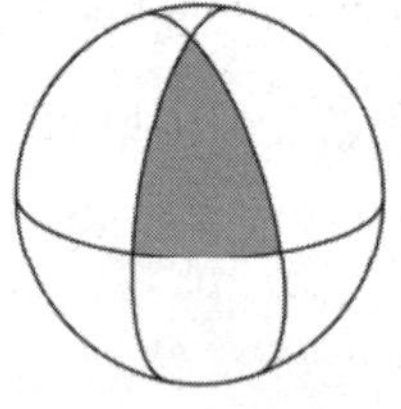 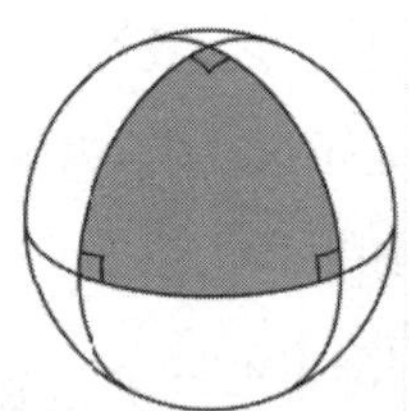

如果我们把这些三角形的各个内角相加，就会发现角度之和大于 180°。这种情况发生的原因是，三角形的边界线向外突出，增大了各个角的大小。那些覆盖了一小部分球面的三角形的内角和非常接近于 180°，因为球面上面积很小的部分很接近平面。例如，一桶水的表面并非绝对的平面，因为它具有与地球相同的曲率，但除非桶大得惊人，否则这一曲率是检测不到的。另一方面，如果我们画一个覆盖了球面很大一部分的三角形，这个三角形的内角和就会明显大于 180°。的确，第二个例子中的球面上的三角形便有三个直角，其内角和为 270°。因此，我们可以通过测量三角形的角度来测量曲率，当我们改变球面上三角形的大小时，三角形的角度也会有所改变。

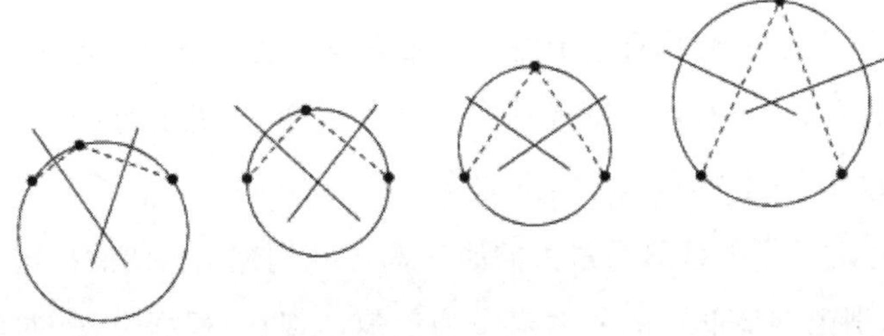

高斯首先提出了一种严格的曲率定义。一条线的曲率的定义其实非常简单。它依赖于这样一个事实：对于平面上任意三个点来说，只要这三个点不在同一条直线上，则存在唯一一个经过所有三个点的圆。人们认为直线的曲率是 0，已知半径为 r 的圆弧的曲 177
率是$\frac{1}{r}$。已知一条光滑的连续曲线，我们通过找出“极限情况”（与微积分有关的想法）来定义曲线上每一点的曲率。最重要的是，高斯想象了一条经过一点 P 的线，以及在这条线上分别位于 P 点前后的另外两个点。经过任意三点只存在一个圆，我们可以找到$\frac{1}{r}$的值（r 为过三点的圆的半径）。如果我们在 P 点前后选择一对与

其更为接近的点，就可以得到另外一个$\frac{1}{r}$的值。对于没有角的光滑曲线来说，当P点前后的两点越来越接近P点时，$\frac{1}{r}$的值就会越来越接近于某个固定值。根据定义，我们称曲线在P点的曲率为$\frac{1}{r}$的极限值。

更重要的是，高斯还阐释了曲面曲率的定义，这一定义只依赖于曲面上的距离和角度如何度量（也就是说，高斯的曲率与曲面嵌入的空间无关）。其中的基本思想是，如果我们沿着一个曲面运动，运动留下的线具有某个曲率。如果我们从一个给定点出发，向不同的方向运动，就能发现具有不同曲率的线；尤其是，我们将发现，向其中一个方向运动留下的线具有最小的曲率k_1，而向另一个方向运动留下的线具有最大的曲率k_2。我们把山顶的曲率定义为正值，把山谷最低点的曲率定义为负值。现在，根据定义，曲面上给定点的高斯曲率为k_1k_2。请注意，山顶和碗底的曲率都是正值，因为无论k_1和k_2同为正值还是同为负值，它们的乘积都是正值。还要注意，只要k_1或k_2中有一个为零，则高斯曲率为零。最后，注意有些曲面具有负值曲率。在“鞍点”的情况下便是如此，因为在
178 这个点上，如果我们向前或向后运动则处于谷底，向左或向右运动则处于坡顶。

如果一个曲面上包含一条欧几里得直线，则这条直线上所有点的高斯曲率都为零。例如，圆柱曲面和圆锥曲面的高斯曲率都是零，因为在每个点上，具有最小曲率的路径都是一条直线，因此$k_1=0$，这就意味着$k_1k_2=0$。换言之，我们可以通过把图形放到平

面上的方式来确定其高斯曲率是否为零。如果在这个图形和这个平面之间存在一个切点(就像我们在球体的情况下找到的那样),则该曲面的高斯曲率就不为零。确定图形的高斯曲率是否为零的另一个方法,是在曲面上以给定三点之间的最短距离为边画一个三角形。如果该曲面的高斯曲率为零,则这个三角形的三个内角和为 180°;如果其高斯曲率为正值,则这三个内角之和大于 180°;如果其高斯曲率为负值,则这三个内角之和小于 180°。

在曲面上各点之间的所有几何关系不变的情况下,高斯曲率为零的曲面可以铺开成为平面,高斯曲率非零的曲面则无法做到这一点。例如,雕刻了几何图形的圆柱滚子可以把滚子上的图案传递到平铺的纸上。相反,球面的高斯曲率意味着它不能用作滚筒,任何平面世界地图都必然会让至少一种几何关系变形。这就是说,可以证明,我们不可能把一个球面映射到一个平面上,同时又不扭曲球面上各点之间的长度或者角度。我们最多可以只扭曲长度而让角度保持不变,或者只扭曲角度而让面积保持不变。

高斯称他有关曲率的观点为“绝妙定理”(Theorema Egregi- 179
um),这个定理解释了常见的吃比萨策略的有效性。因为比萨基本上是平的,可以把一片比萨饼看成一个高斯曲率为零的曲面。我们可以弯曲或折叠一片比萨,但要拉伸它则十分困难,这就意味着很难拉伸改变比萨的高斯曲率。与此类似,我们可以弯曲或折叠一张纸,但很难拉伸它,所以我们无法用一张平面的包装纸把一份球形礼物包起来。现在,让我们想象用一片比萨把一个看不见的圆柱体包起来。在一个方向上,这片比萨变得像一个圆,但因为它的曲率为零,在垂直方向上它必然是平躺着的。在不具有非零高斯曲率的情况下，这片比萨不可能在两个方向上弯曲；在不拉伸它的情况下，我们无法改变它的曲率。换言之，折叠一片比萨会在垂直于折叠的方向上产生刚性。这一点很有用，因为这会防止比萨饼破碎，并让饼上的配料稳稳地在恰当的位置上。我们也可以用同样的原理说明，一片带有瓦楞的金属薄片为什么不像同等厚度的平坦金属薄片那样柔软。

高斯当然是数学领域的领军人物，但法国著名数学家玛丽-索菲·热尔曼（Marie-Sophie Germain，1776—1831）也做出了许多重大贡献，并在1816年成为第一位获得巴黎科学院一等奖的女性。她最卓越的观点，是认识到高斯曲率并不是唯一有用的曲率定义：数值$\frac{1}{2}(k_1+k_2)$也能够给我们带来许多信息。她称这个量为曲面的某个给定点的平均曲率，她还注意到，曲面的平均曲率与其表面积之间有一种令人着迷的关系。更具体地说，如果一个曲面每一点的平均曲率都为零，则在不增加其表面积的情况下，我们无法让这个曲面变形。这就意味着，那些容易使自身的曲面面积
180 最小化的材料自然而然地形成最小的零平均曲率曲面。例如，有一个物理事实是：如果我们把一个任意形状的金属丝放入肥皂水中，表面张力会让曲面面积达到最小。一个肥皂泡内包含着的空气受到了轻微的压缩，从而使气泡有成为球体的倾向；而在球体这种形体的表面上，每个点都具有相同的曲率，因此它的表面积最小。肥皂泡内的空气受到的压强略微高于其外部的空气受到的压强，但当皂膜受到处处相等的压强作用时，它表面上每一点的平均曲率都必定为零。这就意味着，如果我们把一截封闭的金属丝放

入肥皂水中，无论我们用何种方式弯曲这截金属丝，在跨越金属丝之间的空间的皂膜上，所有各点的平均曲率都必定为零。

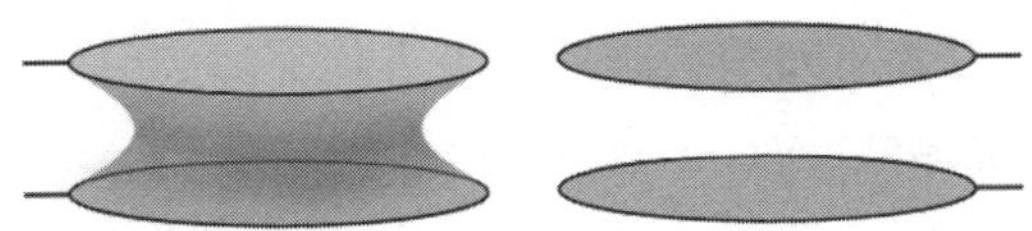

另外请注意，虽然表面上每个点的平均曲率总是为零，但肥皂水在同一封闭金属丝构形之间形成薄膜的方式却绝非仅此一种。

7.4　几何的统一与多样性

除了一个球面的正值曲率和与此相关的椭圆几何外，还存在一种"双曲几何"。换言之，几何学家也可以研究高斯曲率为负值的空间。在双曲几何中，三角形的内角和小于 180°，但最基本的事实是，我们的工作依赖以下公理：

给定任意一条直线和不在该直线上的一点，至少存在两条通过这一点却不与该直线相交的直线。

与椭圆几何相比，双曲几何多少不那么直观，但自然中确实有 181
曲率为负值的曲面。例如，珊瑚礁经常带有负值高斯曲率，但是考虑到我们要在一张平面的纸上给出说明，最容易的方法还是使用由亨利·庞加莱发明的双曲空间模型。在庞加莱圆盘上，当空间中的物体移动到接近边缘的时候，它们看上去是在收缩，但根据双曲空间的内部度量（唯一起作用的东西），圆盘中心到边缘的距离为无穷远。换言之，圆盘边界并不是空间本身的一个位置，因为对于双曲世界中的居民来说，这条边界存在于无穷远的地方。

详细陈述双曲几何不在本书的范围之内，但庞加莱圆盘传递了基本的观点。在这个圆盘上，一条“直线”要么是横跨圆盘的一条直径，要么是以直角与圆盘边界垂直相交的一段圆弧。如果两条直线在边界相交，即称它们相互“平行”。最后，双曲空间里面的圆看上去像普通的圆，但它们的圆心并不在人们天真地认为它会在的地方。庞加莱圆盘能准确反映双曲空间的角度，所以我们可以看到，三角形的内角和小于 180°，四边形的内角和也小于 360°。

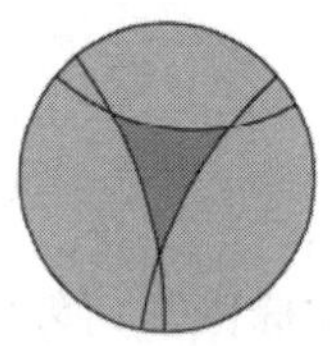
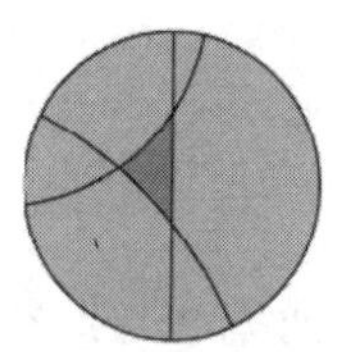
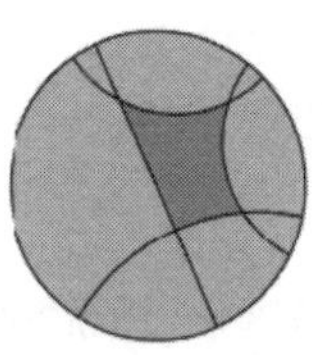

存在不止一种几何学这件事的意义经常被误解，但非欧几何
182 的发展让公众对数学的看法发生了一次重大改变。对可数对象和可测空间的真实世界的描述是数学的核心。的确，我们或许可以说，有关事实的语言给了我们数学的语言。把一块正方形的土地描述为数学中的正方形，这是一种古代知识，几何的真理当然是我们这个世界的事实。

然而，到了 19 世纪末，非欧几何帮助塑造了一个“纯粹数学”的公众形象：一个与现实世界的事实分离的逻辑演绎学科。古代的**归谬法**涉及对非真实事件的描述，一般先陈述一个命题，然后得出结论，认定这个命题是错误的，因而必须摈弃。如今新的观点是，我们接受公理，并探索它们“是否真实”。这是一个非常激进且带有破坏性的观念，它改变了公众对数学性质的认知。尤其是，它催生了这样一种观点，即只有一部分数学与真实的世界有关，因为在19世纪末之前，绝对没有人会把数学划分为“纯粹数学”和“应用数学”。在本书的最后一章，我会重新考虑数学与物质世界之间的那种有争议的关系。我们现在首先要讨论的是“绝对几何”，以及存在不止一种几何形式的重要意义。

我要提出的第一点是，非欧几何的存在并不意味着欧几里得是错误的，或者说数学分裂成完全不同的几个类型。欧几里得的确建立了一种几何而没有建立其他几何，但这些不同的几何联系紧密，是一个更为广阔的体系的不同部分。例如，考虑到我们要用最短路径确定直线，就不能随便画一条线就声称它规定了一个“方向”，或者某种新几何学。我们必须进行测量，说明我们的“直线”比其他在两点间运行的所有方式都短。

因为欧几里得和他的追随者尽可能避免使用欧几里得第五公 183
设，许多定理都适用于有关方向的任何合理的定义。例如，如果某
人绕一个有三条边的图形的三个内角旋转一根火柴，则火柴头会
转向，因为它只旋转了半圈。如果绕一个有四条边的图形的全部
内角旋转火柴，火柴头不会转向，因为它旋转了一整圈。

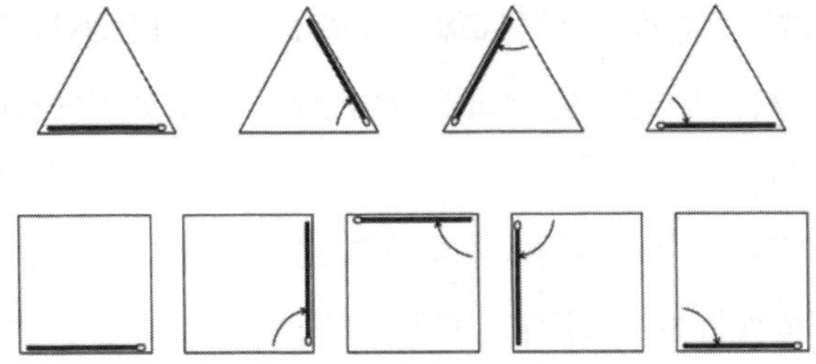

这个观察结果被认为是绝对几何的一部分，因为人们只需根

据公设(1)—(4)就可以证明它。这就意味着,无论曲率等于何值,这一结果在欧几里得几何、椭圆几何和双曲线几何中都是成立的。另一方面,欧几里得几何还有一个与众不同的特征,即如果我们测量这些图形的各个内角,则三角形内角和为 180°,四边形为 360°。更普遍地说,任何 n 边形的内角和都为 $180° \times (n-2)$。

每个公理都是在其他公理的背景下发挥作用的,所有这些公理都对我们的词汇或符号有所贡献。公理共同发挥作用是基本原则,而在让公理成功地描述数学概念方面,逻辑术语扮演了至关重要的角色。数理逻辑这个主题我们还会再讨论,目前我只想指出,
184 公理要想有意义,就必须凝聚成一个系统。尤其是,如果我们要根据公理研究其逻辑推论,公理就必须包括如“且”“或”“非”“所有”和“某个”这类词,它们能够支持逻辑推理。

欧几里得对他的 5 项公设的论证,都明确属于几何范畴。他的论证也涉及“等于”“加”“减”。例如,在证明毕达哥拉斯定理时,我们或许会说,“最大的那个正方形的面积等于较小的两个正方形的面积之和”。这些概念可以通过公理加以定义,我们将在下一章中看到,现代数学家在证明有关加和减的事情时援引的是由朱塞佩·皮亚诺[1]描述的一种公理体系。欧几里得的做法与此略有差别,他的方法是,陈述并接受如下适用于数字、长度、面积和体积的“共同概念”:

1. 等于同一个事物的几个事物彼此相等。
2. 等量加等量,和相等。例如,如果 $A=B$,则 $A+C=B+C$。

---

① Giuseppe Peano (1858—1932),意大利数学家,数理逻辑与集合论之父。——译者注

3. 等量减等量,差相等。

4. 完全吻合的事物相等。换言之,完全重叠的图形全等。

5. 整体大于部分。例如,某图形的面积必定至少等于该图形的任何一个部分的面积。[①]

为对存在多种几何这一事实的意义做最后评论,让我们回过头来讨论黎曼的《论作为几何基础的假设》。文章的第一部分实际上涉及几何本身。这篇著名的演讲稿的第二部分,提出了关于物质世界中的几何的深刻问题,问到了实际上可测空间的维度和几 185
何。这在之前的时代是不可想象的,那时候人们认为,欧几里得公设抓住了人们理解空间的框架,这一框架是不可改变的。尤其是,人们注意到公设(1)—(4)在物质世界中极为可信的时候。我们可以用拉紧的绳子连接任意两点(1),我们可以加长绳子延长直线(2),我们可以用一定长度的绳子来定义一个圆(3),等等。移动一个图形的确不会改变它的面积,公设(1)—(4)对这类明显的客观事实全都做出了陈述。我们唯一无法用拉直的绳子或光线来清楚地证明的只有欧几里得第五公设。其原因在于,这个公设涉及直线的整体长度,认为两条平行线无论如何延伸都不会相交。

高斯花了一些时间去验证欧几里得第五公设,就他得出的结论而言,对地球的测量结果符合欧几里得几何。例如,如果我们测量三座山的山顶之间的光线组成的三角形的角度,就会发现这三

---

① 这里似乎应该是"整体不小于部分",或者"整体大于等于部分",因为从原文后面说的例子来看,整体是有可能与部分相等的。——译者注

个角度之和与180°没有什么不同。在那个时候，很少有人注意到黎曼的文章的第二部分的意义，但60年后，广义相对论以戏剧性的形式证实了黎曼的正确性。重要的是，爱因斯坦认识到，根据定义宣称光在真空中的路径永远是“直线”的时候，我们其实给“直”这个词下了一个物理定义。但他的分析表明，如果我们不考虑质量的存在，就无法找出两点间的最短距离。换言之，爱因斯坦预测，光会受到引力的影响，因此，在某种意义上，光线会在大质量物体附近发生弯曲。1919年，在一次日食期间，天文学家证实，当来自一颗恒星的光在太阳附近通过的时候，行星的图像就像爱因斯坦预言的那样发生了弯曲。

186 如果我们想要测量地球上的一座建筑物或者计算一枚火箭将在月球上的什么地方着陆，欧几里得几何正是我们所需要的工具。如果我们想要计算来自遥远星系的光线的路径，则需要转而使用爱因斯坦的几何。同样，我们可以通过测量一个三角形的角度来检测一个球面的曲率。我们需要做的无非是画一个足够大的三角形。与此类似，让爱因斯坦一举成名的天文学观测结果检测到了一个微小的角度变化。这个问题很不容易理解，但我们可以通过用时空曲率确定引力的方法，以完美的数学准确性描述这一状况。换言之，地球可以“检测”太阳的存在并在太阳的影响下运动，因为空间本身是弯曲的。人们经常用一个保龄球在蹦床上的情景来说明这个观点。保龄球在重力的影响下会导致蹦床发生形变，出现弯曲，而如果我们在蹦床上放一个弹珠，它会向保龄球方向加速运动。质量的存在也会让时空出现曲率，这一曲率的影响是产生我们都很熟悉的重力加速度。

7.5　对称与群

朴素的对称概念在很早很早以前便出现了，在通常意义下，说某种事物具有对称性，指的是这一事物的左半边是其右半边的镜像。几个世纪以来，数学家们对“对称”这个词的使用更精确，也更广泛。对于数学家来说，对称是一种特殊的变换，或者一种移动或改变某个数学对象的规则。更具体地说，当且仅当一个对象经过给定变换（或对称）之后形成的对象与原来的对象完全一样，我们才能说这个对象具有一种特定的对称。因此，譬如说，如果某个双侧对称的（它的左半边是右半边的镜像）对象在数学上是对称的， 187
那是因为，把该对象的右半边反射到左半边，把左半边反射到右半边，得到的图形与原来的图形毫无区别。

对称的数学定义的一大优点是，它的应用非常广。除了反射之外，还有很多种变换！例如，我们观察到，任何图形都至少具有一种对称形式，即恒等变换，这在数学上是很有用的。也就是说，如果我们执行“让图形上的每个点都在其现有位置”这一变换，最后得到的图形将与原来的图形完全一样。一种更有意思的对称形式是旋转对称，我们可以在下列图形中发现这种对称。

我们有充足的理由可以说这个图形具有四重旋转对称性。

请注意，如果我们连续进行几次这些变换，最终结果就等于上面给出的四种对称中的一个。如果我们先把这个图形旋转 180°，再旋转 90°，最终结果就相当于一次 270°的旋转。与此类似，如果我们先旋转 270°，再旋转 180°，最终结果就是一次 450°的旋转，相当于 90°的旋转。这里的基本事实是，因为每一次变换都会形成与

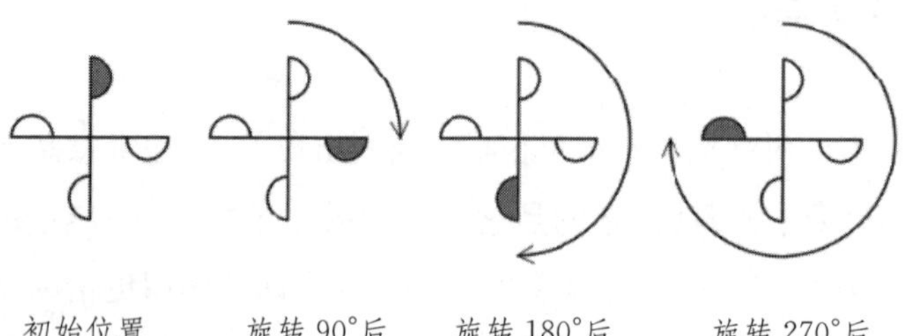

初始位置　　旋转 90°后　旋转 180°后　　旋转 270°后

原始图形不可区分的图形，因此这些变换的任何组合也都必定会造成一个与原始图形不可区分的图形。

188 下面给出另外一个对称图形的例子，人们称这种图形具有三重旋转对称性。

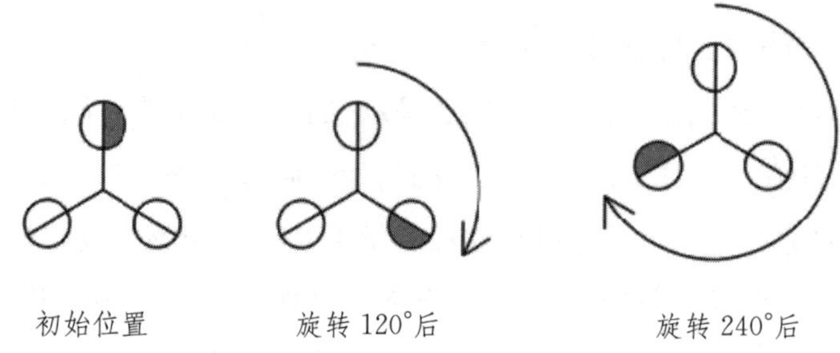

初始位置　　旋转 120°后　　旋转 240°后

与前面那个例子一样，以任何次序进行的这些操作的最后结果都必定等价于前面罗列的六种对称之一。例如，如果我们先令这个图形在镜像线 1 上反射，然后旋转 120°，最终结果就等价于在镜像线 2 上的一次反射。同样，如果我们把这个图形在镜像线 2 上反射一次，然后在镜像线 1 上反射一次，最终结果等价于旋转 240°。

反射和旋转并非仅有的对称变换。另一种对称的最简单例子

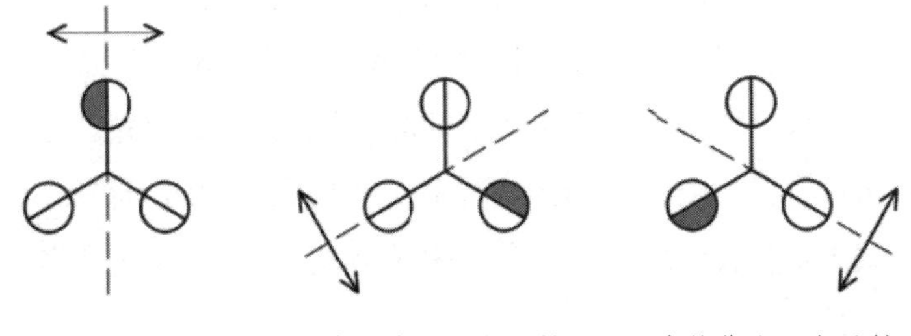

在镜像线 1 上反射　　在镜像线 2 上反射　　在镜像线 3 上反射

或许就是被数学家们称为“平移”的变换了，即把某给定图形沿固定方向移动一段固定距离。例如，如果我们有一串无限长的珠子，把每个珠子向左移动一位，最后得到的图形与原始图形之间并无区别。同样，我们可以把每个圆珠向右移动一位，再向左移动两 189
位，或者再向左移动十七位，等等，最后得到的图形也与原始图像并无区别。

正如我们已经看到的那样，现代数学家描述对称性的时候，使用的是一种人称“群论”的理论，这个数学分支被认为是数学抽象的最高艺术。一切群都是由一个元素集合再加上把这些元素结合起来的“操作”或者规则组成的。为取得群的资格，元素和操作必须满足我们下面给出的 4 项明确的规则。群的最常见的例子是整数（群中的元素）外加加法运算（结合元素的规则）。群的另外一个例子是任意对象的对称的集合，在这种情况下，我们通过一种变换之后的另一种变换来让各对对称相互结合。现在让我们罗列一下群的性质。

封闭性：如果我们结合集合中的任意两个元素，就会在这个集合中产生另一个元素。例如，如果把两个整数相加，它们的和也是一个整数。与此类似，让我们回想一下一个具有 4 重旋转对称性的图形的情况。让我们选取“旋转 90°”“旋转 180°”“旋转 270°”以及恒等变换“旋转 0°”作为一个元素集合。如果我们先进行一个操作再进行另一个操作，从而使上述元素中的任意两个相结合，最后的结果将是我们的 4 个元素中的一个，这就意味着这个集合是“封闭”的。

结合性： 群的操作必须具有结合性。换言之，如果我们任意结合三个元素，先结合前两个，再把结果与第三个结合，或者先结
190 合后两个再与第一个结合，最终结果都毫无二致。例如，加法具有结合性，如下例所示：

$(2+5)+1=7+1=8$，与此类似，$2+(5+1)=2+6=8$。

一次变换之后进行其他变换，这种操作也具有结合性，其原因可以用下列例子加以说明：

(“旋转 90°”后“旋转 180°”)，然后“旋转 90°”

=“旋转 270°”后“旋转 90°”=“旋转 360°”。

同样，“旋转 90°”再(“旋转 180°”之后“旋转 90°”)

=“旋转 90°”后“旋转 270°”=“旋转 360°”。

单位元： 群中必须包括一个单位元。换言之，群中必须有一个元素，当该元素与群中任何一个元素结合时，后者都保持不变。在整数情况下，这一单位元是零，例如，$5+0=0+5=5$。在对称群的情况中，恒等变换是“所有各点保持不变”。

逆元： 群中的每个元素都必须有一个“逆元”存在。如果一个元素与它的逆元结合，则根据定义，结果必为单位元。例如，5 的逆元素是 -5，因为 $5-5=0$，而 0 是群的单位元。与此类似，“旋

转 90°”的逆元是“旋转 270°”,因为:

“旋转 90°”之后“旋转 270°”=“旋转 360°”=“旋转 0°”。

请注意,在某些情况下,一个元素是它自己的逆元。根据定 191
义,单位元必然是它自己的逆元,旋转 180°”则是一个元素是它自己的逆的另一个例子。

群论家用乘法表总结他们研究的群,在某种意义上,乘法表也是对这些群的完全描述。这些乘法表是一些正方形表格,群中的每个成员都在表格中有与其对应的一行和一列。例如,我们可以通过观察标记着 r 的一行和标记着 s 的一列找到结合 r 和 s 所得到的结果。这说明,乘法表可以告诉我们在给定的群中各元素相互结合的一切详情。群公理对这些乘法表可以采取的形式有所限制。例如,有关逆元的公理告诉我们,根据定义,每个群乘法表中的每行和每列中都必须包括单位元 I。

关键的事实是,乘法表的数字有极限。例如,只有一种包含三个元素的抽象群(其元素为 r, r^2 和 $r^3=I$),尽管有无数种方式可说明这个群。例如,我们或许可以说,r 是“旋转 120°”这一变换。可以用另一种方式考虑这个抽象群:想象我们手中有三张牌,然后让 r 代表“将第一张牌移动到最下面”这一操作。在这种情况下,r^2 则代表着把第一张牌移到最下面之后再重复这一操作。在 r 为“旋转 120°”的情况下,对我们的牌的群进行洗牌的操作意味着,r^3 代表“让所有牌留在原位”的恒等变换。这一切的重点在于,尽管我们用两种不同的方式描述了这两个群,它们的乘法表却完全相同,于是我们说,它们是两个完全相同的抽象群。

总的来说,我们可以通过乘法表来辨别不同种类的抽象群,而 192

包含三个元素的群的乘法表只有一个。然而，在某些情况下，两个完全不同的群会有完全相同数量的元素。例如，考虑下面这两个群，请注意，只有在第二个群中，每个元素才有自己的逆元。

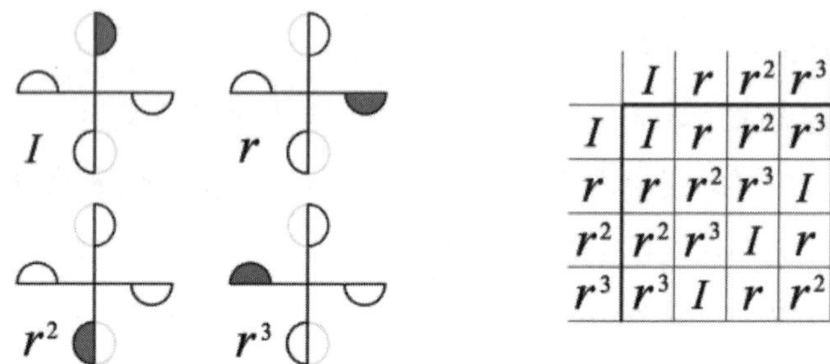

	I	r	r^2	r^3
I	I	r	r^2	r^3
r	r	r^2	r^3	I
r^2	r^2	r^3	I	r
r^3	r^3	I	r	r^2

在对这一图例中，I 代表恒等变换，r 代表旋转 90°。

	I	r	s	sr
I	I	r	s	sr
r	r	I	sr	s
s	s	sr	I	r
sr	sr	s	r	I

在这一图例中，I 代表恒等变换，r 代表旋转 180°，s 代表在垂直方向的镜像线上的反射。

这两个群都含有 4 个元素，于是我们说，它们都是 4 阶群。而且，包含 4 个元素的群只有这两个。其他任何包含 4 个元素的乘
193 法表都无法满足群公理。换言之，只存在两种 4 阶抽象群，尽管每一种都有数不清的例子可以说明。自 1980 年以来，数学家就对所有不同的“有限单群”进行了完全的分类。例如，我们知道，如果一个群包含 p 个元素（此处 p 为素数），则这个群只可能有一种乘法

表。事实上,群中必须存在某个元素 r,使得 $r, r^2, r^3, \cdots, r^p = I$ 成为这个群仅有的元素。换言之,每个素数 p 阶的群都等价于由 r 生成的一个群,此处 r 是变换"旋转$\frac{360^\circ}{p}$"。当一个群中的元素的数量不是素数时情况会更复杂一些,因为在这种情况下,乘法表可能只有一种,也可能不止一种。例如,有两种不同的群含有 6 个元素,有五种不同的群含有 8 个元素,但只有一种群含有 15 个元素。

7.6 古怪的左与右

镜子是种有趣的物品。或许最奇怪的就是,我们可以测量一个物体从长度、表面积、体积、颜色直到纹理等各个方面的数值,但所有这些都不能帮助我们区分左手与右手。奇特之处就在于,为了正确地说出左右,我们不能只看物体本身。正如我们将要看到的那样,这是因为左与右不能凭自身得到区分,但是它们站在一起的时候,我们可以任意约定,称其中一个为"左",另一个为"右"。那么,为什么左与右如此类似又如此不同呢?为什么存在两种不同但等价的选择,而不是其他数字的等价选择呢?

有两个基本的事实支撑了这些问题的答案。要注意的第一点是,沿着一条直线,有两种不同的行进方式:"向前"和"向后"。第二点是,移动一个物体的数学操作不会改变物体的形状或者性质,只会改变物体的位置。正如我们将要看到的那样,这两个事实是 194
弄清镜像既相同又不同的关键。

首先让我们考虑二维图形。如果我们把下列图形从一张纸上剪下来,把它平放在一张桌子上,我们没有办法通过移动它们把其中一个图形完全重叠到另一个图形上。在二维空间中,它们是两种不同的图形:一个锐角顶点向左,一个锐角顶点向右。然而,如果我们拿起其中一个把它翻个面,它的前面就变成了它的后面,于是我们就颠倒了左手与右手,或者说颠倒了右手与左手。

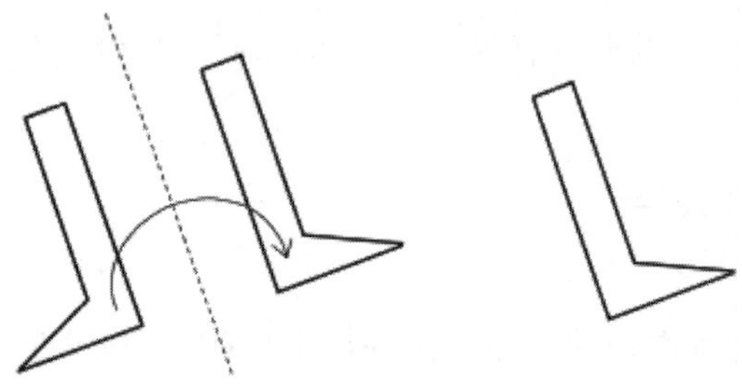

换言之,当我们在二维空间比较这两个图形的时候,可以看到它们是两个不同的图形。其中一个朝左而另一个朝右,无论我们进行多少旋转,这两个图形的轮廓都不会重叠。然而,如果我们在三维空间比较它们的轮廓,会发现它们之间并无差别。当我们把其中一个翻转之后,它看上去和另一个图形完全一样,所以根据定义,这两个轮廓的形状是一样的(其中一个是另一个经过旋转之后的结果)。这一观察结果可以帮助我们理解这种很特殊的现象:在镜子里,反射镜像可以改变一个镜像,但同时令其保持不变。

换句话说,有时候我们想知道为什么镜子能够颠倒左右。答
195 案是,镜子能够改变奇偶性(左手手套看上去像是右手手套)。但实际上,左与右并没有颠倒。想象一个人站在一面镜子前,他左手戴着手套而右手没有戴。这个人的头部紧贴着镜像的头部,而戴着手套的手紧贴着镜像中戴着手套的那只手。换言之,我们让竖

直方向的轴与水平方向的轴都保持不变。这个人与镜像是不同的，因为镜子颠倒了前后，于是我们与镜像是面对面的，看不到镜像的后脑勺。

与此相反，现在让我们想象，我们给一对同卵双胞胎的左手都戴上手套，并让他们面对面地站好。如果其中一个人面朝北站立，另一个面朝南站立；如果一个人戴的手套指向西方，则另一个戴的手套便指向东方。这双胞胎唯一相同的维度是“上与下”，因为他们的脚都踩着地面而头都在空中。换言之，一面镜子只会在一个维度上（“前与后”）逆转我们的像；但是在面对面站立的双胞胎这里，有两个维度被逆转了（“前与后”和“左与右”）。

我们可以通过在三维空间内转动二维空间的物体来改变它们的奇偶位。同样，我们也可以在四维空间内以数学方式转动三维物体，我们在这样做的时候，右手的物体将变成左手的物体。因为我们无法直接观察这种变换，所以不妨试着想象一下，要把右手的手套变成左手的手套需要有一段时间间隔，这时物体会在空中“翻转”，就好像某种要素突然从左手性质的变成右手性质的。然而，就像我们将在下一节中看到的那样，并不存在一个突然的时刻让对象的情况发生变换。事物的左右手性并不是固有的，我们不是通过寻找一个形状的本性发生变化的特定时刻，而是通过比较手套前后的版本，发现这种变化的。

7.7　莫比乌斯带 196

有时候，数学共同体有了一个成熟的想法，就会有不止一位数学家迈出同样的步伐。1858 年，约翰·利斯廷(Johann Listing)和奥古斯特·费迪南德·莫比乌斯(August Ferdinand Möbius)各自独立地描述了现在被称为“莫比乌斯带”的数学对象。这种奇妙的图形被用来阐述镜像之间的基本等价性，因此值得我们努力一番，自行构建一个这样的图形。我们只需取一条纸带，把纸带的一端扭转 180°，然后把两端粘在一起。这个图形只有一个边界，因为如果我们把手指沿着一边移动，手指就会走遍纸带的正面和反面。如果我们用剪刀沿着中间剪开，就会得到一个单回路。这个新的回路有两个边界，一个是曾经的中间线，另一个是莫比乌斯带的一个边界。

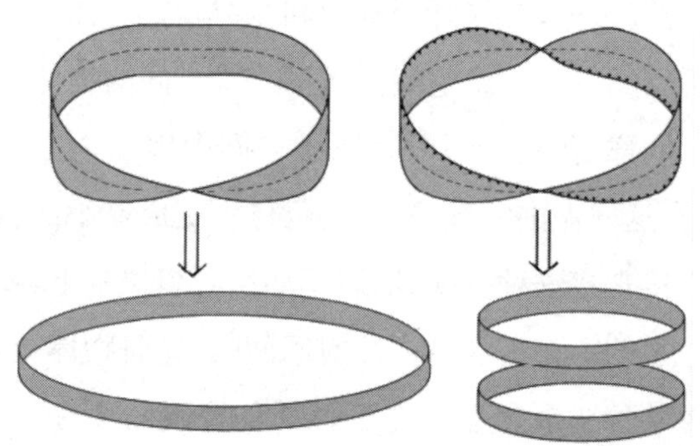

切下一条边会形成一个环　　切下两条边会形成两个环①

我们可以构建一个叫作莫比乌斯带的图形，也可以构建一个叫作莫比乌斯空间的空间。我们只需取两条纸带，把它们的端点扭转并贴到一起即可。两条纸带之间的空隙是三维空间的一个极
197 为普通的二维空间片段。数学家们熟练地忽视了纸带的边缘，因

① 箭头下方的图并非实际剪开后的效果图，只是为了说明两者剪开后的环数不同。——译者注

为这与我们感兴趣的问题无关。我们通过把“两个面”想象为像圆柱的侧表面那样卷曲的形状而做到这一点，尽管我们实际上不可能把它们像这样联结在一起。重要的一点是，要想象一对二维物体存在于莫比乌斯世界会是一种什么样的情景。

彼此相邻时，我们的这对物体或许会同意，它们是一对“镜像”。现在，假设它们中的一个出去散步，然后回到自己的老搭档那里。这一次，每个图形遇到的都是与自己完全一样的镜像，因为空间中的一个回路有效地转换了左与右。现在看上去它们是“同样的图形”。

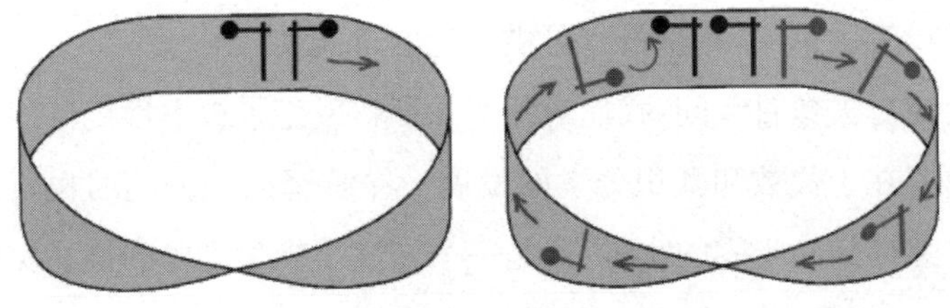

右边的图形在莫比乌斯空间沿顺时针方向走了一圈，在回来的时候很显然受到了反转。

没有动的那个图形说：“你变了，我们过去是不同的，现在我们一样了。”另一个图形回答：“如果真的有变化的话我一定会注意到的，肯定是你变了。”现在，假定这两个图形画出的是与自己完全相同的图形，而且它们同意，无论是谁，只要与所画的图像完全吻合，就可以使用“正确的”这一名号。让我们仔细观察左边这个图形在莫比乌斯空间运动之后的命运。它一直与它所画的“正确的”图像吻合，找到了回到伙伴身边的路。

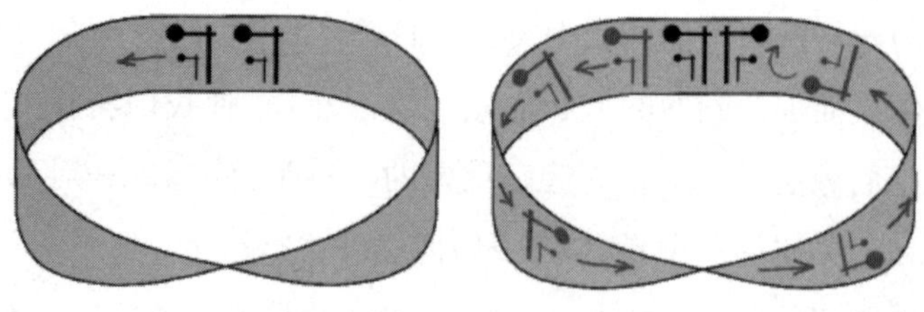

现在它们又不同了，但它们俩现在都是“正确的”。这是因为，在我们做出有关“相同”或“不同”的判断时，错误地认为自己曾经说过什么。无论这两种图形是这种情况或另一种情况，两者之间并无本质区别；本质区别只存在于它们对自己所在位置的“比较”上面，就是说两者都“相同”或者“不同”。在莫比乌斯空间中，左与右是没有区别的，完全没有可供讨论的奇偶性。

在过去数百年间，我们对几何的理解发生了根本性的改变，主要原因在于代数和微积分学的发展。在解释微积分的时候，人们会自然提到趋于零的小量：这是一个充满了哲学难题的概念家族。然而，也正是在这数百年间，我们成功地驯服了无穷小的概念，因为数学家们使用形式逻辑清楚地表达了极限情况的定义。我们将在下一章看到数学家们如何处理另外一种数学无穷，从而扩展了无穷的概念，证明了有关无穷集合的结果。

第八章　与无穷打交道

说过一次的东西可以永远重复地说下去。

——埃利亚的芝诺(Zeno of Elea,约公元前 490—前 430)

8.1　布莱兹·帕斯卡与数学中的无穷

已知任何数字,我们总可以说"加上 1"。而且,没有什么能阻止我们重复这个指示。整数是无穷无尽的或者说是无限的,这是个深刻的基本事实:不存在最大的数字。我们在问"一条线上有多少个点"时也会遇到无穷的问题。已知任意直线,我们都可以用找出其中点的方法以数学的方式将之一分为二。这一操作给我们留下的是两条普通线段,我们可以无限地重复这一截断线段的过程。

数学上的无穷是希腊数学家和哲学家以及后来的学者们的一个辩论热点。尤其是,亚里士多德提出了一个著名的观点,他认为存在两种无穷,一种为潜在的无穷,一种为实际上的无穷。实际上

的无穷一种完全的、确定的无限，由无穷多个元素组成。与此不同，所谓潜在的无穷则是一个有限的序列，它可以被无限扩展。所
200 以，亚里士多德曾把一段有限线段描述为一个有关除法的潜在无限，因为一条线段可以被分成两半，这两半又可以接着被分成四份，如此这般，直至无穷。直到今天，许多人都只打算承认有潜在的无穷，而否认实际的无穷。

我们在上一章中接触到了“无穷小”这一主题。也就是说，在历史上的不同时期，数学家们曾通过考虑曲线上越来越小的间隔来研究曲线。这个过程让我们想到了一个无限小的间隔的想法，但数学家们并不需要一个具体的无穷小的数字，我们只是运用极限情况这种思想。换句话说，数学家们巧妙地避免提到无穷小。正如我们已经看到的那样，实数 0.999…等于 1，这两个数字之间不存在无穷小的间隙。

在这一章，我们将看到，数学家们在无穷的阴影下进行研究时使用的其他方式。尤其是，我们将探讨一种最先由布莱兹·帕斯卡描述的证明形式，这种形式使用了埃利亚的芝诺的原则，即不断地重复陈述某一事件。我们也将看到格奥尔格·康托尔(Georg Cantor)是如何建立超穷数学，从而降服实际上的无穷，将之整合为集合论的一部分的。但是，我首先想谈谈我最喜爱的一位思想家：布莱兹·帕斯卡(1623—1662)。

帕斯卡深入地思考了不确定性、权威和规则等问题，他的观点改变了我们思考科学和宗教的方式。中世纪没有任何人会提出信仰基督教是否理性这一问题，因为上帝存在的证据无处不在。帕斯卡是一位笃信宗教的人，但他很清楚，我们是通过心灵而不是通

过理性相信基督的。我们应该承认，接受教会的教导涉及信仰的跳跃。此外，帕斯卡非常清楚，人们在一些情况（但并非任何情况） 201
下应该尊重现存的权威。例如，如果我们没有看到法庭已经做出的决定，就无法理解法律，因为法律词汇的真正含义依赖于法律的历史。与此类似，宗教上的信仰跳跃就是接受先知的言辞。然而，帕斯卡具有透过怀疑主义的迷雾看到真相的能力，他非常清楚，对于科学知识来说，公开实验要比亚里士多德的言辞更有说服力。事实上，他关于气压计的公开演示，是确立实验为科学的最终权威的真正转折点。

帕斯卡幼年即已显露出天才。19 岁时，他意识到父亲计算税收的工作可以通过一种类似钟表的设备来完成。例如，我们可以用在圆盘上转动一个刻度来代表增加一个整数的过程。帕斯卡受到启发，试图制造一个能够真正体现税收计算的基本法则的设备。他花了三年时间，精心制造了世界上最早的机械计算器之一。这些设计精巧的仪器被称为“帕斯卡计算器”。尽管有些人出于好奇购买了这一装置，但这种理念领先于时代 300 年，因此帕斯卡计算器的生产在 1652 年就停止了。

帕斯卡也配得上统计学之父的美誉：这是一门在一切现代科学中都处于核心地位的学科。统计学是根据不完全信息进行推理的艺术。帕斯卡对推理与不确定性之间关系的思考，比之前任何人的思考都更深刻。他与其他人一起发明了概率论数学，而且还是发展空气压强、真空和其他相关现象的现代知识的关键人物。帕斯卡不仅是位一流的科学家和数学家，还是有史以来有关人类状况的最生动描述的著作之一——《思想录》(*Pensées*)的作者。

202 《思想录》通过探讨理性、激情、信仰和不确定性在人类生活中所起的作用而为基督教教义辩护。此外，他还是一位杰出的慈善家——如果他在知识方面的贡献还不足以赢得我们的赞扬的话。事实上，他决定捐出他的绝大部分财产的时候，他花了一些时间考虑如何让他的财富发挥最大的作用，于是他有了公共交通补贴这一想法。他的建议是：让乘坐特别购置的马车的人付出少量费用，由此获得的所有利润都用于缓解贫困带来的最恶劣的影响。

8.2 循环论证

除了通过分析具体事例来为自己的工作打下基础之外，数学家们总是在寻找最普遍的真理。正是这种冲动使数学变得越来越抽象。人们可以用不同的方式来确立普遍的结果。例如，本书“导言”中有一个对毕达哥拉斯定理的非正式证明，我们可以看到，通过重新安排 4 个直角三角形的位置，就能把一个“边长为 a 的正方形”与一个“边长为 b 的正方形”转变为一个“边长为 c 的正方形”。因为这个论证只涉及直角三角形的一般性质，不需要知道边长 a,b,c 的具体数值，因此我们可以正确地得出结论：毕达哥拉斯定理对每个直角三角形都成立，而不仅仅对我们展示的那个特例成立。

证明普遍命题还有另外一个基本方法，帕斯卡在他的《算术三角形》(*The Arithmetic Triangle*，1654 年)中首次阐明了这种方法。人们把这种方法称为“归纳证明法”，但这种叫法有相当大的误导性。为让读者对这一证明的一般形式有所了解，我们首先从下面的证明开始：

$$1+2+3+4+5=\frac{5^2+5}{2}$$ 203

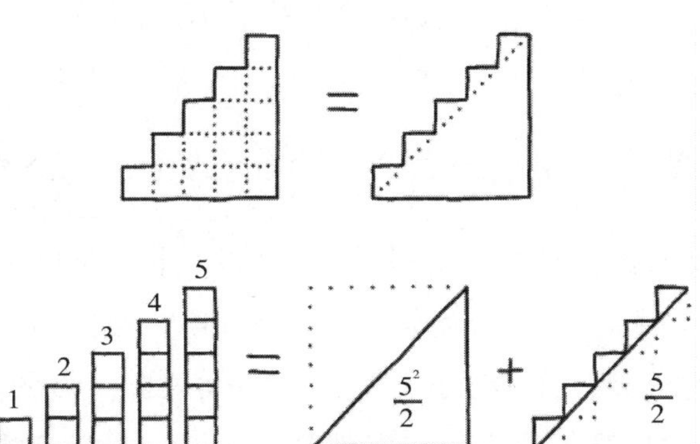

很显然，无论是把图形分成一个个小正方形并数出它们的数量，还是分成三角形，测得的面积都是一样的。这意味着，我们的等式必定是正确的，但如果我们需要证明更一般的公式 $1+2+3+\cdots+n=\frac{n^2+n}{2}$ 呢？我们如何才能断定，这一命题总是正确的呢？换言之，我们如何才能保证，这一等式对于任意正整数 n 都是正确的，而不只是当 $n=5$ 的时候呢？与我们为毕达哥拉斯定理画出的图形不同，我们无法轻描淡写地说，整数 n 在这里是与之不相关的，因为图形的显著特征就依赖于这个特殊值。尽管如此，我们还是可以证明一般情况。

当 $n=1$ 时，一般等式就变成了特例 $1=\frac{1^2+1}{2}$，这一等式当然是成立的。而且我们可以证明，如果等式在 $n=N$ 的情况下能够成立，则它在 $n=N+1$ 时也应该成立。也就是说，如果我们假设 1

$+2+\cdots+N=\frac{N^2+N}{2}$，则由此可断定：

$$1+2+\cdots+N+(N+1)=\frac{N^2+N}{2}+(N+1),$$

而

且$\frac{N^2+N}{2}+(N+1)=\frac{N^2+2N+2+N}{2}=\frac{(N+1)^2+(N+1)}{2}$。

204 现在我们已经证明了，如果等式在 $n=N$ 的情况下成立，则它在 $n=N+1$ 时也成立。因为等式在 $n=1$ 的情况下成立，所以我们也能证明它在 $n=2$ 的情况下也成立。由于等式在 $n=2$ 的情况下成立，所以可以看出，它在 $n=3$ 的情况下也成立。这就意味着，该等式在 $n=4$ 时也是成立的，这意味着它在 $n=5$ 时成立。以此类推，便可以证明，对于任意正整数 n，这个等式都是成立的。这种从最初的情况（$n=1$）开始一直推到一般情况（n 为任意正整数）的论证方式即为"归纳证明法"。数学归纳法是一种非常普遍的论证形式，我们在许多不同的问题上都可以应用这种方法。

关于数学归纳法，最不寻常的事情之一就是，尽管这种方法直至 1654 年才被明确地运用，但这个概念有一个漫长的史前史。例如，欧几里得关于存在无穷多个素数的证明暗示了某种与归纳证明法的现代形式非常类似的东西，但他并没有明确界定基本的"归纳"原理。事实上，我猜测，与归纳证明法密切相关的最古老的论证形式确实在史前就已经存在，因为我们能够想象，在遥远的过去某人做出了这样的愚蠢断言："我已经数到了能够数到的最大数字。"我们可以指出这种人的错误，因为可以在他数到的数字上再加上 1，可能只是在他的计数记录上增加一个记号。如果他们这时候说，“好吧，我再加上一个1，这样我就数到能够数到的最大数字了”，我们应该驳斥这种愚蠢说法。毕竟，不管他的计数记录里已经有多少个记号，我们都可以在里面再加上一个1！

换言之，我们可以一直重复提出这个反对意见，因此不存在比一切其他整数都更大的整数。当我们在构建一个归纳证明时，一个对于概念必然性的相似的感觉在起作用。我们是从证明在$n=1$这个特例下某种情况成立开始的，然后使用一般的论证方法或者
归纳论证法证明，这意味着当$n=2$时也成立。因为我们已经接受 205
第二步可以一直这样持续下去，我们在逻辑上就不得不得出结论：这一结果对全部无穷多个自然数都成立。

尽管我们早已认识到可以在推理中无止境地重复某些步骤，人们仍然认为，帕斯卡值得因明确发展了我们今天学习的归纳证明二步法的功劳而受到推崇，而且他还用这种方法证明了一些意义重大的代数结果。1713年，数学归纳法的历史迎来了另一个重大时刻，当时雅克·伯努利(Jacques Bernoulli)用一种归纳证明法为迅速发展的数学分析领域带来了期盼已久的严格性。数学归纳法进入数学思想最前沿的进程或许算不上迅速，但到了18世纪后期，它已经成为欧洲数学武器库中被广泛接受的工具。

8.3　数学上的无穷大

对于希腊人来说，无穷是个重要而又有争议的概念，但他们从来没有想过把整数的无穷和直线上的点的无穷进行比较。印度的耆那教数学家于公元前3世纪—前2世纪首先提出，事实上存在

不止一种实际上无穷大的数字。耆那教徒认为,思索非常大的或者无穷大的数字具有扩大思想境界的精神价值,而耆那教的宇宙学显然促进了对数学的无穷的讨论。根据 G. G. 约瑟夫(G. G. Joseph)在其著作《孔雀的羽冠》(*The Crest of the Peacock*)中的说法,耆那教数学家认识到了 5 种不同的无穷数字:“在一个方向上的无穷、在两个方向上的无穷、在面积上的无穷、无处不在的无限以及永恒的无穷。”

这一点很难确证,但耆那教的数学传统并没有影响到欧洲人
206 对数学无穷的认识。有人有力地论证了,重新讨论无穷的问题是数学界从研究数走向研究数系的复杂漫长但具有决定性的转变。古人研究数字和数字的性质(可以确定,这些性质是由他们发现的),但从 19 世纪开始,数学家们开始系统地比较全部的数字系统。例如,注意到整数与实数在结构上是相似的,这是现代观察结果的一个特征。这种相似性表现在,整数之间的加法或者乘法会产生另一个整数,而实数之间的加法或者乘法也会产生另一个实数。

19 世纪以前的工作经常缺少某种程度的准确性和严格性,19 世纪的数学家与此前的数学家的最大区别在于,他们研究的数学对象的范围日益扩大,并具有与过去迥然不同的特征。抽象对象的增加给数学基础带来了新的压力。这一现象产生了两大结果:一是数理逻辑领域得到了引人注目的发展(基础工作直到今天才完成),二是集合论的发展。

正是在这种重大创新层出不穷的背景下,格奥尔格·康托尔(1845—1918)开始重新思考我们研究无穷的方式,构建论证、确立直接涉及无穷集合的证明。以前的数学家说过,有无穷多个整数,

但他们并没有想到，存在一个与整数的总数相对应的实际数字，因为不存在一个足够大的有限数字能够担此重任。康托尔有一个存在争议的观点：确实存在着一种等于整数的总数的数字，但这个数字是个超穷数，而不是一个有限整数。

8.4　康托尔的对

格奥尔格·康托尔在圣彼得堡度过了童年时期，11 岁时举家
迁往德国。在大学时代，他在世界上最出色的数学系学习，但令人 207
遗憾的是，作为一位教授，他的职业生涯并没有取得应有的成功。康托尔在 1879—1884 年发表了 6 篇系列论文，在一所二流大学任教的康托尔由此闻名于世。这些出色的论文介绍了新的集合论。

康托尔深深地受到他的工作的哲学含义的吸引，作为一位虔诚的路德教会教徒，他认为他对超穷数的研究直接与上帝的思想有关。并非人人都认同他的研究，许多学术界人士包括大数学家庞加莱都强烈反对他的想法。数学家利奥波德·克罗内克(Leopold Kronecker，1823—1891)是最激烈的批评者之一，他对康托尔的工作不屑一顾，称其为“鬼话连篇”和“数学神经病”。克罗内克和许多前人一样，认为数学最稳固、最根本的基础必定是一种源于计数的数论，因为他认为合法的数学概念只能是那些可用有限步骤构造出来的概念。克罗内克甚至怀疑欧几里得的某些证明，他的如下著名评论总结了他的态度：“上帝创造了整数，其他一切都是人类的工作。”

康托尔患有抑郁症，常常因为他的工作所遭到的激烈反对而

精神不振。他极度渴望在柏林任教,但克罗内克可以否决对他的任命,作为当时两大主要数学期刊之一的编辑,克罗内克也有权限制发表他的作品。康托尔有关集合论和超穷数的全新的研究最终产生了非常大的影响,但直到 20 世纪初他的观点才受到广泛认可。值得强调的是,康托尔的理论的哲学基础并未受到认可(这方面的争论虽然有些变化,但直到今天还在进行)。他的原理之所以
208 被接受,是因为受他工作启发而形成的集合论的框架非常有用。大卫·希尔伯特和许多数学家认识到,几乎所有数学分支都可以通过集合论加以描述,这些分支包括在当时还比较新的一些学科,如拓扑学和实变函数论。

康托尔的数学思想中有两个尤为简单而深刻。这两个伟大观点的第一个,是与有史以来最伟大的逻辑学家之一戈特洛布·弗雷格(Gottlob Frege, 1848—1925)共同发展起来的。从本质上说,这两位伟人为两个元素数目相同的集合构造了一个成果累累的数学定义,他们是通过认识到下列日常情境的深刻意义而给出这一定义的。想象你乘坐一辆公共汽车,车上的每个座位上都坐着一位乘客,还有一些乘客没有座位。这一观察结果告诉我们,我们不需要对人或者座位计数也能够知道,车上的人多于车上的座位。由此出发,康托尔理解了两个集合间的一对一映射所发挥的根本作用,从而建立了其定义。在公共汽车的例子中,我们知道集合 S(座位)与集合 P(乘客)之间存在着一对一映射,因为每个座位上都坐着一个乘客。换句话说,我们可以设定一项规则,即当我们得到一个作为输入的座位时,就把坐在该座位上的乘客作为一个输出送出。这项规则被称为“一对一映射”,因为每个不同的输入

都有一个不同的输出与其对应。

每个座位都可以与唯一一个人(即坐在座位上的乘客)相结合,但反过来给出一个从 P 到 S 的一一映射是不可能的。我们无法为每个乘客指定一个不同的座位,因为车里的人多于座位!当且仅当存在一个从 A 到 B 的一一映射时,集合 B 至少与集合 A 一样大。换言之,如果集合 A 中的每个元素都可以与集合 B 中的一个不同元素配对,我们就可以说,集合 B 至少与集合 A 一样大。与此类似,当且仅当 A 至少与 B 一样大,且 B 至少与 A 一样大时,我们说 209
A 与 B 的大小相等。事实证明,这一定义等价于:当且仅当两个集合中各自拥有的元素能够完全配对时,这两个集合的大小相等。

这是对日常生活中的大小概念的自然推广:如果我们有 7 个苹果和 7 个柑橘,则可以将它们一一配对,这种观察结果是"7"的意义的一部分。然而,因为这种大小概念并没有涉及计数,所以我们也可以把它应用于对无穷集合的论证。也就是说,无穷集合之间也可以配对。例如,每个整数 n 都可以唯一地与一个偶数 $2n$ 配对,或者唯一地与一个平方数 n^2 配对。

在整数与平方数之间配对的可能性让我们想到了伽利略叙述的一条真理:"平方数的数量不会小于整数的总数,整数的总数也不会大于平方数的数量。"请大家注意,我们同样可以为所有正整数写下一份清单。与此类似,我们还可以为所有正偶(整)数写下一份清单。由于每个元素都将在这个定义清单的某处出现,我们说,这些数字的集合是可数无穷的。因为我们能够根据位置来让元素配对(第一份清单中的第一件事物与第二份清单中的第一件事物配对,以此类推),所以我们能够正确地得出结论:所有可数无穷集合的大小都相等。

当发现一个集合可以与自己的子集相等的时候，许多人多少感到有些不安。例如，整数的个数与偶数的个数一样多，尽管有一半的整数是奇数。子集必定会小一些这种期待来源于我们在为有限物体计数时得到的经验，这种想法在无限层面上就不适用了。毕竟，一个无穷集合的一半也是一个无穷集合！所以，所有分数的集合呢？把这个集合的大小与所有整数的集合做一番比较，情况
210 又如何呢？如果我们试图通过从较小的分数向较大的分数计数的方法数出数轴上的分数的个数，我们必然会漏掉其中的大部分。无论我们先数哪个分数，这个分数都会大于无穷多个其他分数；更普遍地说，任何两个连续分数之间的空隙都将包含无穷多个有理数。尽管如此，我们实际上还是有可能确定一个包含每个单一分数的清单的。换言之，有理数是可数无穷的。

当我们在下图所示的网格中沿对角线作之字形行进时，最终

$\frac{1}{1}$	$\frac{2}{1}$	$\frac{3}{1}$	$\frac{4}{1}$	$\frac{5}{1}$	$\frac{6}{1}$	$\frac{7}{1}$	…
$\frac{1}{2}$	$\frac{2}{2}$	$\frac{3}{2}$	$\frac{4}{2}$	$\frac{5}{2}$	$\frac{6}{2}$	$\frac{7}{2}$	
$\frac{1}{3}$	$\frac{2}{3}$	$\frac{3}{3}$	$\frac{4}{3}$	$\frac{5}{3}$	$\frac{6}{3}$	$\frac{7}{3}$	
$\frac{1}{4}$	$\frac{2}{4}$	$\frac{3}{4}$	$\frac{4}{4}$	$\frac{5}{4}$	$\frac{6}{4}$	$\frac{7}{4}$	
$\frac{1}{5}$	$\frac{2}{5}$	$\frac{3}{5}$	$\frac{4}{5}$	$\frac{5}{5}$	$\frac{6}{5}$	$\frac{7}{5}$	
⋮							⋱

会碰到每一个正分数。我们可以从0开始列出每一个分数，然后按照下图所示的网格工作，重复对每个元素的正数形式和负数形式进行同样的过程。

一个类似的图像告诉我们，如果我们有可数多个可数清单，就可以把这些清单组成一个单一的可数清单。我们只需要用第一份清单作为新清单的第一行、第二份清单作为新清单的第二行、第三 211
份清单作为新清单中的第三行，以此类推。我们沿对角线的之字形路径将把来自每份清单中的每个元素结合到一起。另一个让许多人感到吃惊的事实是，一条直线上的实数点的数量与一个正方形中的点的数量一样多。为看清情况确实如此，让我们回想一下，数轴上的每个点都可以通过它们与原点之间的距离 $0.a_1a_2a_3a_4\cdots$ 得到确定。根据戴德金有关一条线的定义，一条线正是所有这样的点的集合，已知某一特定点（即已知一个特定的数位串 $a_1, a_2, a_3, \cdots$），我们可以把这一点与一个正方形中的某个点配对，后一个点的坐标是 $(0.a_1a_3a_5\cdots, 0.a_2a_4a_6\cdots)$。因为一条线上的点可以与正方形中的各点配对，因此，一条直线上的点的数量便与一个正方形中的点的数量一样，我们可以证明，这个无穷数大于整数的数量。

8.5　对角线方法

现在，如果你认为所有无穷集合都一样大，还是可以原谅的。要看出情况并非如此，我们必须考虑下面这个问题："有可能把每个实数都依次罗列出来吗？"康托尔对这个问题的回答是他的第二个特别深刻但又简单的想法。他的论证包括一种新的证明，数学家经常借用这一证明的基本形式。或许解释这一论证最容易的方法就是讲述一个故事，我们设想格奥尔格·康托尔在一个猜谜游戏中受到了罗列者数字之妖的挑战。

罗列者：格奥尔格，我向你发起挑战，看你敢不敢跟我玩个猜谜游戏。我有一份实数的清单，每个实数都是由它的小数展开式表示。如果你能猜出一个不在这个清单上的实数，我就满足你的一个愿望。

212 **格奥尔格：**太好了，我接受你的挑战。我能看一眼你的这份绝妙清单吗？

罗列者：当然了，请看：

0.12345…

0.18345…

0.67391…

0.23475…

格奥尔格：这也太可笑了。你真的希望我会给出一个无限长的实数吗？

罗列者：不不不，你知道，我才没那么多时间呢。你把你用于计算第 n 位数的一般方法告诉我就行了，其他的尽管交给我就是。

格奥尔格：那好吧。你清单上的第一个数字的第一位数是 1，为了保证我的数字跟你清单里的第一个数字不同，我选 3 做我的第一位数。你清单的第二个数的第二位是 8（也就是说仍然不是 3），那么我的数字的第二位就再选一个 3 好了。你清单上的第三个数的第三位是 3，所以，要保证我的数字与你清单中的第三个数字不同，我会选一个第三位数是 2 的数字。

罗列者： 你就这么一路选下去？你这个该死的骗子！

格奥尔格： 难道你不觉得你才是骗子吗？我的意思是，你的确有一个确定的固定清单，是不是？

罗列者： 当然了。

格奥尔格： 很好，我也有一个确定的固定数字，你沿着你的清单的对角线方向下去，一路把位数 2 换成 3，其他所有位数都换成 213
3，之后就会得出那个数。

罗列者： 好吧，好吧，我服了。跟我清单上的每个数字相比，你的"对角线数字"至少都要相差一个位数。例如，这个数字不会跟我的第 100 万个数字相同，因为根据定义，你的这个数字的第 100 万位一定跟我的第 100 万个数字的第 100 万位不同。我看你对再来一局没什么兴趣吧？

格奥尔格： 如果这一局我赢了，你可以再满足我一个愿望吗？

罗列者： 没错，但这次你来提供清单。

格奥尔格： 一言为定。如果这次我们不再比较数位，而是比较数字的确定定义，用普通的数学语言写出，你没什么意见吧？

罗列者： 嗯，我没问题。告诉我，你想用哪种清单？

格奥尔格： 字母表清单，按照单词长短排列。

可定义的数字的集合是可数的，因为人们总是可以系统地罗列每组名称或定义。你只要按照字母表的次序，从最短的名称或定义开始，逐步向较长的名称或定义过渡就行了。尽管可定义的实数的集合必定是可数的，但康托尔的对角线方法还是可以证明，实数的每份清单都必然是不完整的。他证明，已知任意清单，我们都可以定义一个不在这个清单上的数字。我们只需要定义一个个位数与清单上第一个数的个位数不同的数字。类似地，根据定义，我们的数字的十位数要与清单上第二个数的十位数不同，这样我
214 们的数字便与清单中的第二个数字不同，以此类推。另一方面，有限的定义的集合可以被放入一个字顺表中。这一论证告诉我们，实数集必定是不可数的，而且大多数实数都不可能有明确的定义。

或许，这一论证最重要的一点是，康托尔清楚地展示了两个无穷大的大小。例如，所有整数的集合是可数无穷的，而所有实数的集合是不可数无穷。我们也可以对这种有关大小的排列顺序以自然的方式加以推广，让其中包括无穷多种无限大小。更具体地说，康托尔证明，对于已知任意的集合而言，它的所有子集的集合必定大于原来的集合。这意味着，我们能够构造出一个越来越大的无穷集合的无穷序列：譬如说，我们首先可以有所有整数的集合，其次有整数的所有子集构成的集合，再次有所有整数的所有子集的所有子集的集合，如此等等。

另外，因为集合的想法如此普遍，人们就可以用集合的语言来描述范围很广的数学结构。某种程度上因为这一点，集合的概念逐渐成了数理逻辑的核心概念。逻辑学家的任务是对思维进行思考。思考思维是非常困难的，但人类历史上最重要的知识发展，很多都源于我们描述所有合法的数学推理的尝试。我们在下一章会看到，20 世纪初见证了数理逻辑的爆炸性发展，因为许多最杰出的数学家都致力于描述“数学的基础”。尤其是，伟大的逻辑学家戈特洛布・弗雷格用集合论的形式方法阐述了数学推理的本质特点，从而把集合论的概念带到了数学论述的最前沿。

第九章　逻辑形式的结构

达朗贝尔认为，真正好的逻辑体系只对那些不用它们也能工作的人有用。哪怕使用了望远镜，盲人还是什么都看不见。

——格奥尔格・克里斯托夫・利希滕贝格

（Georg Christoph Lichtenberg，1742—1799）

9.1　形式逻辑——“且”“或”“非”

对逻辑的研究是项古老的事业，但这种研究充满了最严酷的困难。主要的壁垒（或者不如说，是让人心神不安的缺少壁垒）是主题本身的性质。例如，一个好的法律论证必须是“符合逻辑”的，要避免自相矛盾，避免与既有法律相抵触，但实现这一点的技巧则是法律本身的一部分。与此类似，一项良好的科学论证也必须是符合逻辑的，相关的技巧也是科学本身的一部分。对于逻辑学家来说，困难在于，他们的目标是研究有效演绎的基础或者框架，但他们有兴趣这么做是为了可想象到的最普遍或最抽象的情况。在这种情况下，我们实际上不知道他们讨论的主题是什么。

在不顾及手上主题的情况下考虑逻辑演绎是十分困难的，但这正是逻辑学家试图进行的工作。正如亚里士多德在他的《工具
216 论》(*Organon*)中所阐述的那样，有某些演绎模式，它们会一而再、再而三地突然出现。支撑这种演绎形式的基本隐喻是，世界上的事物可被放入范畴，我们似乎可以认为范畴是空间中的容器。认知科学家认为，我们天生具有理解"容器图式"的能力，例如我们在第一章中考虑过的冰箱里的罐子那个例子。这是因为，即使从来都没有听说过数学的人也有能力推导出，如果有一个罐子放在冰箱里，有一颗橄榄在罐子里，则这颗橄榄也必定在冰箱里。

至少从亚里士多德时代开始，人类就已经明白，某种事物可以因其性质而被归入某个范畴(即带有某种给定性质的事物的范畴)，某些范畴被认为包含于一个更大的范畴。例如，我们会承认，"人"这个范畴包含于"终有一死者"这个更大的范畴。因此，如果苏格拉底在人这个范畴内，则苏格拉底必然在终有一死者这个范畴内，正如在罐子里的橄榄也必定在冰箱里一样。

关键在于，这个演绎的例子符合一个一般模式，而且几千年来，亚里士多德有关恰当演绎的解释被认为是有效的逻辑思维的同义词。逻辑演绎引导我们从一个命题走向另一个命题，于是每次演绎都从一个最初的前提开始。例如，我们可以从承认罐子确实在冰箱里这一点开始，也可以从承认人这个范畴确实从属于终有一死者这个范畴开始。当然，在日常生活中，我们并不总是会明确地提到一个范畴包含在另一个范畴中，也不会过多地关心我们的范畴中都包含了什么样的事物。例如，考虑下列命题："如果正

在下雪，则外面必定很冷。”我们可能承认这个命题是正确的，并更
愿意以这种方式说话，而不会说“正在下雪这一事件”被包含在更 217
大的范畴“天气很冷这一事件”中。毕竟，我们并不真的肯定“天气很冷这一事件”的外延，但在某种意义上这一点并不重要。关键是，如果我承认“如果正在下雪，则外面必定很冷”这一命题，也同意现在正在下雪，那么，如果我认为外面很暖和，那一定是疯了。

我们明白，如果我说“现在正在下雪，但外面并不冷”，我说的话就与前面陈述的信念“如果正在下雪，则外面必定很冷”冲突。而且，让我们做出这一推断的正是“如果……则……”断言的**一般形式**。事实上，问题的关键在于，要想做出这一推断，我们并不需要深究“下雪”与“冷”这两个词的意义，我们只需要理解“如果……则……”的逻辑意义就可以了。

我们再举一个例子来说明这一点。如果我说，“如果如此如此，则有这般这般”，我们显然会赞同如下说法：我的“如果……则……”断言的逻辑意义是，无论何时，只要我接受前提“如此如此”，就必须接受结论“这般这般”，其原因正是因为我已经同意了“如果如此如此，则有这般这般”。换言之，下面是个合理的推断，其中结论（写在线下面）是前提（写在线上面）的逻辑必然：

“如果如此如此，则有这般这般。”
“如此如此。”

所以“这般这般”。

在亚里士多德去世之后几十年，欧几里得出色地证实了有序的演绎推理的强大威力。他的公理化方法告诉我们，古希腊人所
218 知的庞大复杂的几何真理体系都可以通过一套非常简单的基本公理推导出来。欧几里得的许多推导巧妙地依赖几何直觉，但上述那种推导可以通过一个自动的“不需动脑的”方式执行，不需要描绘出在讨论的主题。

的确，我们只需要指明使用“且”“或”“非”一类逻辑词的正确方法，就可以做出有效推理。例如，我们可以假设“原子命题”A 和 B 要么“真”，要么“假”。现在，根据定义，我们说命题“A 且[1] B”为真的条件是，当且仅当“A”和“B”同时为真。这听起来或许像个循环定义（“且”意味着“和”），但此处的关键是，我们可以使用逻辑词汇来根据其他较小的句子生成新的句子。例如，已知命题“A”“B”“C”，我们可以构造新的命题：“A 且 B”，“(A 且 B)或 C”，“非((A 且 B)或 C)”，等等。而且，这些复合命题中的每个的“真值”都完全由组成它们各个部分的命题的“真值”决定。换言之，我们可以画出定义表，这些定义表告诉我们，在仅仅已知原子命题“A”“B”“C”的真伪状况时，我们何时应该赞同某个复合命题。

人们把用这种方式构建的许多命题称为逻辑等价。我们说两个句子是逻辑等价的，当且仅当它们在相同的情况下同时为真或者同时为假。例如，“A 且 A”为真的前提是，当且仅当“A”为真，所以我们说，这些句子是逻辑等价的。与此类似，在经典逻辑中，

---

① 上文“A 和 B”中的“和”，原文为小写的“and”，表示一般连接；而此处的“且”，原文为大写的“AND”，表示命题的合取。下文“和”“且”用法同。——译者注

命题"A"与"非(非 A)"是逻辑等价的。

"如果 A 为真,则 B 为真"这一断言特别重要,在形式逻辑中,通常这一断言写成"A→B"。这一命题断言,只要"A"为真,则"B"也为真。这意味着,当且仅当"A"为真但"B"为假时"A→B"为假。也就是说,只有一种情况与断言"A→B"相悖,即"A"为真但"B"为 219
假的情况。换言之,在经典逻辑中,命题"A→B"可以用"非(A 且(非 B))"这一逻辑等价形式重写。

9.2　经典逻辑与排中律

命题"A 或(非 A)"可以用下列图形表示:

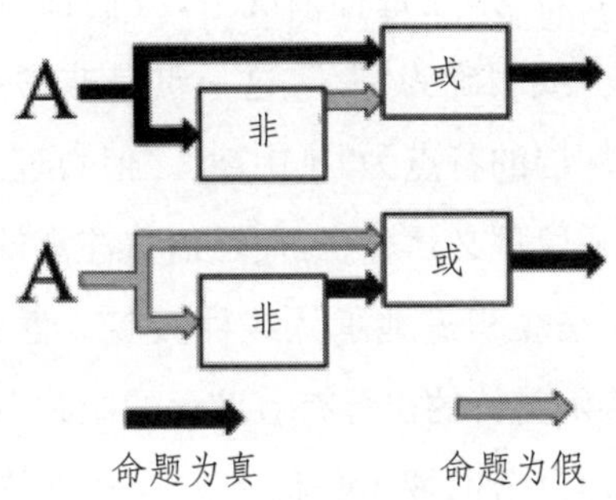

这一图式给出了两个可以接受的可能性:"A"为真的情况,和"非 A"为真的情况。在这两种情况的任何一种情况下,根据词语"或"的定义,"A 或(非 A)"都必定为真。在任何情况下都为真的命题被称为"逻辑真理"或"重言式"。因为这与命题"A"的内容无关,我们可以把任何形式的句子放入"A 或(非 A)"这一形式中,得到另一个逻辑真理。例如:

“((A 且 B)或 C)”或“(非((A 且 B)或 C))”

也是一项逻辑真理。

此处需要明了的关键是,逻辑真理是一种可检验的性质。也就是说,已知任意逻辑结构(运用“且”“或”“非”构造),我们可以植入一个形式为“A 为真、B 为假、C 为真……”的“值”,并系统地沿着这一给定句子的顺序得出结果。我们最后得到的输出值要么为“真”,要么为“假”。由于这种值有有限多种,我们就可以进行检
220 验,看以上给出的命题是否是逻辑真理。也就是说,已知任意句子,我们都可以系统地对它进行核对,看是否每种可能的输入都能给出“为真”的输出。

当我们使用某种形式语言的时候,原子命题“A”和“B”的具体内容确实无关紧要,但是在每种情况下,我们都应该假定,初级命题必定明确为“真”或明确为“假”,这一点是非常重要的。人们称经典逻辑的这一深层的特点为“排中律”。但数理逻辑的一些现代变种并不假定这一原理必然存在,而且值得注意的是,在日常语言中,我们也并不总是会积极地承认这种假定。哲学家熟知的一个著名的例子是“哈姆雷特的祖母有着蓝色的眼睛”这一命题。因为我们没有理由声称自己掌握了任何有关哈姆雷特祖母的事实,考虑这一命题的真假状况似乎并不妥当。然而,即使哈姆雷特的祖母完全是虚幻的(至今无记录的虚构人物),我们也必须承认,如果我们不对她是否有蓝色眼睛的问题做出决定,就不大可能拍摄一部追溯哈姆雷特祖先的影片。

在正常情况下,我们区分真实的陈述与虚构作品的方法,是进入更广阔的世界,寻找那些可能与我们的词语相符的事件。在特

定的数学事例中,真实与虚假之间存在明显的区别,但数学家遵守一条独特的准则,即没有理由一定要维持真实与虚假之间的区别。我们无法做出区分,因为在这个世界上,能够确认数学真理的事物就是数学表达本身。换言之,正是数学语言本身造就了它所宣示的数学真理。

9.3　机械演绎 221

如果已知一个由词语"且""或""非"构建的句子,我们可以系统地核查这一命题是否在一切情况下都为真。因此,我们可以在如下例子中看到,"A 或非 A"在任何情况下都为真,"A 或 B"有时候为真,而"A 且非 A"永远为假。

而且,我们还可以找到一个非常有效的方式确定逻辑真理。我们有可能制造一台机器(如一台计算机),只用几条不同的规则就可依次生成每条逻辑真理。基本思想是,每种有限命题集合都可以用来生成有限个"逻辑后代"。例如,我们可以用命题"A"和命题"B"来生成逻辑后代"A 且 B"。与此类似,我们也可以用命题"A 或 B"和命题"非 A"来生成逻辑后代"B"。请注意,在第一个例子中,我们用两个较短的句子生成了一个较长的句子,而在第二个例子中,我们用两个较长的句子生成了一个较短的句子。

关键在于,已知任意命题集合,我们都可以系统地着手生成它们的逻辑后代。例如,我们可以把一个有限的命题清单输入一台计算机,然后自动生成另一个命题清单。这个清单中的命题正是我前面描述过的原来的命题的逻辑结果。如果我们从逻辑真理开始,则用这一方法所生成的逻辑结果也是逻辑真理。如果我们从一个类似“A”的非逻辑真理开始,则生成的就不只是逻辑真理。事实上,我们所生成的命题恰恰是那些只要“A”为真它也为真命题,即当它们取每个“A 为真”的赋值时都为真。例如,已知命题“A”,我们的机器最终会生成如下命题:

“A 或 B”和“A 且(B 或(非 B))”,

222 因为这两个命题在“A”为真时都必定为真。输入逻辑机器的命题被称为公理,我们的机器在得到一份输入 A 时生成的命题被称为“A 的逻辑结论”。人们通常把使用“且”“或”“非”(简称 AON)的语言写成的论证称为“推导”。它们就是以公理开始的一串串命题,其中每个命题都是前一个命题的结果。

这种形式的论证告诉我们,如果我们相信公理,就应该相信论证中的每个命题,原因就在于,我们接受用词汇“且”“或”“非”进行的实际推导。这就是逻辑分析的核心,因为我们能够做出逻辑演绎的原因恰恰在于,我们陈述公理时使用的是逻辑词汇。也就是说,正是公理的逻辑结构使我们能够得出结论。换句话说就是,演绎非常重要,但是当我们做出一个有效演绎的时候,我们只能学到公理本身隐含的内容。

9.4　量词与性质

在两千多年间,逻辑学几乎没有超越亚里士多德的思想。在此期间有两个人取得了一些进展,他们是戈特弗雷德·莱布尼茨

(1646—1716)和乔治·布尔(George Boole，1815—1864)。他们的绝妙想法是用符号和符号运算代替用日常语言表达的逻辑术语。换言之，莱布尼茨很有先见之明，足以预见到可以将逻辑演绎转变为某种计算形式，布尔则成功地发展了一种与AON等价的形式语言。这是一个非同寻常的创新，但如果我们的逻辑词汇仅限于“且”“或”“非”，就不会有多少数学可供我们使用。

数学是或者应该是一种逻辑训练，这种观点因戈特洛布·弗雷格(1848—1925)的工作而首次变得可信。关键的时刻出现在 223
1879年，是年弗雷格出版了影响深远的著作《概念文字》(*Begriffsschrift*)。这部名作包含了一套非常强大的形式逻辑，其后数十年间，弗雷格和其他人继续完善着这套形式逻辑。从本质上说，他认识到，我们可以为比AON复杂得多的形式语言制造一种非常有效的自动的逻辑机器。这一点十分关键，因为如果要严格地陈述论证，数学家需要一种包括“每个事物”和“有些事物”这类语句的形式语言。没有这些词，我们就无法提出深奥的整数问题。例如，我们无法提出这样的问题：“对于每个整数n来说，是否存在素数$p_1, p_2, \cdots, p_m$的某个数列，能够使$n = p_1 \times p_2 \times \cdots \times p_m$成立?”

关于这些逻辑词汇，首先应该注意的事情是，当我们使用“每个事物”或“有些事物”的时候，我们所讨论的具体是什么“事物”其实无关紧要。这听起来似乎很奇怪，但请记住，在诸如AON这样的形式语言中，我们的原子命题A、B和C指的是些什么的确是无关紧要的。也就是说，我们可以把用这种语言表达的命题理解为一个“没有意义的”符号的集合，因为当我们进行演绎的时候，“且”

“或”“非”这些词做了所有的工作。与此类似,在弗雷格更为先进的逻辑语言中,“且”“或”“非”“每个”“有些”这些词做了所有的工作,因此从某种意义上说,我们不需要担心其他任何术语的意义。

除了有“每个”和“有些”这样的符号以外,数学家也需要能够表明性质的符号,例如表明一个整数可以是也可以不是偶数的符号、平方数或者三角形数等的符号。并不是说每个新的数学概念都需要一个全新的逻辑形式,而是说,当我们用形式语言叙述数学
224 句子的时候,需要某种符号去表达某物具有某种性质的观点。就逻辑而言,这些性质是什么并不重要,但在这种语言中,每个事物要么具有性质 P,要么不具有性质 P,这是一个基本真理。如果这个性质有些模糊不清,以致假定事物具有或者不具有性质 P 没有意义,那么弗雷格的逻辑系统就不适用了,我们需要使用另一种逻辑语言。

这里的基本思想是,弗雷格的逻辑语言包括“且”“或”“非”“每个”“有些”这些词,再加上任意数目的“变量”和“性质”(或者“谓词”)。弗雷格不仅为这些基本逻辑术语提供了公理化的定义,也为表示逻辑演绎构建了一个严格遵循规则的符号系统,这一点与现代计算机语言非常相似。人们把这个形式系统称为“谓词演算”,后文简称为 PC。严格地说,这种语言并不包含普通词汇,尽管为了便于阅读我在 PC 的句子中使用了普通词汇。例如,我们并不需要费心写下“事物”“有”“性质”这类词,但是某种基本语法还是需要的。另一个稍微技术性的要求是,在 PC 语言中存在使用括号的正确方式,每个符合语法的句子都包括同样数量的左括号和右括号。我不打算一一指出这些细节,但把 PC 的一些关键

要点罗列如下：

1. 在PC中，命题“非（每种事物都具有性质P）”与命题“有些事物不具有性质P”是逻辑等价的。请注意，当我们使用PC语言的时候，并不需要对我们是否有能力实际上找出这些事物（无论它们可能是什么）做出说明。

2. 在本书中，只要我用PC的形式语言描写句子，都会用“且” 225
“或”“非”“每个”和“有些”[①]的大写字母表示[②]。这是为了提醒读者，这些句子可以用形式语言准确地表达出来，而且，当我们进行逻辑演绎的时候，这些用大写字母表示的词是最关键的。

3. 已知一个从语法上讲正确的句子清单“I”，我们设想一台PC机器正在生成一份“I”的逻辑结果的无限清单，称为“I的逻辑结论”。以“A或（非A）”或者“每个事物（或者具有性质P，或者不具有性质P）”为形式的输入被称为“逻辑输入”，因为这些命题对每个可能的赋值都是成立的。

1930年，库尔特·哥德尔（Kurt Gödel）在他的博士论文中证明，当我们使用逻辑输入的时候，PC将用给定的语言生成一切逻辑真理。人们称这一重要的事实为“谓词演算的完备性”。实际上，哥德尔证明，我们可以系统地生成所有命题，这些命题对于每种事物的集合和每种性质P而言都是真实的。这些重言式命题的一个例子便是：“以下情况不会出现：‘每个’事物都具有性质P‘且’‘有些’事物‘不’具有性质P。”

---

① 出于行文的需要，译文中包括一些略有不同的中文表达，例如“非”用“不”代替等。——译者注

② 在译文中加双引号表示。——译者注

9.5 谓词演算的输入

逻辑输入并不是唯一的输入，我们也可以使用数学公理作为PC机器的输入。例如，我们可以用PC语言陈述下面这个非常合理的公理："对于每个整数 x 而言，都存在某个整数 y，使 y 大于 x。"这一逻辑命题表达的意思就是我们说存在无穷多个整数时所
226 表达的意思。与此类似，我们也可以使用PC语言来定义更复杂的数学概念。

例如，在19世纪早期，大约在弗雷格发表其逻辑学著作之前50年，数学家们迫切需要发展微积分的新分支。为了将基本理念推广到最普遍的情况，他们需要明确地说明或者定义"极限情况"的含义。伯恩哈德·波尔查诺(Bernhard Bolzano, 1781—1848)与奥古斯丁-路易·柯西(Augustin-Louis Cauchy, 1789—1857)分别独立地给出了同样的定义：一个数列 $x_1, x_2, \cdots$"收敛至极限 L"的条件是，当且仅当"对于'每个'正数 δ 而言，都存在'某个'数字 n，使 $x_n, x_{n+1}, \cdots$中的'每一'项都大于 $L-\delta$，且小于$L+\delta$"。

运用逻辑语言定义数学概念的重大意义怎么说都不为过，因为这种方法让我们不再对我们有资格做出演绎抱有任何疑虑。正如雅各·辛提卡(Jaakko Hintikka)在他的著作《再论数学原理》(*The Principles of Mathematics Revisited*)中所说的那样："我们可以让某种典型的数学理论中的公理仅仅使用("且""或""非""每个""有些"这类词)来描述它们所要描述的事物。如果数学命题不是通过逻辑概念来表达的，就不可能用逻辑来处理其推理关系。"当然，数学的历史要比现代形式逻辑的历史长好几千年。辛提卡

并不是在说，没有明确的形式系统就无法进行推理，而是说，清楚的形式系统有极大的益处，因为它们有助于阐述数学命题必须具有的逻辑基础。

如果我们接受某种类似 PC 的系统，就可以通过用一种完全机械的方式重新整理符号并产生有效的演绎，而不依赖对符号所指的事物的理解。在某种意义上，常规数学并不需要关于我们谈论的对象的知识，我们可以通过构造公理来清楚地表达对主题的相关理解，然后用一种不费脑子的机械方式应用某种类似 PC 的 227
系统进行工作。

除了能够说明基本的演绎过程以外，PC 等形式语言还有很多用途，因为它们能让我们建立可以检验的证明。也就是说，通过把一项论证转化成 PC，我们就可以肯定，其中不存在隐藏着的假定，我们的结论确实是公理的逻辑结果。换言之，我们可以证明，人们应该接受从公理到结论的一系列推理，其原因即在于跟“且”“或”“非”“每个”“有些”这些词结合的形式过程。此外，我们使用的公理似乎时常强行对我们产生影响，让我们感到使用它们是“不可避免”的，或者说它们是“自明地正确”的。在这种情况下，我们的常识迫使我们完全接受它们所隐含的意义。

建立一项形式证明可能是非常困难的，即使它背后的思想看上去十分清晰；但一旦证明得以建立，我们就可以绝对确信，证明中不会存在隐藏的假定，而且我们的结论确实是公理的逻辑结果。同样值得指出的是，我们可以把一个直觉洞见转化成一项严格的形式证明，这个过程很有启发性，虽然情况并非永远如此。当然，即使能够检查一项形式证明，人们对论证的性质可能还是会感到困惑。对数学界来说，形式证明最重要的意义在于提供了一个清楚易懂的标准，以此可判断一项研究何时是完备和有效的，这意味着数学家可以取得前所未有的共识。

9.6　公理集合论

弗雷格的论证很有影响力，这很大程度上是因为这些论证影响了维也纳学派（Vienna Circle）和维特根斯坦的哲学。在数学
228 界，弗雷格的工作促进了两个不同的现代分支的发展，其中第一个是数理逻辑。由伯特兰·罗素（Bertrand Russell）和阿尔伯特·诺斯·怀特海（Albert North Whitehead）撰写并先后于 1910 年、1912 年和 1913 年出版的三卷本著作《数学原理》（*Principia Mathematica*）便是弗雷格影响力的一个经典例子。在这部篇幅巨大的书中，作者使用高度形式化的严格的逻辑系统得出了我们熟悉的数学结论。例如，他们用集合论确认了等式"1＋1＝2"成立，还证明了毕达哥拉斯定理和其他更复杂的结论。

我们将在后面两个章节回过头来讨论数理逻辑这一主题，尤其是艾伦·图灵和库尔特·哥德尔非同凡响的工作。现在，我想要叙述受到弗雷格启发的第二个数学分支：公理集合论。这一数学分支是由数学殿堂的其他部分的发展塑造而成的，因此受弗雷格工作的影响不那么直接。尤其是，格奥尔格·康托尔的研究成果与他的无穷理论推动了集合的研究。起初，数学家们假定集合的概念是绝对基本的，康托尔曾把一个集合描述为"任何有限数量的不同事物（即 M 的成员）所组成的一个整体，我们称

其为 M”。

正如我们将要看到的那样，人们最终证明，这种表达集合概念的方式是不恰当的。问题在于，从弗雷格开始，数理逻辑学家感兴趣的是某种性质的普遍概念，这里的基本想法是，我们要么把这种性质归于某个对象，要么不把它归于某个对象。弗雷格也关心性质的“外延”，认为每种性质都决定了具有这种性质的事物的集合。例如，人们可以把狗所具有的性质视为能够决定所有狗的集合的因素，在数学概念的范围内，素数所具有的性质与素数集合有关。最糟的是，人们认为，一个定义良好的性质可能有“空外延”，如没 229
有哪个大于 2 的数字具有偶素数的性质。

1902 年，罗素给弗雷格写了一封著名的信，他在信中写道：“我发现我在所有本质问题上都与你意见一致……我只在一处遭遇了一个困难。”接着他提到了一个集合可能具有的性质，即作为自己的一个元素的性质。例如，存在着无穷多个集合，它们都具有无穷的性质，因此我们会想象，无穷集合的集合是它自身的一个元素。反过来说，所有狗的集合本身并不是一只狗，因此这个集合并不是它自身的一个元素。罗素提出了一个摧毁弗雷格宏伟体系的问题：假设存在“x 不包含自身”这样一个性质，我们怎样才能构建一个包含由所有不包含自己的集合 x 组成的集合 R 呢？

问题在于，这种集合自相矛盾。如果 R 包含自身，那么根据定义，它必定不包含自身。反过来说，如果 R 不包含自身，那么根据定义，它包含自身！罗素的悖论与其他相关的难题在许多逻辑学家中都造成了恐慌，这一事件被称为数学的一次危机。不过，这个问题与构造我们所熟悉的数学对象的集合无关，因为这一过程不会导致任何悖论。支撑罗素悖论的那个有疑问的假设是，人们天真地认为存在一个非数学对象“所有集合的集合”。也就是说，罗素悖论出现的原因是：我们试图把一个未描述的整体分为两个不同的范畴——所有具有性质 A 的集合、所有不具有性质 A 的集合。哥德尔对此有过十分睿智的评论：“这些矛盾不会出现在数学内部，而是出现在数学最接近哲学的边界处。”

230　这些争论的出现，使不成熟的集合概念得到了正式的改进。尤其是恩斯特·策梅洛（Ernst Zermelo，1871—1953）和阿道夫·亚伯拉罕·弗兰克尔（Adolf Abraham Fraenkel，1891—1965）发展了集合的现代“迭代”概念，这一概念由数学分支“ZF 集合论”予以描述。ZF 集合论的基本思想是在已有集合的基础上建立新的集合。第一个公理仅仅陈述了存在一个没有元素的集合，我们称之为空集。ZF 集合论的其他公理告诉我们，如何从旧集合中产生新的集合。例如，如果 A 是一个集合，则 $\{A\}$ 也是一个集合，即一个其元素只有 A 的集合。与此类似，ZF 集合论的公理声称，如果 A 和 B 都是集合，则 $A\cup B$ 也是一个集合（一个元素是 $A\cup B$ 的元素的条件是，当且仅当它是 A 或 B 的一个元素）。如果我们接受 ZF 集合论的这些非常合理的公理，就会认识到，具有内在矛盾的“所有集合的集合”其实根本不是一个集合，因为迭代概念无疑会将其排除在集合的范畴之外。

由于有了这种公理化方法，集合论逻辑便与谓词演算分道扬镳，不再是同一种东西了。然而，性质这一极为普遍的概念与集合的概念密切相关。有关公理集合论的最重要的事实是它统一了数学，大量数学思想可以用集合的语言重新表述。例如，人们可以把

线定义为点的集合，两条线的所有交点就是同时属于两个集合的
所有点的集合，其中前面两个集合分别是定义第一条线的集合与
定义第二条线的集合。与此类似，“整数 x 小于 y”这一命题等价
于命题“整数对 (x, y) 具有性质 $x<y$”，而后一个命题又等价于“整
数对 (x, y) 属于一个特定的集合，即各整数对的集合，对于在这一
集合中的所有各对整数来说，对中第一个整数都小于第二个整
数”。当然，为使这些命题只使用集合论的语言，我们需要用集合
的语言定义整数，但这样做并不困难。我们可以简单地把“0”确定 231
为空集，把“1”确定为除空集外不含有其他任何元素的集合，因此
根据这个定义，“1”有一个元素。我们也把数字“2”确定为有两个
元素的集合，它们分别是空集“0”和集合“1”，以此类推。

232

第十章　艾伦·图灵与计算的概念

如果你有清楚的概念，就知道该如何下达指令。

——约翰·沃尔夫冈·冯·歌德

(Johann Wolfgang von Goethe, 1749—1832)

10.1　从机械演绎到可编程机器

我们在上一章中看到，20 世纪初，由于形式符号逻辑取得的重大进展，数学表现出了对形式的严格性的极度关注。尽管已经获得了很大的进步，这个时期的数学的标志还是人们对两个哲学命题的信赖，这两个命题最终被证明是站不住脚的。第一，人们当时相信，一个主题的本质总是可以通过一小部分公理给出，而且那些公理应该能够为整个主题提供牢固的基础。正如我们将要看到的那样，算术的真理不能被简化为一套有限数目的公理，因此这一想法肯定是错误的。第二，人们当时相信，数学推理是一种计算形式，而且可以用数理逻辑计算出所有真理。正如我将在本书最后一章中讨论的那样，真正的数学家的实际研究结果并没有证实这种信念。不过，我们可以认为，完全明确的、可机械地重复的推理 233
形式是我们应该追求的理想形式。

千百年来，数学与逻辑之间的关系就一直在哲学的碾盘上反复地经受碾压，但戈特洛布·弗雷格的天才及他的谓词演算所呈现出来的可能性，让许多最优秀的头脑接受了"重建"数学基础的挑战。在20世纪初，人们用集合的语言重新描绘了几何、数论和数学的其他分支，让这些领域避免了自然语言的模糊性和歧义。例如，篇幅庞大的《数学原理》使用了集合论的几项公理，再加上几项推理规则，就推导出了普通数学相当大的一部分。

从许多方面来说，这部著作都是一种古代计划的巅峰之作。至少，莱布尼茨曾经构想过"一个可以将所有理性真理都简化成一种计算的普遍方法"。在莱布尼茨的时代，形式的数理逻辑尚未有很大进展，但到了1910年，形势已经发生了巨大变化。《数学原理》包含的许多"理性真理"都可以被简约为一种计算。更具体地说，我们接受《数学原理》的语言，只通过遵循几条清楚阐明的原理就可以得到许多真命题。这类工作非常系统的严格性在哲学上很有影响，数学家通过将不同的研究领域纳入一个共同的框架，揭示出了许多过去被掩盖了的基本联系。

1928年，大卫·希尔伯特提出一项人称"希尔伯特判定问题"的挑战，直指问题的本质。该挑战背后的核心思想是：给定某种形式语言，则必定存在我们可以利用那种语言的符号做出的命题。希尔伯特的挑战是要找出一种普遍的机械程序，将用给定语言写出的命题作为输入。也就是说，我们的程序应该以一个简单的符 234

号串开始。为了正面解决希尔伯特的判定问题，只要以符号串形式出现的命题为真，我们的程序就必须输出“为真”作为结果；当以符号串出现的命题为假时，我们的程序也必须以输出“为假”作为结果。

这是一个令人激动的挑战，启发了许多杰出的工作。直觉主义数学家如 L. E. J. 布劳威尔[①]等对经典逻辑学的某些规则提出了异议，尤其反对其中的排中律。他们还提出警告，要当心数学被机械演绎主宰。毕竟，人是通过运用自己的想象力才成为数学家的。如果我们认为数学家的精神生活是数学的核心，可能就会追随直觉主义的路线，认为形式符号和规则的机械应用都只是传达数学的核心本质的不完美的方式。

相反，希尔伯特和他的形式主义者同道强调符号的正确运用。他们争辩道，系统地、严守规则地使用符号是数学实践的核心意义。许多微妙和不明确的问题引发了这场辩论，在本书最后一章，我会再讨论有关数学的意义的微妙问题。现在，我只想强调一点，即无论我们个人欣赏哪种观点，数学符号的意义最终都将取决于它们如何被运用。哲学家迈克尔·达米特[②]在《直觉主义逻辑的哲学基础》(*The Philosophical Basis of Intuitionistic Logic*)中很好地解释了这一观点：

> 如果某人无法让人感知到他想要交流的东西，他就无法

---

① L. E. J. Brouwer (1881—1966)，荷兰数学家、哲学家。——译者注

② Michael Dummett (1925—2011)，英国哲学家。——译者注

> 对此进行交流。如果一个人将某种精神内容与一个数学符号
> 或者公式相联系,但这种联系并不体现于他对这一符号或者
> 公式的使用中,他就无法通过这一符号或者公式来传达这种
> 内容;因为他的听众不了解这种联系,也没有途径去了解。假 235
> 设存在一种意义要素超越了对意义载体的使用,就是在假设,
> 某人在学习一种数学理论的语言时,学会了直接讲授给他的
> 一切,之后在各方面都表现得和真正懂得这种语言的人一样,
> 实际上他却并不懂得这种语言,或者只是错误地理解了这种
> 语言。

很显然,这些数学哲学论证多少有些晦涩难懂,但它们对我们今天的生活方式产生了真实而显著的影响。正如我们将在下一章中看到的那样,希尔伯特的判定问题启发了阿隆佐·丘奇(Alonzo Church, 1903—1995)和艾伦·图灵(1912—1954),直接导致了计算机程序的发明。几年之后,这个基础概念催生了真正的可编程机器,这种机器首先被用来破解纳粹的密码。无论怎样赞扬布莱奇利园(Bletchley Park)的功绩都不会过分[①],因为人们在那里进行的工作的确改变了整个第二次世界大战的进程。当然,图灵并不是单枪匹马破解这些密码的!有一万多人在布莱奇利园工作,无论我们的专家多么睿智,如果对加密过程没有详细的了解,解读纳粹的密码实际上是一件不可能完成的工作。

---

① 布莱奇利园又称X电台,位于英格兰米尔顿凯恩斯(Milton Keynes)布莱奇利镇。第二次世界大战期间,布莱奇利园是英国政府进行密码解读的主要场所,轴心国的密码和密码文件,如恩尼格玛密码机等,一般都会送到那里进行解码。——译者注

幸运的是，在战争爆发前5个星期，波兰军方情报机构向他们在法国和英格兰的同行送上了一份大礼。在华沙举行的一次绝密会议上，情报官员看到了一台德国“恩尼格玛”(Enigma)机的仿制
236 件。波兰数学家已经对解码方法进行了长达数年的研究，一位名叫艾伦·图灵的年轻人很快就掌握了他们的技术。他在发展英国密码破译程序方面扮演了关键角色。不但如此，他还发明了一台名叫“Bombe”的机器。到1940年底，这些装置能够让解码工作者阅读纳粹德国空军发出的一切电文。德国海军的密码比较难破解，但由于截获了一些情报，海军密码在战争的大多数月份都被破解了。

图灵对赢得战争做出了许多至关重要的贡献。我们现在知道，他帮助他过去的逻辑老师马克斯·纽曼(Max Newman)研发了世界上第一台可编程的电子计算机，即布莱奇利园中的绝密“巨人”(Colossus)。与大多数数学家一样，图灵有许多学术兴趣。除了关于计算的开创性工作，他还提出了一些与生物形式的生长有关的引人注目的数学观点，我们将在第十二章回过头来讨论这些观点。他还是一名杰出的长跑运动员，几乎达到了参加奥林匹克运动会的水准。悲剧的是，1952年，在回答一些警察的询问时，图灵告诉他们他是一位同性恋者。图灵不认为身为同性恋者有过错，虽然他具有人们能想象得到的最优秀的品质，却只有在同意接受雌激素注射后才逃脱身陷囹圄的命运。这种“治疗”导致图灵的乳房不断发育，1954年，他因食用涂有氰化物的苹果而死亡。

10.2　描绘计算

可计算性的现代数学概念可以追溯到1936年。这一年，阿隆
佐·丘奇开发出了他的“λ演算”(lambda-calculus)；与此同时，艾
伦·图灵正在设计他自己的方法，用以找到一种能够确定真命题
(即希尔伯特的判定问题)的机械过程。从直觉上说，机械过程或
者自动过程的概念似乎很清楚。在今天这个时代，我们对计算机 237
器的概念已经习以为常，我们知道这些机器的运作需要“程序”。
事实上，人人都知道计算机程序具有重大的经济价值。但具有历
史意义的重要问题是，有关“程序”的数学概念出现在真正的可编
程计算机产生之前。要在希尔伯特判定问题上取得突破性进展，
数学家并不需要实际的计算机器。他们需要的是一种符号形式，
可以用这种形式表示程序。

图灵通过设想一个在“不需动脑”的情况下执行一项计算任务的人而取得了重大进展。例如，想象有个人想把一份清单中的各个数字加起来，他先系统地把清单中的各个数字的个位数一列加起来，然后再把各个十位数一列加起来……最后完成了上述各个数字的加法。这个人以印在一张方格纸上的有限多个符号开始他的程序，然后这些符号就可以执行它们的任务了，尽管它们每次只能观察一个数位。我们可以想象，有人在纸上一个预先确定的地方(即个位数一列的顶端)留下了一个记号。然后计算符号以一次一步的方式持续工作，那个记号在每步之后都会向更高位数移动一个方格。这位“游戏者”必须遵守确定的规则，已知一个特定的输入，总是有一件正确的事要做。这件事情或许是需要新的纸张

(我们假定,这位游戏者能够得到的纸张数量不受限制),或许是需要写下某种"计算"。这个"计算"是一种发生在记录它的方格纸上的行为。

做一份清单上的数字的加法运算是一种非常普遍的情况的具体例子。程序计算的本质是,我们由一种对符号的确定安排(即一个问题)开始,程序计算每次都会改变一个符号,直至得到对符号的另一种安排(即结果)。关键之处是,在这种程序计算中,我们必
238 须为每个步骤确定必须做的唯一一项"正确的"事情。如果我们完成了这一点,就可以说,执行这个计算的人正在玩一项确定型语言游戏。

令人遗憾的是,数学经常被错误地理解为一项确定型语言游戏,但是我们在后面会看到,它完全不可能成为这种游戏。实际上,任何真正复杂的数学证明都不可能仅仅由计算机检查,因此大部分数学家的行为都不可能用可描述的程序来总结。不过,单个的数学过程或计算是语言游戏,因为数学理解倾向于认为我们可以对其他人发出指令,然后用一种毫无争议的方式核查一种具有良好定义的技术过程是否得到正确执行。

10.3 确定型语言游戏

图灵为描述确定型语言游戏发明了一种标准的形式系统。正如我们将要看到的那样,任何确定型语言游戏都可以用这种方式描述,无论其规则有多奇特。一个用图灵系统描述的语言游戏通常被称为图灵机。然而,我想要强调如下事实,即从概念的角度来

看，“程序”与实际的计算机之间存在很大区别。现代数字计算机的设计者受到了他们对数理逻辑研究的启发，首先出现的是数学，然后才出现了物理机器。出于这个原因，我把讨论的数学对象描述为图灵卡而不是图灵机。

这里的基本思想是，我们可以使用一叠图灵卡来概述任意将符号输入转变为符号输出的固定过程。或许，我们可以在科学中找到这种过程的最重要的例子，因为在许多情况下，我们都可以用不同事件的状态之间的映射来描述科学理论。科学家和工程师经 239
常使用描述性数据和一种经过良好陈述的理论（例如牛顿定律）来生成进一步的命题，即所陈述的理论的预测。例如，我们可以输入一项有关恒星和行星的位置、速度、质量的描述，输出的则是对行星轨道的预测。我们把这个过程描述为从一套符号向另一套符号的基于规则的映射，因此，图灵卡就是我们需要的用以总结这种基于规则的过程的东西。

每个确定型过程都可以用一叠图灵卡表示，这个断言被称为“丘奇论题”，我们将在下一节讨论这一重要断言。首先，让我们看看如何简单地使用一叠图灵卡。正如我们已经看到的，一种确定型语言始于一张写着符号的方格纸。我们可以使用任意有限字母表的符号，由于我们一次只观察一个符号，所以，想象一个告诉我们应该观察何处的可移动的记号是很有帮助的。那么，那叠图灵卡呢？它看上去像什么东西？

每一张图灵卡都标记着一个数字，也都包含一系列指令，对每个可能写在那张纸上的不同符号都有一项指令。游戏开始的时候，我们看纸上的（即，上面有标记的那张纸）第一个符号，然后回到那叠图灵卡中最上面的那张。接着我们按照应遵守的指令行事，这些指令是由方格纸上带标记的方格上的符号确定的。图灵卡上的指令永远只有两种。第一种指令说的是：“擦去方格纸上的符号，用符号 x 替换，并把 n 号卡放到这叠图灵卡最上面的位置。”第二种指令说的是：“把你的记号向右（或者向左等）移动一个方格，并把 n 号卡放到这叠图灵卡最上面。”

240 这个游戏可以在某种情况下终止，因为某张卡上只会有如下字句：“干得好，游戏到此结束。”如果游戏者接到指令转向这张卡，这个游戏就真的结束了。否则游戏者就继续遵照既定的方式一次又一次地按照指令行事。关键的一点是，在每个确定型语言游戏的每一步中，需要遵循的正确指令取决于对两个问题的回答：最上面的是哪张卡？在做了记号的方格上写的是什么符号？

确定型语言游戏的一个简单例子以如下形式提取输入：

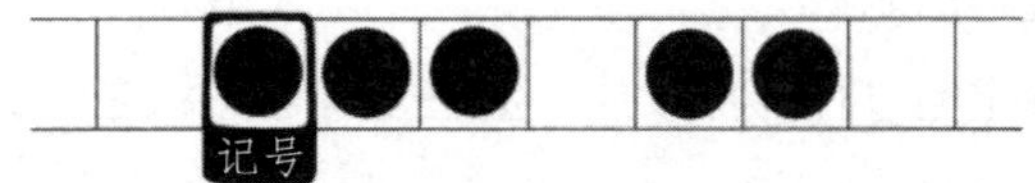

我们从 n 个圆点、一个空格开始，接下去是 m 个圆点。这一特定游戏的开端是“绘图模式”（1 号卡），这个模式告诉游戏者把记号向右方移动，直至到达空格处。一旦记号指向空格，游戏者就用一个圆点填充空格，并转向“扫描模式”（2 号卡）。这张卡告诉游戏者，把记号向右移动，一直移到下一个空格位置；到了这里，游戏者接到指令，改用“擦除模式”（3 号卡）。这张卡告诉游戏者向左退回一个方格，于是记号停在所有圆点中最靠右的那个上面。接着，游戏者接到的指令是擦除最右边的圆点，而下一个指令，也就是最后一个指令，是游戏到此结束。最后留在这张纸上的是如下形式的图形：

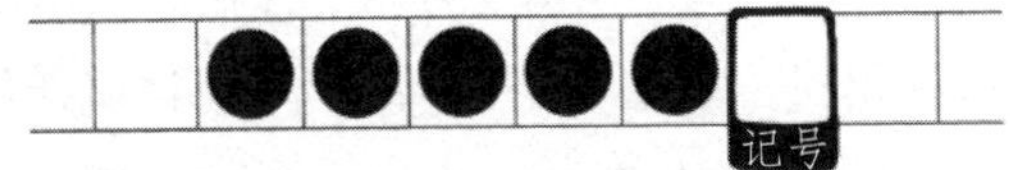

换言之，我在此描述了一个简单的加法程序，因为已知有 n 个 241
圆点和 m 个圆点，而游戏在我们画出了 $n+m$ 个圆点之后即告结束。

在某种意义上，图灵的论证的核心是，人们可以描述任何形式过程。这个描述是符号的一个有限集合，而符号的任意有限集合都可以被视为一个数学对象。我们称这些抽象的对象为“程序”。这里的关键之处是，通过把一个动词性词（过程）转变成名词（程序），我们就让可计算性的直觉概念在数学上可以理解。

图灵的第二个伟大洞见是，他意识到，一叠卡片就可以让一个人执行任何计算过程！换言之，必定存在一个“通用计算机器”，这台“机器”的大小和复杂程度只要与一叠卡片相当就足够了。这是因为，**描述使用任意一叠图灵卡的恰当过程是完全可能的**。控制图灵卡的恰当使用的规则可以被概括为一叠薄薄的卡片，我称之为卡片组 U，代表通用（universal）。

现在，想象我们手头握有这样一叠 U 卡，它能为一位游戏者提供使用其他任何一叠图灵卡所需要的所有指令。不管我们想执行何种计算过程，现在需要的只不过是合适的输入而已。例如，假设我们想要知道，以输入 I 开始，使用编码为 T 的一叠图灵卡后会发生什么情况。我们只需要抄录一些描述 T 叠图灵卡的符号，再加上输入 I 即可。现在,得出的符号组合{T,I}变成了我们的通用图灵卡叠 U 的输入。关键的是,我们可以确信,以组合符号{T,I}作为输入来使用通用图灵卡叠 U,与以 I 为输入使用图灵卡叠 P 产生的输出恰好相同。因为卡叠 T 和输入 I 可以概括任意确定型
242 语言游戏,所以通用图灵卡叠 U 真的可以执行我们选择的任何计算。当然,使用一个通用图灵卡叠 U 进行计算或许是一种非常低效的方式,但是如果我们有用不完的时间和纸张,最终就一定能写出最后的正确答案。

10.4 丘奇论题

每个定义充分的确定性过程都可以用一叠图灵卡来总结,这个论断不能被严格证明。"数学过程"的直觉概念本身并没有得到数学上的定义,这与所有图灵卡叠的集合形成鲜明对照。尽管如此,我们还是有足够的理由接受阿隆佐·丘奇的论点。假定我们有某种技术 T,它能够从其他命题生成新的命题。例如,设想把直角三角形的两条直角边的长度作为输入,使用毕达哥拉斯定理来计算斜边长度。我们可以通过两种方式来确认我们是否正确地执行了这个过程:

1. 存在一种计算输出的算法,我们的技术 T 可以正确地按照这一算法执行。

2. 存在一条定理,它可以证明输入 I 对应于输出 O。在这种情况下,我们可以证明,输入 I 与输出 O 之间的给定关系是定理 T 的逻辑结果。

这两种方式都是逐步进行的过程,这一过程由我们的输入开始,接着是写下我们的工作过程并检查写下的记录,即读取信息。这正是人们为图灵卡设计的工作步骤!

最后,如果我们遵循一叠图灵卡的指令行事,且可以消耗的时间和纸张的数量不受限制,那么原则上我们可以计算出任意确定 243
型算法的输出。图灵卡甚至可以执行程序本身随时间变化的信息处理过程。另一方面,值得注意的是,即使在已经进行某种计算过程的情况下,现代计算机也能够在计算过程中响应新的输入信息,而这一互动过程并不能通过上文所述的方式很好地描述。

理论计算机有许多用途,尤其是我们可以使用图灵卡来做出某种决定。例如,一台计算机能够有效地判定一个给定数是不是素数,我们可以用图灵卡进行同样的工作。这个观点非常重要,因为我们可以用它阐述数学真理与机械过程之间的微妙关系。这种基本关系是下一章的重点,但我们在研究这些迷人的问题之前,必须先考察“判定问题”这个概念。

10.5　判定问题

在数学中,我们经常说,一个对象或符号的集合具有某种给定的性质,而另一个对象或符号的集合不具有这种性质。例如,我们可以把整数分为两个集合,其中一个是偶数集合,另一个是非偶数集合。正如我们可以用普通的数位来代表整数一样,我们也可以把数位串分为两个集合,即代表偶数的数位串和不代表偶数的数位串。

如果某些事物具有性质 P,其他事物不具有这一性质,我们自然就会考虑应该怎样回答下面这个问题:“某一特定事物是否具有性质 P?”人们把这种性质的问题称为“判定问题”。如果有一种普遍的机械方法能在每种情况下提供对这一问题的答案,我们必定
244 可以用一叠图灵卡来总结这种方法。当使用图灵卡探索一个判定问题的时候,我们首先需要做出一个有把握的假定,即我们的卡叠中含有两张特别的“停机”卡。这两张卡中的一张说的是:“停机——输入具有性质 P。”另一张停止卡说的是:“停机——输入不具有性质 P。”其他任何卡都不会告诉我们停止计算,但它们会指示我们转向这两张停机卡中的某一张。

如果某叠图灵卡能正确地判定一个符号串是否具有某种性质,我们就说这个问题是“可判定的”。例如,“这个数字是素数吗?”就是一个可判定问题,因为我们只需要有限多个公理和有限多个演绎规则就能确定一个位数串是否代表一个素数。因为我们能够用一个具有良好特征的有限系统来解决这个问题,所以必定存在一叠能够正确判定任意给定数是不是素数的图灵卡。另一方面,如果一个问题不能通过图灵卡来解决,我们则说,这一问题是“不可判定”的。第一个也是最著名的不可判定问题是停机问题。艾伦·图灵在其经典论文《论可计算数及其在判定问题上的应用》(“On Computable Numbers, with an Application to the Entscheidungs problem”)中提出了这个问题并进行了分析。他在文中问道:“如果我们在这项输入中使用这叠图灵卡,我的计算是否会停机?”

如果上述组合确实导致一种有限计算,那么我们无疑可以找出这一事实。也就是说,对于每一个这类事物,都存在一种具有良

好定义的测试方法，而且每件事物都能通过这一恰当的测试。事实上，测试非常简单：我们只要在给定的输入上使用那叠图灵卡，然后看一看能否最终得到停机指令即可。另一方面，有些程序是无法有效预测的。也就是说，在某些情况下，我们永远无法知道，某个给定的计算过程是否会最后停机。

图灵通过考虑“自我指涉”的语言游戏证明，不存在任何一般 245
方法，可以识别非停机组合。要理解这一证明，首先要观察的是，对于一叠给定的图灵卡，当我们把对叠 T 的标准描述作为输入时会发生什么。当我们遵照叠 T 的指令改变对 T 的描述时，这种程序的语言游戏与其他任何语言游戏类似。这个过程会导致我们的描述一步步地变成另外一个符号的集合。有些卡叠生成会停机的自我指涉语言游戏，另一些卡叠则会生成永远不会停机的自我指涉语言游戏。

现在假定，我们有一叠能够正确地确定某种给定输入是否具有性质 P 的图灵卡。让我们回想一下，这样一叠图灵卡包括两张停机卡，其中一张说的是：“停机——输入具有性质 P。”另一张停止卡说的是：“停机——输入不具有性质 P。”已知这样一叠图灵卡，我们可以重新构建一个修改版，方法是抽掉第二张停机卡，以一张“死循环卡”代替。这张卡只会让我们一次又一次地重复无意义的操作，而不会把一张不同的卡移动到这叠卡的最上面。如果我们使用这叠修改版的图灵卡，要结束计算就只有一种方法。如果输入具有性质 P，我们最后会得到那张说“停机——输入具有性质 P”的卡。因为我们拿掉了另外一张停机卡，这是唯一会让我们的计算结束的方法。

我们现在已经准备好听图灵分析的最后一部分了。为了便于讨论,他假设存在一叠图灵卡能够判断任意已知图灵卡叠 T 是否产生一个非停机型的自我指涉游戏。现在,如果有一叠图灵卡 R 能够做出这种判断,我们将发现,对于每种图灵卡叠 T 而言,我们都会面临以下局面:

246

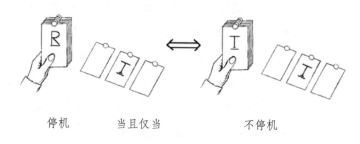

但在这种情况下,如果我们使用卡叠 R 的描述作为我们选择的输入 T,会发生什么情况呢?

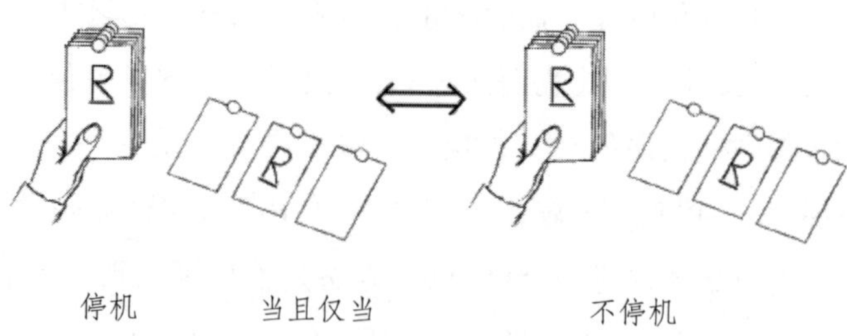

我们有同一游戏的两个副本,如果第一个副本得到了一张停机卡,则第二个版本永远也得不到一张停机卡。与此类似,如果第一个副本没有停机,同样的游戏必须停机!

我们的论证碰到了一个悖论。问题是,我们在什么地方弄错了呢?答案是:我们假设存在 R 这样的卡叠,这一点是错误的。

换言之，前面的论证迫使我们得出结论，不存在一个可靠的自动的方法判断图灵卡叠 T 是否生成一项不停机的自我指涉游戏。考虑到我们不可能找到一种通用方法来判断一个自我指涉的游戏是否停止，自然就不可能找到一个通用方法来确定一个给定输入和一叠给定图灵卡是否导致永不停止的计算，因为任何确定非停机计算的方法都能用来确认不停止的自我指涉游戏。换言之，图灵的论证证明，我们并不总能判断出一个给定计算过程是否不会停机。这是一个非常重要的观点，因为除了其他事情之外，这一点告 247
诉我们，仍然存在一些我们无法用一个事前陈述的有限系统来解决的问题。

10.6　图形与基

我们已经看到，判定问题是个挑战，当考虑一批事物的时候，我们需要决定，任意的个别事物是否具有某一特定性质。例如，我们在考虑整数集合时可能会提出一个判定问题："这个整数是不是素数?"如果我们能够通过使用一叠图灵卡，用"是"或者"不是"来正确地回答一个判定问题，那么就说明，这个问题是可判定的。与此类似，如果我们在一个事物具有性质 P 时能够判断，但不存在一个事物不具有性质 P 时的一般判断方法，就说这个问题是半可判定的。

半可判定问题的存在让许多数学家感到吃惊，他们曾隐约地假定，一个图形的任何定义都必定包含与基的定义相同的信息(基指的是在参考框架内，但不在图形上的所有点)。

有些模式具有构造性的定义，而且人们可以通过一套有限的规则系统地生成这些模式。生成某种给定模式的过程可能与计数类似，它在某种意义上会扩展至无穷，但这种模式的每个部分都会

248 在有限的时间内完成。多少有些令人吃惊的事实是，模式 A 存在构造性定义，并不意味着模式“非 A”也存在相应的构造性定义。同时也请大家注意，“非”这个词用于一种带有预先决定的意义的事物，由围绕着前面的图画周围的框来代表。例如，我们可以让 A 代表平方整数的集合，于是“非 A”便是非平方数的整数的集合，而不是任意非平方数的集合。

当然，要找出一个整数是不是平方数，我们有一个简单且有限的检测方法。然而，当我们考虑对一系列任意整数变量进行加法和乘法运算时，事情就变得更加有趣了。例如，我们可以考虑下面的“丢番图方程”的例子，这些方程以一个或多个整数作为输入，并生成一个整数输出：

$$p(x)=x^3,p(x)=x^2-4,\text{或 }p(x,y)=7xy^5-3x^2y^3。$$

丢番图方程是以数学家丢番图（Diophantus，约公元 210—294）的名字命名的，它们本质上就是多项式而已，只是在丢番图方程中，所有项都必须是整数。我们将在下一章讨论数学中最为深刻的问题之一："哪些丢番图方程有整数解？"为了理解这个问题的深刻性，设想我们试图发明一种方法，用它把丢番图方程整理成两类，其中一部分有整数解，另一部分没有整数解。如果一个丢番图方程有一个整数解，我们当然可以认识到这一事实。例如，当$x=2$时 $p(x)=x^2-4$ 等于零，我们确定，$x=2$ 确实是它的一个解。此外，找出这样一个整数并证明它确实是个解的过程完全是可以计算的。从理论上说，我们可以通过试错找出任意可解的丢番图方 249
程的解，只要依次尝试每个整数即可，因为证明一个推定的解是否为真，只需要对整数进行正确的加法和乘法运算。

从史前时期开始，数学家就在不懈地探索多项式方程的解这一问题。例如，古代巴比伦人就知道如何解二次方程，三四千年以来，全世界的人发展出了许多高度精细复杂的技术。在此，需要注意的很重要的一点是，如果一个可解方程有一个解，那么这个解本身就可以作为这个方程有解的证明。与此相反，让我们考虑一个没有解的方程的情况。我们需要给出什么样的证明，才能说明这个已知的方程无解呢？哪种命题才可以为这种真理作证呢？

10.7　半可判定问题

让我们回想一下。如果理论上有可能计算出集合 S 中的任意给定成员是否具有性质 P，即称性质 P"对整个集合 S 都是可判定的"。例如，我们说，是偶数这个性质对整个实数集合都是可判定的，因为可以用一个有限的程序确定一个任意整数是否是偶数。更有趣的是，已知 S 的任意元素具有性质 P，且有一个有限计算可证明该元素有性质 P,则我们称性质 P 对于集合 S 是半可判定的。例如,“有一个整数解”这一性质对所有丢番图方程的集合都是半可判定的,因为我们总是可以证明,一个可解方程确实有一个解。

有些问题是半可判定的,但不是可判定的。例如,如果我们知道如何使用一叠图灵卡,就会认识到,一个给定输入与一个给定卡
250 叠最终可以生成一个停机计算。然而,正如图灵证明的那样,并不存在一个有限的程序能够判断一个给定的计算永远不会停机这种情况。引人注目的是,每个半可判定问题都必定具有某种典型的特点。为理解半可判定问题的这些典型特点,设想我们有一个性质 P 和一台机器,当且仅当我们输入一个具有性质 P 的事物时,该机器才会说“是的”。进一步假设我们看到任意输入 I,提出一个数字 $t(\mathrm{I})$,如果机器回答“是的”,我们就可以确定,这台机器将在小于 $t(\mathrm{I})$ 单位时间内做出这种判定。在这种情况下,我们选取任意输入 I 来计算对应的数字 $t(\mathrm{I})$,把这个输入放入机器,然后等待下面两种情况之一出现:

1. 机器判断输入 I 具有性质 P。

2. 在时间 $t(\mathrm{I})$ 之后,我们的机器还没有给出任何信息。

在第二种情况下,我们知道,我们的输入不具有性质 P,因为计算所用的时间超过了我们的预定时间。这种观察结果告诉我们,我们所讨论的性质必定是可判定的,因为我们能够从机器未说话这一点确定性质 P 不存在。这就意味着,如果性质 P 是半可判定的但不是可判定的,就不存在任何一种有效的方式可以让我们确认,机器最多需要多长时间才能判断给定的输入具有性质 P。根据半可判定性的定义,我们最后能够确定某个给定输入具有性

质 P，但通常无法知道需要多少计算步骤才能确立这一事实。

下面是半可判定集合必然具有的另外一个性质。假定我们的事物的集合可以写成一个特别的清单，例如，把整数按照从小到大的次序罗列出来。如果我们沿着这个清单移动，在每个具有这一性质的事物上打钩，则根据定义，被我们检查过却没有被打钩的事 251
物必然不具有性质 P。

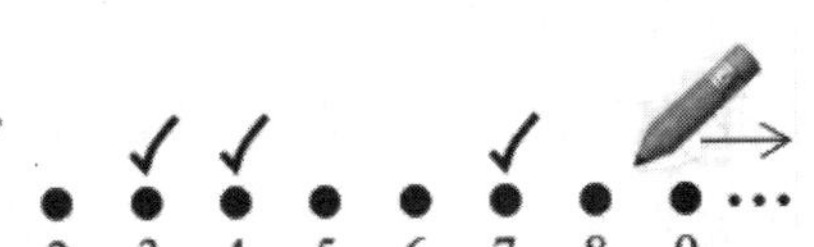

如果性质 P 是可判定的，那么我们就能系统地沿着清单扫过去并给具有性质 P 的事物打钩。反过来说，如果我们能够按照元素在清单中出现的顺序给它们打钩，则性质 P 必定是可判定的。这是因为，如果我们能够按顺序为具有性质 P 的事物打钩，就有一种方法能够判断事物不具有性质 P，即找出那些没有被打钩但比被打钩的事物更早地出现在清单中的事物。换言之，如果一种性质 P 是半可判定的，但不是可判定的，则对于每个清单和为每种具有性质 P 的事物打钩的方法，我们用来打钩的铅笔都必定会无数次跳转，既会向前也会向后。

现在回过头来讨论一个半可判定问题的特例。不妨考虑一下图灵的停机问题。在有关判定问题的例子中，我们曾经问道："如果在这一输入上使用这些图灵卡，我的计算会结束吗？"按照逻辑真理的方式，我们会倾向于说，一个输入/图灵卡的组合要么会停机，要么不会停机。而且，如果一个输入/图灵卡的组合停机了，我们能够证明，它之所以停机，恰恰是因为这个组合完成了计算。另一方面，并不能仅仅因为我们无法**证明**一个给定的计算会停机就因此而认为，一定存在这个给定计算永远不会停机的证明。简而言之，存在这样一种情况，即我们无法证明我们相信为真命题。

一旦认识到，某些被我们视为真理的命题，我们实际上无法给
252 出形式上的证明，就会导致以下考虑。为以下两种命题所做的论证之间的最小差别是什么呢？

1. 对于某些命题，我们相信它们是真理，而且我们的逻辑系统也能证明它们是真理。

2. 对于另一些命题，我们相信它们是真理，但我们的逻辑系统无法证明它们是真理。

如果我们能够证明，在这些论证之间永远存在差别，可能就会得出结论：我们应该完全放弃不可证明的真理概念。换言之，是不是只有可以被证明的真理才真正为真呢？

第十一章　库尔特·哥德尔与多项式的威力

体系的效用并不仅仅在于它们能够让我们以一种有序的方式按照特定的计划思考某些事物，其效用同时在于它们能让我们思考这些事物这一事实本身；毫无疑问，后一种效用大于前一种。

——格奥尔格·克里斯托夫·利希滕贝格(1742—1799)

11.1　马季亚谢维奇定理

在我们回到不可证明的真理这个概念之前，需要大致叙述一下哥德尔不完备定理的优美证明。更具体地说，我们将利用另一个极其重要的成果——马季亚谢维奇定理，也叫 MPDR 定理——来证明哥德尔的著名定理。这个不太知名的定理源于 20 世纪 60 年代三位美国数学家的工作，他们分别是朱莉娅·罗宾逊(Julia Robinson)、马丁·戴维斯(Martin Davis)和希拉里·普特南(Hilary Putnam)。实际上，他们是通过把现代数理逻辑应用于丢番图

方程的研究而取得进展的。更具体地说，他们对丢番图定义中的逻辑性质感兴趣。丢番图定义其实是通过使用多项式方程来定义
254 一个整数集合的标准方法。例如，我们可以把偶数定义为整数 n 的集合，且对该集合下列命题为真：

对于“某个”整数 m 来说，$n-2m=0$。

与此类似，我们也可以把平方数定义为整数 n 的集合，其中

对于“某个”整数 m 来说，$n-m^2=0$。

如前所述，如果有人声称他找到了一些整数，这些整数是某个方程 P 的解，要证明这一点是否真实是非常容易的。我们只需要方程 P 的具体定义，再加上几个进行加法、减法和乘法运算的规则就可以了。事实上，按照朱塞佩·皮亚诺（Giuseppe Peano，1858—1932）的观点，我们真正需要的是如下 5 个公理：

$$n+(-n)=0, n+0=n, n+(m+1)=(n+m)+1,$$
$$n\times 0=0, n\times(m+1)=(n\times m)+n。$$

现在，假定我们正在考虑某个特定的丢番图方程 P。如果方程 P 存在一组整数解 $n, m_1, m_2, \cdots, m_k$，我们肯定可以在有限的时间内找出这组解。即便我们没有聪明的寻找方法，也可以依次尝试每种可能的整数组合。这种尝试要采取的步骤数可能比宇宙中的电子的总数还要多很多，但只要它是有限的，我们就称这一过程是可计算的。

丢番图定义的逻辑结构是极其清楚的，因为我们可以用一种略微有效些的方式寻找形式为 $n, m_1, m_2, \cdots, m_k$ 的解。如果这种
255 解存在，我们可以通过定义知道，整数 n 具有性质 P。整数 m_1，$m_2, \cdots, m_k$ 有点类似于指示我们如何操作的图灵卡叠的工作原理：

它们是计算不可或缺的一部分，但它们不构成最后的答案。

在 1970 年以前，只有少数几位数学家猜想，丢番图定义或许真的像图灵卡那样威力强大。换言之，只有少数几个人猜到，整数的加法和乘法事实上可能生成了整个可计算的宇宙。丢番图方程是一种有一系列步骤的通用程序语言。到 1970 年，递归理论家们已经能够证明，丢番图集几乎具有所有必需的性质。尤其是，朱莉娅・罗宾逊、马丁・戴维斯和希拉里・普特南确立了如下事实：

1. 每个有限清单 $a,b,\cdots,z$ 都有一个丢番图定义，其形式为 $(a-n)(b-n)\cdots(z-n)=0$，因此，当且仅当 n 是 $a,b,\cdots,z$ 中的一个，n 才属于这个清单。

2. 如果集合 A 和集合 B 具有丢番图定义，则“A 或 B”也具有丢番图定义。如果 $P(n,x)=0$ 和 $Q(n,y)=0$ 分别是集合 A 和集合 B 的丢番图定义，则 $P(n,x)\times Q(n,y)=0$ 就是“A 或 B”的丢番图定义。例如，$(n-2x)(n-y^2)=0$ 挑选出了所有要么为偶数要么为平方数的整数 n。

3. 与此类似，$P(n,x)^2+Q(n,y)^2=0$ 是“A 且 B”的一个丢番图定义。

现在只剩下一个性质还未被准确把握，即有界全称量化(bounded universal quantification)。递归理论家们认识到，只要能够建立一个丢番图集，使这个集合的元素以指数方式增加（如 1，10，100，1000，…），那么每个可定义的集合都必然有一个丢番图定义。

大多数人认为不存在这样的集合，但 1970 年 1 月 4 日，一位 256
22 岁的苏联数学家尤里・马季亚谢维奇(Yuri Matiyasevich)证

明，这些怀疑者是错误的。马季亚谢维奇定理的完整证明实在过于艰深，不是我们这种篇幅和类型的书所能展开讨论的，但他的论证大体可以分为两个部分。首先，他在第一部分中证明，一个参数版本的斐波那契数列具有各种不同的性质，其中每种性质都有一个丢番图定义。其次，他证明，这些丢番图性质的组合足以完全确定我们所要研究的指数数列。

素数具有一个丢番图定义，这一事实让许多数学家大为吃惊。但是，多变量多项式具有范围如此广泛的不同解的集合，因而每一个可定义的整数集合都有一个对应的多项式，这是可以证明的事实。此外，因为把一种字母表直译为另外一种字母表不存在重大困难，所以我们能够把任意符号集转化成数字序列。这就意味着，每个可定义的符号集都有一个丢番图定义。如下说法实际上也是成立的：如果存在一个生成符号序列（哪怕是无穷符号序列）的有限判定规则，则必然存在一种只通过加法和乘法就能生成那些同样的符号的规则。

我们可以通过考虑一个“通用判定卡叠”找出上述结果的一个不寻常的含义。使用这种卡叠的游戏者将对判定卡叠的描述以及一个特例作为输入，该特例要么具有、要么不具有我们所考虑的性质。通用判定卡叠同时读取输入卡叠 P 和特定输入 N，然后开始判断输入 N 是否具有判定卡叠 P 所能辨认出的那种性质。由于这一结果是通过完全可以判定的方式得到的，因此我们可以从所
257 有卡叠-输入对的集合中得到一个具有明确定义的子集，其输入的确具有卡叠所编码的性质。

已知任意我们可能使用的特定字母表，我们可以给每种可能

的输入符号分配唯一一个编号，因为我们能够按照字母表的顺序逐一列举所有可能的输入。我将使用符号 n 来标记那个代表给定输入的整数。与此类似，我们可以给每个性质分配唯一一个数字，因为我们能够按照字母表的顺序列举对这些判定卡叠的描述。我将使用符号 p 来标记那个代表给定判定卡叠的整数。马季亚谢维奇的定理意味着，对于每个通用判定卡叠来说，都必然存在与之等价的丢番图方程 $\mathrm{U}(n,p,x)$。换言之，当且仅当输入 n 具有性质 p 时，多项式方程“$\mathrm{U}(n,p,x)=0$”才有解。

多项式 U 只是一个普通的多项式，它并不涉及任何比一些整数常数的加法和乘法更复杂的运算，这些整数常数有两个整数参数（n 和 p），以及一些取整数数值的变量（我把这些变量称为 x）。当以完整的形式写出这些事物之后，它们看上去相当杂乱无章，但关键的一点是，类似 U 这样的方程确实存在，被称为宇宙方程。之所以这样叫，**是因为通过改变一个单一的、取整数值的参数 p，我们可以用方程 U 来生成每一个可定义的整数集。**换言之，一个宇宙方程的解的集合实际上包含着整个可以计算的宇宙！

如果我们不在意计算时间，那就没有多少东西能够阻止我们获得最大限度的计算能力了。甚至基本的加法和乘法规则最终都能生成任何模式，只要可以用一种确定的或机械方式计算这种模式。同样请注意，通过通用的图灵卡叠或一个宇宙方程生成的模式是极其复杂的。也就是说，因为系统是普遍的，所以它能够复制最简单和最复杂的模式，以及位于两者之间的一切模式。一个对 258
其他任何特质都适用的类似观察结果就是，人们可以说，一个可以定义的数字的清单就是拥有所有这些特质的数字。

11.2 库尔特·哥德尔

库尔特·哥德尔(1906—1978)生于维也纳,6 岁时感染了风湿热。后来他完全康复了,但是在 8 岁时开始阅读有关他所患疾病的医学文献,由此确信他的心脏比较脆弱。这种毫无根据的怀疑是他一生都过分关注自己的健康的开始。当他得出结论,认为食物中充满了危险的因素,人们应该尽可能少吃的时候,这种疑病心理就很成问题了。在维也纳大学读书时,他在别人的劝说下不再学习物理,转而师从极有天赋的菲利普·富特文格勒(Philip Furtwängler)学习数理逻辑。

富特文格勒不得不口授他想写的任何东西,因为他自颈部以下瘫痪。富特文格勒尽管没有正常的身体,却依旧尽全力探索数字世界的奥秘,这样一位思想家的形象给年轻的哥德尔留下了非常深刻的印象。终其一生,哥德尔都笃信超自然的造物主,也是一位狂热的柏拉图主义者。换言之,他相信,抽象的数学对象是非常真实的存在,它不依赖于数学家或者数学家使用的语言。从各方面来说,他都是一位才华横溢、一丝不苟的数学家,他似乎属于这类人中的一位:他们被数学吸引,并不仅仅因为数学是对人智力的挑战,还因为数学的研究对象具有超然的、永恒的、至纯至美的性质。

哥德尔对纳粹极为反感,但即使在战争威胁逼近的时刻,他也没有考虑过逃离故土维也纳。第二次世界大战最终爆发,当局认为哥德尔适合服兵役,他非常担心会被征召加入德国军队,最后决
259 定逃离奥地利,并于 1940 年来到美国。作为一位举世闻名的数学

家，他接受了普林斯顿高等研究院为他提供的一个地位很高的职位。他在这里与阿尔伯特·爱因斯坦成了亲密的朋友，但他第一次见爱因斯坦是在 1933 年。在给母亲的一封信中，哥德尔写道，他们俩每天都会在爱因斯坦的家中会面，在上午 10 点或 11 点离开，然后散步一个半小时后一起到达研究院。下午一两点钟，他们会再次会面，一起走路回家，一路上用他们的母语——德语交谈。显然，他们都很享受一起讨论政治、哲学和物理学问题。在到达生命终点的时候，爱因斯坦甚至说，他之所以愿意去研究院的办公室，只是为了“得到与库尔特·哥德尔一起步行回家的殊荣”。

哥德尔总是会被带有哲学意义的问题吸引，1949 年，他对相对论发起了一次令人震惊的突袭。更具体地说，他证明，包含闭合回路的爱因斯坦方程是有解的。换言之，他证明，如果我们有足够的能量，时空穿梭在理论上就是可能的！1955 年爱因斯坦去世，哥德尔极为悲伤，随着他逐渐老去，他开始越来越担心自己的健康状况。当他挚爱的妻子阿黛尔罹患一些严重病症的时候，他的厌食问题和疑病症变得更为严重了。在生命的最后阶段，他对被人下毒的恐惧达到了极点，以至于完全拒绝进食。他于 1978 年去世，实际上是自己把自己饿死的。

哥德尔在数学和逻辑方面做出了许多重要贡献，但他最著名的成就是证明了算术的不完备定理，这不啻在知识界投下了一枚重磅炸弹。如果在某种给定的语言中，每条符合语法的命题都可以根据某个系统内的公理被证明为真或者反证为伪，则称这一形式系统是完备的。例如，如果我们通过禁止使用“每个”和“某个”
这两个词对算术语言加以限制，则余下的部分事实上就是完备的。 260

换言之,我们尚存的几个数学命题都可以用一种简单的机械方式证明或证伪,只需要几条基础公理再加上一些基本的演绎规则。我们会看到,当我们将“每个”和“某个”这两个词加入数学词汇大全后,情况会变得更丰富,也更有趣。

11.3　寻找答案

假设某个国家的人民把对丢番图方程的研究看得高于一切。在他们王国的中部,矗立着一座雄伟壮观的石碑,上面刻着各种数学命题。如果该国国民知道一条命题对于整数来说是正确的,他们就会把这条命题镌刻在巨石上。经过一代又一代的努力,很多命题都被刻在了巨石上,但其中最受尊崇的当属整数的加法和乘法规则,例如皮亚诺的公理(Peano's Axioms),还有逻辑法则。其他真理或许也能在巨石上占据一席之地,但这些人不会在他们的神圣巨石上刻上任何老旧的命题。

当有两个男人想与同一位女性结婚的时候,这位女性将挑选出一个丢番图方程,将其中一个男人赋值为“可解”,而将另一个男人赋值为“不可解”。被赋值为“可解”的那位求婚者会立即着手,用神圣的整数加法和乘法法则求解方程。相比之下,那位被赋值为“不可解”的男子需要完成的任务——证明方程不可解——则更有趣一些。

可以很容易地证明,有些方程是没有整数解的。例如 $x^2+1=0$ 就没有整数解,因为对于任意整数 x 来说,x^2 至少等于零。人们并不需要在巨石上找到太多公理就足以证明诸如 $x^2+1=0$ 这类方程是没有整数解的。要证明其他丢番图方程没有整数解，则需要更加复杂的方法。

当一位求婚者认为给定的方程无解的时候，他必须在巨石上
找到能证明他的论证的东西(例如巨石应该能够确定前面论证的 261
有效性)。如果巨石上没有任何东西能够证明这位求婚者的论证的有效性，唯一的选择就是说服国王在巨石上刻下另一条命题。这是一件非常严肃的事情，因为如果国王允许前后矛盾的命题出现在巨石上，神圣巨石所认可的逻辑就会变得毫无用处。此外，这些人还会面临一种令人尴尬的局面：两位求婚者都将赢得结婚的权利。

一天，国王的女儿，一位名叫海伦的美丽女子不得不选择一个丢番图方程。她花了10分钟来决定这件恐怖的事情，当她给两位可怜的求婚者分派任务的时候，他们的脸色都变得一片苍白。名叫库尔特的年轻人被赋值为“不可解”，而比尔则被赋值为“可解”。比尔算是一位计算机奇才，到这一天结束的时候，他已经确认了数位不到10亿的整数，但其中没有这个方程的解。在此期间，库尔特则拿起一支铅笔，试图找到某种模式……

11.4　算术不完备

让我们回想一下，因为公理系统和逻辑定律可以用计算机程序总结，所以它们也可以用丢番图形式总结。基本的证明理论事实是，我们可以任选一套公理，或者选取任何带有有限定义的可数公理系统，并发明一个程序依次找出每个逻辑结论。尤其是，我们

可以使用这个系统找出证明，那个要证明已知方程无解的求婚者可以运用这个证明。假设人们没有在巨石上刻上额外的公理，那么上面说的就是一个完美的机械过程。所以，丘奇论题暗示我们可以用一叠图灵卡来总结这一过程。

262 此外，我们可以按照字母表的顺序罗列所有丢番图方程，也就是说，我们可以把每个方程与唯一一个数字相结合。有些数字将与某些方程对应，这些方程可以通过机械方法被证明为无解。例如，我们可以用巨石证明 $x^2+1=0$ 没有整数解，$x^2+2=0$ 也没有整数解，等等。这些方程中的每一个都有唯一一个识别数字，因此我们的机械过程可以确定整数的一个子集，即那些对应于方程 p 的整数(我们可以用机械方式证明 p 没有解)。马季亚谢维奇的定理含有这样一种意思：这个整数的子集必定有一个丢番图定义。请牢记这一点，我们现在可以回过头去看看库尔特与国王的女儿的故事了。

库尔特很快就意识到，海伦的方程与一个宇宙丢番图方程相关，他花费了数月的时间来研究这个方程，思索那些整数可能在编码之后变成的事物。他确信，国王的女儿(也是一个令人敬畏的数学家)选取这些数字必定有她的道理。他越研究就越有心得。最终，他对巨石上所有内容进行编码，从中选取了一个子结构。就在他试图将其中一个常数转换为变量的时候，最后的突破出现了。他立刻认出了这种经变换产生的方程，因为这个方程具有“自我指涉不可解”方程的性质。

当且仅当我们可以利用乡村巨石来证明方程 $U(n,n,x)=0$ 没有整数解的时候，我们才可以称一个整数 n 对 U 是自我指涉不可解的。例如,如果 $\mathrm{U}(1,1,x)=x^2+1$,我们就可以说,1 对 U 是自我指涉不可解的(假定我们的公理系统可以证明 $x^2+1=0$ 没有整数解)。请注意,存在两个相关的事实。第一个是,当我们把宇宙方程的两个参数设定为 1 时,所得到的方程没有整数解。第二个是,我们只用巨石上的公理就可以证明这个方程没有整数解。 263
关键的一点是,证明第二个事实的形式过程可以被编码为一叠图灵卡,或者成为一个丢番图方程。

当库尔特准确地算出海伦用来建立她的方程的 n 的数值时,他几乎无法抑制内心的兴奋。他检查了这个庞大的数字,一种似曾相识的感觉油然而生。他迅速地计算了一番,结果证实了他的怀疑:海伦用来为她的丢番图方程编码的数字与他正在研究的性质正相同!

这个故事的重大意义在于,库尔特探索的是一个必定存在的方程。也就是说,对于每个能够正确地进行整数的加法和乘法运算的公理体系来说,必定存在某个丢番图方程 U 和某个整数 T,它们具有如下引人注目的性质:

对于每个整数 n 来说,

(1) $\mathrm{U}(T,n,x)=0$ 有一个解的条件是,当且仅当

(2) 乡村巨石足以证明 $\mathrm{U}(n,n,x)=0$ 无解。

我在此重复一遍,我们能够确定上述两项命题是逻辑等价的,这也正是哥德尔不完备定理的核心。我们知道这一点是真实的,因为根据在这一问题上起作用的公理体系,必定存在某个整数 T,它对应于为证明下述命题而建立的程序:$\mathrm{U}(n,n,x)=0$ 无解。请注意,n 是我们得到的某个整数,而 x 是取整数数值的有限变量

串。海伦可以任选一个整数 n 嵌入方程 U，但她决定使用 T——那个与证明形如 $\mathrm{U}(n,n,x)=0$ 无解的命题对应的整数。

264 库尔特深吸了一口气，考虑如果当 $n=T$ 时命题（1）和命题（2）为真会发生什么事情。命题（1）会告诉我们，$\mathrm{U}(T,T,x)=0$ 有一个解，我们可以运用加法和乘法的公理来证明这个“事实”。逻辑等价的命题（2）会告诉我们，我们可以证明 $\mathrm{U}(T,T,x)=0$ **无**解。换言之，如果海伦的方程 $\mathrm{U}(T,T,x)=0$ 有解，则巨石必然存在矛盾。

现在回到命题（1）和命题（2）。如果我们令 $n=\mathrm{T}$，则可以得出两种可能情况：$\mathrm{U}(T,T,x)=0$ 要么有解，要么无解。如果我们假设 $\mathrm{U}(T,T,x)=0$ 有一个解，则我们的 PC 逻辑机器就可以用巨石上的公理生成下述命题：

1. $\mathrm{U}(T,T,x)=0$ 有一个整数解，且
2. 巨石的威力足以证明 $\mathrm{U}(T,T,x)=0$ 没有整数解。

在这种情况下，我们会得到确定的证明，说明巨石上的公理是存在矛盾的，因为我们能够同时证明 $\mathrm{U}(T,T,x)=0$ 有一个解**且** $\mathrm{U}(T,T,x)=0$ **没有**解。但如果 $\mathrm{U}(T,T,x)=0$ 无解会怎样呢？换言之，如果命题 1 和命题 2 都是错误的，那又会怎样呢？在这种情况下，我们可以通过观察真理与证明之间的鸿沟来避免悖论：

非命题（1）　$\mathrm{U}(T,T,x)=0$ 无解，且

非命题（2）　巨石的威力不够大，无法证明 $\mathrm{U}(T,T,x)=0$ 无解。

如果巨石确实是无矛盾的，库尔特就必须把某种事物加进巨
265 石才能完成任务。他很确定，在当前情况下，他无法利用巨石证明

海伦的方程无解。他无法完成交给他的任务。对于每套自洽的公理来说，都存在无限多种正确的算术命题，对于这些命题，我们只能用给定的公理来证明。这就是算术不完备的意思。

完成自己的论证之后，库尔特立即前往王宫。在等候国王召见的时候，他在考虑如何处理这种困境。他需要在巨石上刻上什么公理才能完成自己的任务呢？他又该如何说服国王同意在巨石上添加新公理呢？

库尔特： 请告诉我，陛下，您是否认为您的女儿应该同时下嫁两位求婚者？

国王： 你怎么敢提出这样可耻的问题！我要让你为这种无礼的问题遭受鞭刑。

库尔特： 我诚挚地请求陛下宽恕。我并没有冒犯您的意思。我承认巨石是完全自洽的，而且它根本不可能不自洽。但遗憾的是，我无法从巨石上找到能够说明它完全自洽的证据。

国王： 啊，你真是太疯狂了！那些公理当然都是没有问题的，这种事情又何必用巨石来告诉你？要是我的祖先们对那些公理有一丁点儿怀疑，你觉得他们会让它们留在巨石上吗？

库尔特： 请问您是否允许我在证明中假设这些公理都是自洽的？

国王： 当然可以。每份证明都隐含着巨石是自洽的这一意 266
思。这种假设正是我们相信证明的那些事物是真理的基础。毕竟，如果我们的公理不自洽，我们的理论不就跟任何普通的句子完全没有差别了吗！事情就这么定了——我在此谨以尊荣的皇家的名义下旨，你可以假定，有一个人，而且只有一个人有权迎娶我的女儿。

库尔特：在这种情况下，您还是把她叫来吧。如果她必须和一个人，而且只和一个人结婚，那么此人非我莫属。

11.5　真理、证明与自洽

人们一直在为真理的本质争论不休，但在某种程度上每个人都理解这个词的意思。如果说某个命题为“真”，那么它必须满足这个条件，即当且仅当我们对这个命题的理解与对这个命题所涉及的事物或环境的理解一致。当然，有时候我们会认为某个命题是真的，后来又意识到它并不是真的。因此我们明白，当且仅当一个命题能够经得起一切相关的审查时，它才是真的，但我们通常并不知道可能判定该命题为假的所有检验的形式。这就是为什么我们很难知道一个命题是否真的为真，为什么一个“真”的命题并不仅仅是个十分合理的命题。我认为有一点值得强调，真是客观存在的，无论我们是否提到它们，但“真理”本质上是语言与世界的一种关系。关键是，我们似乎可以合情合理地说，当我们让可能为真的命题接受各种形式的检验时，只需要考虑由懂得这些命题所使用的语言的人（无论是真实的人还是理想化的人）所做的检验。

267 就数学而言，我们对公理的选择大体上决定了我们的符号的意义。例如，如果我用公理集合论的语言做出了一个可证明的命题，你只因为不肯接受我的一个公理就认为这个命题实际上是错误的，这是不合情理的。这些公理是让我的符号具有它们所具有的含义的一部分原因，如果你仅仅因为不接受我的一个公理就认为我的命题是错误的，这并不能证明我原来建立的命题确实是错误的。这只能证明，你对我所使用的符号有不同的理解，你的论证最多让我觉得采纳一些新的公理是有道理的。在这种意义上，确实有一些数学命题根据定义是真实的。类似地，我们才是决定象棋规则的人，而且我们无疑可以确定，在只有一个王和一对马的情况下，你是无法将死一个独王的。这类根据定义成立的真理正是建立证明的首要保证，但数学真理并不仅限于此！

例如，我认为“1+1=2”并不只是因为定义如此才为真。在一般的、不那么精确的意义上这个算式也是真实的，**因为我们知道，这一命题与我们对与此相关的主题的理解**是吻合的，也就是与数字和加法的概念是吻合的。如果你在你的收藏中放入一个物品，然后又加上另一个物品，你的收藏中就真的有了两个物品。与此类似，如果你向前走一步，然后再向前走一步，你就真的向前走了两步。这些很容易理解的经验是数字和加法概念的重要部分，如果你不理解这个事实，就不可能理解我的语言。我们看到，“1+1=2”这一命题符合我们对数字和加法概念的一般理解，在这种意义上我们知道这一命题是真实的。同样的，如果我向前走了 n 步
之后就不再走了，我实际上只向前走了 n 步。在这种意义上，“$n+$ 268
$0=n$”这一命题就是真实的。根据定义，这一命题也是真实的，因为这一命题是决定符号“0”应该如何使用的一条公理。

当然，大部分数学命题都过于复杂，我们无法用这种直觉的方式理解它们。但正是这类真理，或者对一个基本概念的忠诚，才使我们首先接受了某些公理，才使得证明和“根据定义的真理”成为可能。为了自己的研究工作，数学家们需要使用基于规则的系统，

但随之而来的问题是，一旦那些体系超出了我们的直觉，我们为什么还应该信任它们？尤其是，我们如何确保那些基于规则的符号系统真的不矛盾，不会让我们否定一些我们应该承认其为真实的事物？正是哥德尔帮助我们阐明了这些神秘的关系，而他的观点让大家觉得很意外。

要说明的第一点是，有些数学体系真的能够证明它们自身的一致性。例如，人们可以用经典逻辑的公理来证明经典逻辑的一致性。也就是说，我们无法从一个命题 A 开始，运用逻辑定律，最终得出“非 A”的结论。有人会争辩说有比经典逻辑更好的逻辑系统，但“且”“或”和“非”的语言是自洽的，这一点是毫无争议的。

另一方面，算术无法证明它自己的自洽。我们能够证明这一事实，因为我们知道对于每一种能够进行整数的加法和乘法的形式系统，都存在一种对应于 $\mathrm{U}(T,T,x)=0$ 的方程。换言之，对于每个公理系统来说都有一个可解方程，当且仅当我们能够证明这个方程无解。这就意味着，如果我们的公理系统是自洽的，则方程必定无解。如果我们的形式系统能够证明它自己的自洽性，那么
269 我们也能证明，方程 $\mathrm{U}(T,T,x)=0$ 无解。然而，如果我们能够证明这个方程无解，就知道它必定有解，这就是我们能够证明的事实！换言之，能够证明自己自洽的算术公理一定不是自洽的。

鉴于此，我们必须特别小心地对待那些等价于国王旨意的形式断言。我们可以声称自己的形式系统是自洽的，但不能断信这是该形式系统本身的明显特点。然而，我们至少可以用一种方式，根据库尔特的形式论证提供的观点来无矛盾地加强巨石的威力。至少我们可以把下面这个命题刻到巨石上：“$\mathrm{U}(T,T,x)=0$

无解。”

加上这条命题,我们至少可以证明一个新事物,即这条命题本身。而且,如果我们的扩展系统不是自洽的,那么老系统也不是自洽的,因为如果你能够证明“U(T,T,x)=0 有解”,那么你不但否定了新公理,你也证明了原有公理系统的不自洽性。关键的一点是,我们能够通过加入“U(T,T,x)=0 无解”这一命题来扩展我们的公理系统,而且我们有充足的理由这样做。但是,我们无法通过加上“U(T,T,x)=0 有解”这一命题来自洽地扩展公理系统。如果我们接受原来的系统是自洽的,则必须接受作为这个逻辑共同体成员的“U(T,T,x)=0 无解”,尽管我们不加上新的公理就无法证明这一点。

一旦我们以这种方式增强了巨石的威力,可证明为无解的丢
番图方程的集合就稍微变大了一些。我们总是可以用这种方式增
强一个公理系统的威力,但这个过程本身是不可计算的。每一步
都需要更深刻的观点,因为我们必须以一套新的公理为基础来构 270
建哥德尔论证。同时也请注意,我们有充分的理由在我们的公理
中加上一个命题,即使这一命题本身并不是一个自明的真理。我
们可以在对其他公理的理解,以及哥德尔的论证(我的叙述版本)
中找到为这一真理正名的证据或者理由。

我们的命题在逻辑上独立于其语境(叙述一件新事物),但在某种意义上来说,它是对前一个系统的自然推广。通过前面的论证和对巨石上的公理的理解,我们知道,“U(T,T,x)=0 无解”是真实的。另一方面,对同一套公理的机械应用不能判断这一真理。也就是说,如果库尔特使用了 PC 机器而不是他自己的智力,他便

无法完成这项任务。当我说数学不是一种确定性的语言游戏时，我所要表达的就是这个意思。然而，扩展我们公理的方式是否需要某种灵感(这种灵感超越了任何有关形式方法论的有限描述)，这一点现在还不清楚。我们无法用一个单一程序来完成整套公理，但我们或许能够提出涵盖相关情况的策略性建议。通过类比的方式，某人或许除了整数之外不知道别的数字，我们可以运用整数的语言提出这个问题："如果 $2x=1$，那么 x 等于几?"要回答这一问题，我们需要一种包含分数的语言。但这个问题证明了扩展我们的语言的合理性，并能说服听众，让他们承认分数是合理的。

我们可以用如下说法来总结哥德尔的成就：他提出了一个绝妙的观点，即使用一种非常形式化的机械方式来证实形式的机械证明的极限。但请不要误解：他并没有发现某种形式语言无法表达的神秘真理。他也没有证明存在某种人类能理解但计算机无法
271 构建的论证。他真正证明了的是，对于任意特定的形式系统(例如计算机可能会使用的)，都存在一个没有整数解的丢番图方程，尽管给定的计算机程序无法证明这个方程没有整数解。另外一台计算机或许可以证明这个方程无解，但在这种情况下，必定存在另外一个无解的丢番图方程，它会让我们的第二台计算机的证明失败。无论我们拼凑出多少个形式原理，总会存在某个丢番图方程，我们无法证明其无解。

在前文中，我描述过算术的不完备性，称它是哥德尔在思想界投下的一颗重磅炸弹。真正被它摧毁的宏伟工程是"希尔伯特计划"，这一计划梦想把一切数学形式化，并归入一个有限的、可以被证明为自洽的公理系统。或许，逻辑上清晰的数学的最极端例子

是罗素和怀特海的《数学原理》(共三卷,分别于1910年、1912年和1913年出版),该书在普通数学主题上的每个字母“i”上都没有忘记打点,在每个字母“t”上都没有忘记划横线。的确,这两位作者小心翼翼地拼出了每个逻辑假定,他们甚至用362页纸的篇幅来建立足够的系统,以得出“1+1=2”的结论!

罗素和怀特海精心编织了他们所用的逻辑体系,而且在某种意义上,他们的著作是现代程序语言的先导。包括哥德尔在内的每个人都相信,他们的结论是正确的。但问题是,哥德尔证明,运用那本书开篇便详细说明的逻辑体系无法证明作者希望它能够证明的每一则定理。更为糟糕的是,哥德尔证明,无论怎么修补这些公理都无济于事:不存在一个能够为这些命题下定义的完整清单,可以用它来证明我们认为是真实的每一则算术命题。

现在,我们需要重新思考“只有可证明的真理才真正是真的” 272
这一命题。我们信赖可证明的真理,因为我们有足够的理由相信我们的公理和论证体系。尤其是,如果我们认识到一个命题为真是因为对它的证明,我们对公理的一致性就有了基本的信念,因为前后矛盾的公理本质上是无用的。然而,如果我们从形式上明确陈述了我们对公理的一致性的信心,我们就会得到一个无法证明的命题。从这种意义上说,如果公理的自洽性并非“真正是真的”(因为我们无法证明),则可证明的真理也同样并非“真正是真的”!

273

第十二章　为世界建立模型

（生命科学中的）模型并不是对自然做出的描述或者伤感的描述，人们设计这些模型是为了准确地描述我们对自然的伤感的思索……它们的意义在于陈述假定、确定期望，并帮助我们设计新的测试方式。

——詹姆斯·布莱克(James Black，1924—2010)

12.1　科学与模型的使用

科学是种复杂的活动，它涉及数据的采集和对事件描述的关键评价。它涉及不同方法论的融合，而不是某种单一的“科学方法”。但一切科学断言都要接受检验，我们最感兴趣的当属普遍的解释，而不是有关特例的描述。科学定律是科学的基本部分（它们在物理学中尤为重要），当然，你也可以做一个不去寻找新定律的科学家。千百年来，许多人因科学定律以数学形式表达而感到震惊，因为“纯粹的思想”与杂乱的、充满偶然性的现实有什么关联

呢？科学事业非凡的成就确实令人瞩目，但如果我们把数学视为 274
模式的语言，科学往往以数学的形式出现这一事实就不会那么令人吃惊了，科学家的任务就是找出规律或模式。

我们以后会回到为什么科学倾向于具有数学形式这个问题上，因为这个问题是理解数学思想的发展的中心问题。现在我想强调的是，如果我们不理解定律蕴含的东西，就无法理解一个普遍定律的意义或者重要性，找出一个物理定律所隐含的意义并没有那么简单！例如，知道引力遵守平方反比定律是一回事，理解这一定律的深刻含义又是另一回事。事实上，牛顿同时代的人也曾独立地设想引力或许会遵守平方反比定律，但世人公正地将这一成就归于牛顿，因为只有他才推导出了当一个物体受到这个力学体系作用的时候会怎样运动。也就是说，我们可以使用牛顿的数学和概念体系推导出行星将按照椭圆轨道运行，一个抛物体将遵照抛物线路径运行，以及其他种种规律。

人人都知道物理定律的重要性，但科学家和工程师并不是只看一看相关定律就做出预测的。对物理定律的运用并不是一个简洁的公理化过程，而是一种艺术。通过这种艺术，科学家和工程师选择并使用相关的技术为给定的情况做出模型。例如，关于纸飞镖的运动，引力定律告诉我们的东西并没有那么一目了然，所以我们不会用这样一只飞镖的运动来检验牛顿的理论是否正确。评价一个给定的形式体系在某种环境下是否有用或有意义，是各门科学的艺术的一个重要部分，而这种训练本身并不属于严格的数学范畴。

在各自选择的领域内，生物学家、医学研究人员、物理学家、经

275 济学家、社会科学家和其他许多人都通过建立数学模型取得进展。数学模型是把假设转化为结论的逻辑机器，看起来难懂的数学形式，却可以让数不清的观点进入重要的经验事件，这个事实真是令人震惊。由于数学对象受自身的规则控制，所以我们可以通过它们的内在逻辑审查数学断言，由此确信结论确实是由给定的假设得出的。

我们在评价一个数学模型的时候，并不只是在评估数学的有效性。我们还需要判断对实际事件的数学解释是不是对所研究的事件的恰当描述，我们通过把断言交付经验验证，让研究工作接受公众审查来进行。科学是可以修正的，尽管我们有理由相信自己知道事情的运行规律，但却无法确定没有遗漏某个关键事实。即便如此，不可否认的是，科学家确实可以彼此交流、相互借鉴，哪怕事实上，我们的知识永远都不是完备的。

一个有用又重要的模型需要具备很多特点，但最好的模型与最好的理论类似，它们都证明了，看起来风马牛不相及的观察结果都可用一个机制解释。数学模型是对实际情况的简化，并不是完备的真理，但许多情况下，我们可以使用这些模型获悉物理世界的状况。这种绝妙的模型形式可以由一种机器验证，就像我们预测一束光线的偏转角度的时候，可以用经验的方法证明这束光线确实是按照我们的模型预测的角度偏转的。

我们可能对科学的力量充满敬畏，但我认为，我们不应该对科学的数学化感到吃惊。从某种意义上说，我们没有别的方式可以进行观察，因为科学家需要使用逻辑和数学术语，根据他们所陈述
276 的理论进行准确的定量演绎。如果已经有了现成的数学理论，那

么，找出你的理论的预测只不过是种形式的计算。否则，科学家就需要像数学家一样工作，去发展受到研究对象启发的数学或者形式体系。

最成功、最有影响力的模型之一，是我们用空间中的一个有质量的点来代表一个抛物体，并假定引力是唯一相关的力。我们可以用这一模型来预测一颗炮弹、一颗恒星或行星的运动，但数学模型永远是简化的或者理想化的，我们并不总是清楚会在什么时候漏掉某些相关的事实。但是，能将基本事实搞清楚的简单、可理解的模型，仍然是洞见的宝贵来源，而更为复杂的模型则可能像我们希望研究的真实世界系统一样令人一筹莫展。著名生理学家丹尼斯·诺布尔（Denis Noble）在他的著作《计算生物学的兴起》（*The Rise of Computational Biology*）中就此做出了精彩的阐述："模型只能代表一部分真实。它们的目的是解释，告诉我们系统的哪些特点是必不可少的，我们可以通过这些特点理解这个系统。所以，尽管我们可以试着将心律理解为细胞中的几千种蛋白质之间的相互作用，事实上，通过大约十几种蛋白质的相互作用，我们就可以理解我们想了解的有关心脏起搏器活动的大部分情况。一个模型的力量在于确定什么是关键的，然而完备的表达会让我们如同过去一样聪明，或者与过去一样无知。"

为了做出预测，我们需要建立模型。而且，模型塑造了我们对自然世界的理解。哲学家南希·卡特赖特（Nancy Cartwright）在《物理定律是如何说谎的》（*How the Laws of Physics Lie*）一书中令人信服地论证，模型在物理学中扮演的角色就如同寓言在道德领域扮演的角色：把抽象的原理转变为具体的例子。实际上，它们能够让我们拿出一个可以理解、由规则规范的行为的典型案例。
277 例如，我们可以用牛顿定律构建一个抛物体模型，这个模型就像真的抛物体一样，这一事实是人们接受牛顿定律的一个主要原因。更重要的是，模型可以通过其成功、失败或者局限性，帮助我们改善或修正理论框架。如果一个模型未能合理地代表某个给定的现象，我们就知道了我们所受到的限制，并提出建议改善我们所使用的理论。人们还可以用模型设计实验、建立科学家想要进行的各种观察和测量。简言之，一个好的模型不只是拟合数据，它有助于厘清我们对正在建模的对象的思考。

12.2　秩序与混沌

数学系统具有与生俱来的秩序，任何具有规则结构的模式都可以用数学语言加以描述。由于数学与秩序的这种根本关联，“混沌理论”这个数学分支似乎在术语上就是自相矛盾的。然而，当数学家们研究“混沌”的时候，他们研究的是一个系统被明确陈述的规律，而不是“混沌”这个词通常代表的无规则性。数学混沌与众不同、引人注目之处在于，那些规则产生的行为本质上很难预测。更准确地说，如果服从已知规律的对象总是在一个有限的空间内，但你无法预测它未来会在什么地方，我们就可以说这个动态系统是混沌的，因为你稍微改变对象的位置，就会导致一系列与未改变之前不同的运动。换言之，混沌系统是由非常敏感的函数控制的，这些函数会对非常类似的输入给出非常不同的输出。

278 揉面的过程是混沌系统的一个非常好的例子，因为它展示了一种非常简单的规则对系统的初始状态极其敏感。如图所示，面团内相邻各点会因为揉面过程快速地分离，因而人们很难预测某个给定点的最终状态。

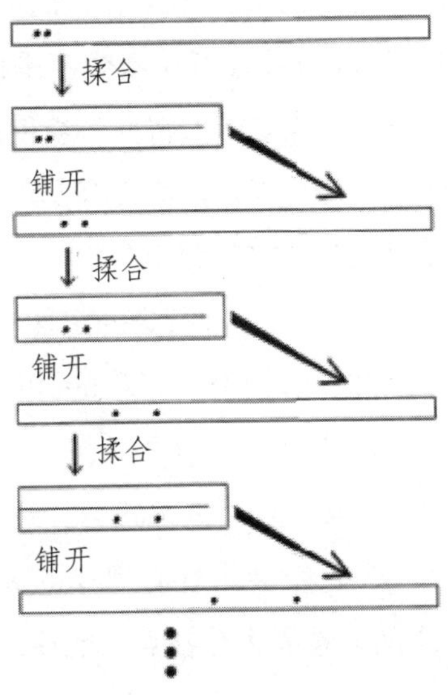

我们每一次铺开面团，相邻点的间隙长度都会加倍。我们对某点的初始位置的描述有任何微小的不同，偏差都会呈指数型增长。每当我们揉动面团一次，估计的位置与实际的位置之间的差异都会加倍。这意味着，要想预测任意点的未来位置，你必须极为准确地确定它的初始位置。我们无法准确地预测面团内某个点的未来位置，这一事实说明了一个重要的普遍原理。混沌经常在极为简单的判定性程序中出现，比如自发产生的不可预知事件。这个事实令人喜忧参半。一方面，它意味着，即使我们知道控制物理系统的定律，也无法预测将来会发生何种情况。另一方面，它也证明，不可预测的事件也受非常简单的规则的控制。

279 流体流动是物理系统中一个我们非常熟悉的例子，它也能够展示混沌行为。我们发现，当流体缓慢流动的时候，它的运动是持续而有规律的，而快速流动的流体却是湍急而混乱的。许多系统表现出了不止一种行为。当参数值在某个范围的时候，它们表现出了稳定或者静态的行为；当参数取得另一组值的时候，系统会出现周期性或者重复性的行为；当参数值又有变化时，这些系统会表现出不可预测的混沌状态。如果我们试着吹一条纸带，就可以看到从一种行为的定性状态向另一种行为的定性状态转变的一个完美例子。如果我们轻轻地吹，伯努利(Bernoulli)效应会让纸条升起并达到稳定平衡，这时升力与引力之间保持平衡。如果我们再用力一点吹，当力度达到某一点时纸条就会打破原来的状态，只要我们继续以这种力度吹，它就会出现有规律的周期运动。我们称不同类的定性行为之间的边界为分岔点。能让纸条振动的最低吹气力度就是一个分岔点，因为它标志着从一种定性行为向另一种定性行为的转变。

第二类分岔点是在一种有规律的周期性行为变成混沌行为时出现的，比如滴水的龙头的例子。在流量很低时，龙头会有规则的滴—滴—滴。如果你把龙头稍微放开一点点，滴水就会变成两滴的滴答—滴答模式。进一步放开龙头，则会出现四滴模式，随后还会有八滴模式，等等。要不了多久，水滴序列就会变得非常复杂、无规律，本质上无法预测。当水流量达到某一点的时候，水滴的下落就没有周期性了。实际上，我们很难抓住这个临界点，因为进入混沌区之后，只要流量稍有增加，水滴就变成水流了。至少在理论

上，在流量很低的时候，龙头的滴水是有序的、可以预测的，但是当
水流增大之后，水滴落下的节奏就成为混沌的了。从周期向混沌 280
的转变点就是第二种分歧点。

12.3　理论生物学

人人都知道，理论物理学家需要使用大量数学。对于这一点，极具天赋的物理学家弗里曼·戴森[①]在他的经典论文《物理类科学中的数学》（"Mathematics in the Physical Sciences"）中有过精彩的论述："对于一个物理学家来说，数学不仅是他用来对所研究的现象进行计算的工具，它是用来创造新理论的概念和原理的主要来源。"相反，生物学的数学性则低得多，数学在生物科学中的作用也不那么为人所知。尽管如此，对于生物学家来说，数学和计算正变得越来越重要。人们投入大量资金和精力，利用数学模型和实验数据提出新观点、建立假说，这些观点和假说又通过实验被检验，从而改善和扩展原有模型。

关于数学与生物学之间的关系，我们首先要指出的是，谨慎而系统的观察是所有科学的核心部分，许多不算高明的数学家曾对生命科学做出了极为重大的贡献。即使你不是数学家，也不难观察到生命体的形式和行为，但这不会改变数学是现代生物学的绝对基石这个事实。举个例子，我们不妨考虑一下生物学最重要的

① Freeman Dyson（1923—），生于英格兰的美国理论物理学家兼数学家。——译者注

学说:达尔文的进化论。

进化的一个现代定义是:“随着时间的推移,种群内的不同基因类别(等位基因)的频率发生的改变。”这里的基本观点是,对于某个给定的种群来说,个体的数量可能会随着时间的推移发生变化,这个种群的基因组中的不同基因的总量和类别也会随着时间
281 发生改变。有些基因会变得普遍或稀有,有些幼体的基因与其父母相比略有不同(即从一种等位基因变为另一种等位基因),如此等等。“进化”这个词指的就是这样一个事实:随着时间的推移,在这个种群中,携带各个不同等位基因的个体的比例发生了变化。

根据这个定义,没有人能否认进化是个真实的现象。就像一个落体向地面降落那样,没有任何有关引力的普遍理论可以证明这一观察结果是错误的。原教旨主义者可能不愿接受科学版的地球上的生命的历史,但即使最顽固的人也必须同意,今天的人类带有的不同基因的频率不同于过去人类种群的基因频率,即使只是由于人类中个体的数量相比最初的两个人有所增加!毕竟,在一个只有两个人的种群中,任何给定基因的出现频率只有三种可能性:0%(亚当和夏娃都不带有这种基因)、50%(其中一人带有这种基因)和100%(两个人都带有这种基因)。但与此相反,在今天的人类种群中有各种各样的基因频率,这就意味着,根据定义,进化正在发生。更重要的是,不同等位基因的频率发生的变化都可以用达尔文的伟大观点——自然选择的过程——来解释。就是说,如果我们所讨论的种群含有某种遗传变异,只要某种基因类型相比其他基因类型更易于存活和繁殖,则不同等位基因的频率便会发生变化。

频率或者比例的概念是至关重要的，因为随时间而发生变化的是带有某种基因遗传类型的个体的比例。我在这里想说明的是，如果不具有计数的能力，我们就无法表达一种进化理论。更为普遍的是，现代生物医学需要用到各种精细复杂的数学技巧。毫无疑问，科学家将继续使用计算机和数学分析作为理解生物现象 282
的常规手段，从对生物分子间相互作用的数学描绘，到器官生理学，以及有关种群动态的发展或者模型的研究。

有关一个卵细胞是怎样变成有机体的故事特别有趣，要理解这个过程，我们就需要考虑基因组和除此之外的许多东西。简而言之，有机体是物质的存在，那些发生在时空中，对有机体的发展至关重要的相互作用要服从物理定律。举一个简单的例子。当一只哺乳动物产生乳汁的时候，我们可以在其中发现悬浮的球形油滴。我们不需要一种会说“乳汁中的油滴应该是球状的”的基因。我们明白油滴会是球状的，因为对于给定体积来说，球体的表面积是最小的，有很好理解的物理原因来解释表面积的最小化。

这个故事的一个寓意是，为了更深刻地理解生物学家可能正在研究的具体细节，转向研究对象的更一般的数学图像是明智的做法。正如理论生物学家汉斯・迈因哈特（Hans Meinhardt）在《生物模式形成的模型》（*Models of Biological Pattern Formation*）中论证的那样，我们需要理论让实际观察有意义。例如，假设我们拥有一台完美的生物化学扫描仪，它能够告诉我们时空中的每种分子的准确浓度。我们或许能够测量与每个发育事件相关的浓度变化，但什么因素对这一过程是必不可少的，什么因素又是偶然的呢？我们对这个问题仍然缺乏透彻的认识。原因和结果将在数据中混杂不清，所以，尽管完美扫描仪能够告诉我们大量信息，我们对系统的运作规律仍然缺乏理解。例如，我们可能无法预测，如果我们改变了这种或那种测量到的浓度，这种变化会造成什么后果。

283 要让我们对正在发生的情况有所理解，就需要创造一种假说机制，或称模型，来解释我们竭尽所能采集到的数据。生物学的复杂程度难以想象，我们经常将就着使用一种非形式的文字模型，也就是对起作用的各种因素的非定量描述。和任何口头说明一样，这种描述的含义和理论保证远远不够清晰。事实上，生物医学发展到当前阶段，我们所取得的很多进展都是以“基因 X 与过程 Y 相关”，或者“脑域 X 与过程 Y 相关”的形式表述的。我的如下评论听上去可能有些苛刻，我认为，在观察研究两种事物之间的关系方面，人们几乎连定性描述这个过程都做不到，更不要说对其进行解释了。我这样说并不是想要否认研究相关性具有的重要意义，在某些情况下，这类信息甚至可以促进新的有效的医疗手段的发展，我们当然清楚某种疗法会让病人恢复健康。我只不过想说，找出相关性并不能让我们理解系统究竟是如何运转的，除非这些观察研究对发展或者评估某种模型或者假说机制有帮助。

考虑到我们当前的无知状态以及对我们希望测量的所有事物进行测量存在着非常大的困难，一个生物系统的任何数学模型都必然带有任意性。尽管如此，我还是要宣称，能够支持详细演绎的准确的数学模型比非形式的文字模型更为优越。我这样说有如下几个理由：

1. 构建一个数学模型会迫使我们弄清我们为了研究工作而

做的假定。

2. 我们所提出的生物机制应该与已知的物理原理和化学原理一致，我们对那些主题的理解具有深刻的数学性。 284

3. 相互作用的部分所组成的系统会与直觉相悖，我们需要数学正确地确定我们的假定的隐含意义。换言之，与模糊的描述不同，数学模型能够产生具有定量和定性性质的清楚的、无歧义的预测。

生物学的发展突飞猛进，但数学在生物学中的主导地位似乎永远达不到它在理论物理学中的程度。尽管如此，生物学近来的许多进展(包括解读基因组)，都需要实验工作者与掌握先进的数学知识的理论工作者越来越精细的合作。这种新的发展某种程度上反映了现代生物学家经常需要处理非常庞大的基于计算机的数据集，这一点有别于他们的前辈。如果没有复杂的统计方法，我们就不可能理解遗传数据的庞大编目。然而，我希望说服读者的是，简单的数学论证除了能为生物医学提供计算工具以外，还能在我们大声谈论生命的逻辑时扮演至关重要的"概念性"角色。

12.4　相互作用与动态系统

通过采用简化方法，生物学家们取得了巨大进步。例如，我们能够确定一个基因，能够确定细胞在转录和翻译这个基因时产生的蛋白质，还能观察上述蛋白质的行为。这种方法造就了奇妙的科学，但还有许多生物现象在我们重新修复"矮胖子"[1]之前是无

---

① 即 Humpty Dumpty，《鹅妈妈童谣》中从墙上摔下来跌得粉碎的人物。——译者注

285 法被理解的。也就是说，如果我们想要理解一个细胞或者一个有机体的功能，就需要知道分子组成如何随着时间的推移而相互作用。

复杂的动态系统的数学模型越来越成为科学事业的核心特征。其中的基本思想是考虑由多个部分组成的一个系统的行为，这些部分中的每一个都会按照预定的规则影响与它相邻的部分。一个复杂系统的任何特定模型都可能会有许多任意特点，尽管我们可以为同一个物理现象构建许多不同的计算机模型，但清晰明了的模型可以解释大量事实。例如，模型可以解释为什么公共汽车会三个一组地到站，或者公共汽车为何往往扎堆到站。

为了理解为什么公共汽车会成群结队地到来，我们需要进行三项简单的经验观察。第一项观察是，乘客从车站进入公共汽车需要一定时间，由于一次只能上一个人，所以车站里的人越多，这些人上车所需要的时间就越长。第二项观察是，随着时间的推移，越来越多的人到达车站，在车站等车的人会越来越多。第三项观察是，当一辆公共汽车进站之后，车站的人会减少。这几个事实意味着，你前面不远处出现的另一辆公共汽车会让你更快过站，因为你前面那辆车已经带走了等车的乘客，所以你所乘坐的汽车通过车站所需要的时间就少了。与此类似，如果你前面没有别的公共汽车，你的速度就会减慢，因为在车站等车的乘客比较多，让他们逐一上车花的时间就会长一些。

因此，正常情况下，公共汽车的行程其实是不稳定的。由于后面的车可能会追上它前面的车，所以各辆车之间比较小的间距会变得更小，反过来说，比较大的间距往往会变得更大。成群结队的

现象会自然而然地出现，因为任何能干扰公共汽车到站规律的小 286
扰动，都会随着时间而变大。公共汽车售票员能最大限度地减少这种现象，预售票也有同样的效果。

就像我在本章中简单描绘的所有模型一样，我们可以对构成这些模型的假设做出更具体、更定量的描述。例如，我们可以用模型对公共汽车的扎堆效应进行定量描述。不过，为了理解其中的原理，我们并不需要给出每个细节，因为有关真实世界的问题可以用不同层次的抽象概念去回答。这个例子也说明，并不是每个有关世界的真理都只是“基本”物理定律的推论，在物理学中，除了决定基本粒子行为的规则之外还有其他东西。换句话说，我们理解公共汽车为什么倾向于扎堆，我们所讨论的对象由原子组成这一事实，就像公共汽车是红色的这一事实一样，与我们的讨论并没有密切的关系。

另一个有关模式形成的著名模型起源于艾伦·图灵的一个杰出想法。1952 年，图灵开始尝试理解胚胎的发育过程。他知道，当胚胎仅由两个细胞组成的时候，分离这些细胞会形成同卵双生孪生子的成长，而让它们继续共同存在则会产生一个单一个体。图灵为胚胎的发育过程着迷，他向自己提出了一些深奥的问题：这两个细胞是怎样“认识”彼此的？一组细胞是怎样自我组织，从而创造一个模式的？

图灵假设，每个细胞都必定“知道”其他细胞的存在，因为某些分子在它们之间运动。他设想了一种最初为匀质的化学混合物，并试图考虑它如何自行发展成一个由不同部分组成的模式。图灵是一流的天才，他认识到，如果具有不同扩散速率的两种物质相互

287 反应，就会自动产生浓度梯度。这多少有些违反直觉，因为扩散通常会抹平浓度的差异。尽管如此，图灵证明，如果正在扩散的化学物质涉及某种反应，则反应扩散的过程将产生异常高或者异常低的局域浓度。当时没有几位生物学家对此表示关注，但数学家阿尔弗雷德·吉雷尔(Alfred Gierer)和理论生物学家汉斯·迈因哈特进一步发展了图灵的观点，确定了生物模式形成的一个关键原理。

这一理论的基本想法是，模式由“局部兴奋”与“整体抑制”相结合来生成。这种方法有许多不同的变种，举个简单的例子，设想一个平坦沙漠的沙地上有八块岩石。如果没有风，这片沙漠会持续存在一段时间，我们就不会有一个高坡和洼地的模式。如果有风，风就会吹动沙子。那几块岩石形成了一个遮风的小区域，沙子会在这几个点周围堆积，因为与把沙子从遮蔽区吹走相比，风更容易把沙子吹进遮蔽区。换言之，风能把一块小岩石逐渐变成一个大沙丘。这种较大的事物变得更大，或者说较高的浓度变得更高的过程，就是我们所说的局部兴奋。

如果局部兴奋是唯一的结果，我们就不会得到一种空间格局，而只能获得最初较低但越来越高的浓度(或者越来越多的沙子)。我的观点是，沙漠有高坡和洼地，这与风只能吹动有限数量的沙子相关。如果沙子在沙丘的掩蔽地点堆积了起来，这就意味着它没有在其他地点堆积。这种让我们感兴趣的“化学物质”在大范围上的减少就是我们所说的整体抑制。再举一个有关局部兴奋与整体抑制模式的例子，让我们回想一下前文有关叶子生长的叙述。叶
288 子在植物生长素浓度较高的枝干处首先开始形成，但在给定的枝

干上，整个区域内的植物生长素的浓度一开始可能分布得很均匀。由于细胞倾向于把它们的植物生长素转移到与它相邻的植物生长素浓度最高的细胞那里，于是，浓度较高的区域的浓度往往会变得更高（局部兴奋），而枝干的其他区域的植物生长素实际上被榨干了（整体抑制）。

12.5 整体论与涌现现象

生物体、经济体和生态系统都包含大量相互作用的不同部分。如果我们想理解一个复杂的系统，对这些部分及其性质有清楚的了解当然就很重要。然而，在有些情况下，了解孤立的个体的许多细节，并不能告诉我们整个系统的行为。这里的核心问题是，在无数情况下，除非我们仔细地关注每个部分的行为是如何影响其他部分的，否则就无法理解整个系统的行为。

有多种方式可以表现一个事件与另外一个事件的联系，而且我们有可能识别某些重要的普遍模式。例如，我们都熟悉“恶性循环”（或者它更慈善的孪生兄弟“良性循环”）这个术语，而且我们很清楚这个术语的使用范围。恶性或者良性循环的概念与“正反馈”的概念存在密切关系。让我们想象一种情况，在这种情况下，A 的浓度提高会引发一种让 A 的浓度进一步提高的事件，其结果将造成 A 的浓度持续提高。正反馈的反面是负反馈，即 A 的浓度的提高会引发某种让 A 的浓度降低的事件，而 A 的浓度降低则会引发一种倾向于提高 A 的浓度的事件。因为较低的数值倾向于增加，而较高的数值倾向于减少，所以人们可以利用负反馈来维持稳定的浓度。

289　让我们身体的内部环境保持稳定是至关重要的，所以存在许多负反馈的生理学例子，这并不让人意外。我们都知道，如果我们的体温增加，就会通过排汗来降低体温；如果体温降低，就会通过发抖来让自己暖和一些。负反馈也可以用于产生振荡，当系统中存在时间延迟时便更是如此。例如，如果我能够调高或者调低住处的温度，但我在调整时动作迟缓，住处可能会在我最后调低温度控制器之前变得很热。在调低了温度控制器之后温度逆向变化，于是在我调高温度控制器之前，住处又可能变得太冷。由于这些动态变化，住处的温度就可能会在过冷与过热这两种状态之间振荡。类似地带有时间延迟的负反馈机制可以让细胞内的化学浓度发生振荡。

还有一些正反馈的重要例子。例如，对于女性来说，位于脑底的脑垂体有时会分泌出少量促黄体生成素（luteinizing hormone，简称 LH）。这种激素刺激卵巢分泌雌激素，而在某些情况下，血液中雌激素水平的提高会刺激脑垂体产生更多的 LH，导致更高的雌激素水平，这又会让 LH 水平更高，从而进一步刺激雌激素的产生，并再次提高 LH 水平，如此等等。由于存在这样的正反馈，最初的少量 LH 很快就造成了高浓度的 LH。人们称这一现象为 LH 涌现，它会造成排卵。因为排卵会暂时抑制卵巢分泌雌激素的能力，所以女性血液中的 LH 浓度并不总是很高。由此造成的雌激素水平的降低导致使最初 LH 水平提高的刺激不再存在，所以排卵让 LH 的水平降到了 LH 涌现之前的浓度水平。

290　越来越多的数学家、生物学家和其他科学家一起工作，分析由许多相互作用的部分组成的系统行为。关于研究复杂系统的一件令人着迷的事是，当我们建立了一个包括许多部分的模型时经常会发现，这个系统表现出了“涌现现象”，即我们不可能通过观察单个部分预测行为的模式。例如，如果我们只研究单独一辆公共汽车，就无法理解它们为什么会出现扎堆现象，因此可以说，公共汽车的扎堆是种涌现现象。尽管许多理论家一直在完善涌现这一概念，但根据数学科学的标准，这个概念多少有些模糊。从实用的角度看，在许多研究工作中，我们感兴趣的行为的性质无法通过单个部分显示出来；要看到问题的实质，就必须考虑整个系统，包括各个部分之间的互动规则。

这类整体现象可以与体积这样的概念对照，因为一个图形的体积正是由它的各个部分的体积组成的。有趣的是，关于几何形式的整体与部分之间关系的这种说法，刚好抓住集合论中有关几何的新的表达的核心。几千年来，人们一直赞同亚里士多德的这个论断，即一个连续事物的各个部分也是连续的，因此部分与整体是同种事物。例如，亚里士多德会说，我们可以确定球体内部的一个点，但球体并不是由点组成的。按照他的观点，你可以把球切成越来越小的小块，但任何可被称为球体的一个部分的东西都必须有一个有限的非零体积。

与此不同，现代数学家通常把球体定义为所有到球心的距离
不超过一个给定的数值的点的集合。因此，这个球体就被设想为 291
一个点的无穷集合，也就意味着，一个球体的各个部分是点，而不是具有体积的区域。用点的集合的观点来定义图形和空间，其中每个点都能用实数坐标集确定，这是一个非常大的进步。我们由

此可以使用代数方法来处理几何问题，但这也导致了违反直觉的结果。尤其是，被称为巴拿赫-塔斯基悖论(Banach-Tarski Paradox)的定理表明，如果我们把一个球体分解成无限多的部分，或者非连续的点的集合，那么这些部分可以重新组合成一个与原来的球大小不同的球体！换言之，一个较小的球体内的所有点经过重新组合，可以与一个较大球体内的所有点重合。这种情况是可能发生的，因为一切球体都有无穷多个点，这些点本身都没有体积。

当然，如果我们把一个球体切割成有限多个连续部分，这些部分的总体积不会改变，总是等于原来的球体的体积。换言之，整体的体积与各部分的体积之和相等，具有给定体积这一性质并不是在把所有各部分重新拼到一起之后才出现的新事物。相反，我们可以把一个给定图形的拓扑学性质描述为整体性质，因为圆的哪个部分使它成为一个封闭的回路这个问题是完全没有道理的。封闭并不是图形某个部分的性质，而是整体的性质。同样，一个图形的欧拉数并不能通过观察这个图形的组成部分得到确定，把这些分开的部分拼到一起是绝对重要的。事实上，如果我们真的把这个图形分割成几个部分，我们也就改变了欧拉数！

第十三章　生活经验与事实的本质 292

那些运用规则来做出判断的人之于别人，就像有表的人之于别人一样。一个人说："两个小时以前。"而另一个人说："明明只有三刻钟。"我看了看自己的表，对前一个人说："你太疲倦了。"然后对另一个人说："时间在你那里跑得太快，因为现在已经一个半小时了。"我嘲笑那些说我的时间走得太慢或者说我是凭想象做出判断的人。他们不知道，我是根据我的表做出判断的。

——布莱兹·帕斯卡(1623—1662)

13.1　规则与事实

数学这个词来自希腊语，本意是"可以教授的知识"。当我们从事数学研究的时候，我们获得的有关某一主题的知识与我们对该主题的陈述之间有非常特别的密切联系。我认为这一点非常重要，路德维希·维特根斯坦的著作《哲学研究》(*Philosophical In-*

vestigations）中有一个深刻的比较对象的主题，我们可以考虑一下“知道珠穆朗玛峰的高度”与“知道大提琴的音色”之间的差别。如
293 果你知道珠穆朗玛峰的高度却不能告诉别人，人们不会承认你具有这方面的知识。另一方面，如果有人请求一位大师级的大提琴演奏家证明他“知道”他的乐器的声音是什么样子，他可能会不知所措。

我们与现实接触所获得的经验教训，有些是无法被简单地总结然后再传达给别人的。人类知识并不都是以事实的形式出现在我们面前的！另一方面，对科学知识的追求本质上是一种公众事业，因为科学家的工作主要就在于把通过研究各种对象而获得的知识清楚地表达出来。用物理学家尼尔斯·玻尔的话来说：“认为物理学的任务是找出自然是什么样子的，这是错误的。物理学涉及我们如何讲述自然。”我认为，正是因为我们必须要清楚地阐明自己的理解，并与人分享，经验科学才逐步变得数学化。换句话说，即使没有我们的存在，自然仍旧存在，但在我们创造语言之前，事实是不存在的。毕竟，如果没有一种表达事实的语言，我们就不可能得到事实！

数学语言是人类探险征程的一个主要部分，数学的历史则告诉我们数学语言得以发展的背后的文化。另一方面，与其他文化产物相比，数学的世界不可思议地超越了时间，你不需要了解古希腊人的生活也能够理解欧几里得几何。数学事实很容易就从一个文明传播到另一个文明，因为数学事实的根源在于我们的认知能力，似乎属于每一种世界。的确，数学事实本身无法告诉我们，我们究竟生活在哪段历史中。无论过去和今天的情况如何，一旦我

们意识到可以使用数学语言思考，就无法想象一个不能用这种方式思考的世界！例如，我或许明显可能受到周围世界的欺骗，但是 294
一旦我学会了计数，就无法想象自己是一个无法计数的现实的一部分。

正如本章开头那段引文所指出的，认识到数学家、科学家和工程师通过运用规则来追求目标这一点很重要。举个规则控制行为的重要例子，让我们考虑计数这一行为。如果一个小孩不像其他孩子那样数数，我们会告诉他，他这样做是错误的，因为其他人都不会像他这样数数。我们这样做是正确的。我们不需要其他的理由，也不需要提到数数这件事之外的其他任何事实。你可能会抗议说，除了背诵数数歌这种正统方式之外还有其他学习整数的方式。这无疑是对的，但我们应该谨慎一些，因为就像维特根斯坦所说的那样："人们无法把事实本身与事实的重要性、结果及其应用区别开来，人们无法区分对某一事物的描述与对这一事物的重要性的描述。"

简而言之，数学并不是一种自然现象，但当我们学习和研究数学的时候，它看上去似乎是种自然现象。例如，如果我学会了数数，明白 2+2=4，我可能就会坚持认为，这不仅对我或像我那样数数的人而言是真实的，它是宇宙本身的一项真理。这种说法显然是有道理的。两块石头加上两块石头确实是四块石头，希望情况并非如此并不会影响这个事实。不过，在做出这个论断的时候，我并不否认，数学是我们创造出来的一种事物。毕竟，是我们把这些石头看成一组对象的，关于事实的陈述与事物的物理状态并不是一回事。换句话说，尽管我们对身处其中的这个世界的阐释忠实于它的现实状况，但我们关于世界如何运转的观点并不能陈述自身。

我认为，数学真理是通过在规则的规定下使用符号形成的，如
295 果我们或者我们的前辈没有确定清楚的规则或者原理，数学真理就不可能存在。另一方面，数学又绝不仅仅是按照一套既定规定重新排列符号，因为一旦我们有了一个基于规则的可有效利用的系统，就可以透过这种语言提供的逻辑透镜来观察世界。而且，一旦某人使用一个词或者概念，这个词或者概念就需要有真正的含义。人们对符号体系的使用或许暗示了某种数学实在性，这种数学实在性由两个部分组成：一个是实际存在的人类所使用的实在的、有意义的历史概念和符号，另一个是与历史无关的永恒的符号事实（理论上可以被任何适当的程序计算机证明）。

如果我们承认，我们不可能找到我们理解和使用的有意义的数学，与自洽且合法但尚未被发现的可计算的符号系统之间的界限，则数学真理的这种双重形象便具有许多值得推荐之处。毕竟，当某人在谈论一个可计算的系统的时候，这个系统实际上就已经被使用了。正如维特根斯坦所说："人们有一种感觉，即数学中不存在现实性和可能性，一切都在一个层次上，而且实际上，一切在某种意义上都是真实的。这一点是正确的。因为数学是一种演算，演算不会涉及任何仅仅是可能存在的符号，一种演算只涉及它实际操作时使用的符号。"

计算和数学论证可以用来理解世界，这使数学具有深刻的意义。另一方面，数学事实并不依赖于事件的物理状态，因为数学语言处理的是普遍性，我们不应该通过援引特例或者历史事件去理

解它。科学家对经验世界做出论断，而完全不同的理论可以运用 296
于同一种现象。由此，科学家必须接受，新的证据或者新的研究方法可能会证明他们的理论是错误的。数学家经常有一些预感后来被证明是错误的，但他们所证明的结果有一种科学缺少的确定性，因为数学真理在某个给定系统内永远是真理。我们可能会说，我们的语言让我们能用一种特殊的数学视角观察世界，无论周围的环境如何变化，我们都可以让我们的逻辑透镜保持不变。

或许最重要的事情是，数学家是以演绎的方式来表达他们所研究的概念的。这一基本原则限制并造就了数学事实的整体，但除了一座演绎之塔外，数学还有其他东西。简言之，数学家研究可描述的概念体系。这一点对于其他理论家来说或许也成立，但数学的逻辑结构是不同的，因为其关注的重点是我们做出的确定命题和实践中(如计数)使用的符号形式。数学家可以随意对实际对象计数，但与其他理论形式不同的是，数学术语并不需要指代任何外部对象。所以我可以得出结论，数学的客观实在并不是大脑的活动，也不是数学形式的某种奇妙领域。正如本章开篇所说的帕斯卡的手表那样，重要的是一个数学家“使用的命题”。

尽管很少有人专注于纯数学，但我认为，我们天生就有理解这种真理的能力，这是人之为人的重要因素。这一点适用于每个人，而不仅仅是一些经过良好训练的专家。例如，尽管儿童需要有人引导才能使用直线、正方形、三角形和其他特定图形的词，但我们认识这种语言的意义的能力是与生俱来的，我们无法想象一个没 297
有图形的世界。这并不是说，人们可以通过某种隐秘的数学来解释人性，但我们会被真正明显的事实触动，我们的数学传统就源于对明显事实的陈述。我还要说，当某人努力掌握了数学语言之后，他就会认识到这样一个事实，即作为理性的存在，我们能够体验真理。这是人类本性的一个基本事实，它与我们对语言的使用不可分割。

为说明他们使用的符号至关重要或者毫无意义，许多数学家和有些哲学家成了柏拉图主义者。柏拉图主义者相信，数学家研究的是抽象的对象，它们不依赖于研究它们的手段。我觉得这种独立存在的说法没有说服力，而且没有什么意义，它试图通过诉诸超出我们认知的事物（即一个由超验的抽象对象组成的想象王国），来证明人们事实上知道如何做的事情（如做加法或写证明）是合法的。

我们接下来会看到，数学对象的地位很微妙，但实际上，数学到底是“关于什么的”似乎并不很重要。无论我们设想的是埃及的泥泞田地里的一截截绳子，还是一些完美的、永恒的图形，图形面积的推导过程最终都取决于我们所使用的语言，而不是我们头脑中的图像。我们或许可以用多种方式想象某个主题，但一旦我们描述了希望测量的对象，重要的东西就变成了我们所描述的长度和角度，以及是否可能综合使用这些描述。更普遍地说，在数学中真正重要的是我们如何从一个命题到另一个命题，而不是那些我们认为我们一直在讨论的对象。

298 数学家可以自由地研究任何可通过一致的描述来确定和表示的对象。象棋、数独和其他遵照规则的游戏本质上都是数学，尽管象棋这样的游戏比数学家选择研究的结构要任意得多。我这么说是因为数学家研究的概念与大量其他概念密切相关，其中包括用于科学上的观念，以及关于世界是什么的日常描述。数学与其他事物之间的相关性确实是非常深刻的，各种理念之间的微妙关系提供了一种通过其他观点来评价一些数学观点的方式。打个比方，历史学家之所以研究某个特定事件，是因为他们认为这一事件带有一般事件的共同特点。对于数学家，我们也可以做出相同的评论。

如果我们对解决一个特定问题有兴趣，或者对理解不同数学理念之间如何关联有兴趣，研究一套自洽公理与研究另一套自洽公理的意义就不一样。这与在下象棋和下跳棋之间做选择完全不同！使用给定的公理来生成新定理无疑是重要的，但数学进展也涉及新的假说和新的概念框架的构建，新的数学形式可以借助于过去已经解决或者尚未被解决的问题加以判断。我的观点是，尽管每种形式的方法都同样是数学化的，但一些论证会比另一些论证具有更为持久的生命力，并非所有数学都必定值得铭记。

13.2　数学的客观性

说数学家研究的是抽象的对象有什么问题吗？毕竟，数以百
代的数学家已经研究了整数的模式。说整数是抽象的对象应该不
会有错吧？人们对数学对象有着诸多想象：我们的想象是不是数
学研究的领域？无论我们如何设想，整数不都具有它们自己的形 299
式吗？整数会独立于我们而存在吗？现实世界中是否存在一个超
越时间、超越空间的区域，而数学对象就在这个区域中？

如果我们不够谨慎，这些令人入迷的想象就会让我们不再关

注那些我们实际上知道的事物。我们不需要去研究那些超越时间的完美对象。我们不应该抛弃人类所具有的意义，而把它交付给某种终极的全知裁判，我们可以假设，数学语言能够带来它所描述的现实。我认为，我们不要把数学对象视为支撑数学的基石，而应该承认，不可简约的事实是，人类具有运用数学语言的能力。关于计算能力的一个基本事实是，人这一生会吸收整数的基本概念，具有运用它们的能力。因此，人们能够计数，能够做出真实的算术命题。你或许会问，如果我们是通过"吸收数学语言"来体验真理的，那么，数学的事实是被发明的还是被发现的呢？

新的数学的来临是件独特的事情，但我倾向于认为，"发明"是个更好的比喻。就像工程师建造一台概念装置一样，数学家需要具有首创精神，我们发现，我们的发明创造能够起作用，也能为我们的同事所理解。比方说，我们发明了象棋的规则，但这个游戏有某种自主性，而且在有了规则之后我们就不能用两匹马将死对方的独王。事实上，我们或许会说，我们发现了关于我们自己的发明的事实。与此类似，数学是人类的创造，但我们不能简单地使我们的创造服从我们的意志，因为数学对象及数学对象之间的关系受已陈述过的原理的制约。如同象棋的情况一样，数学这种不充分的自主性来自这样一个事实：我们的创造受制于我们能够陈述的规则。

300 简言之，数学是一种语言，而语言是文化的产物。这个说法很微妙，因为它并不意味着数学对象是任意的发明，也不是说它只存在于"我们的头脑中"。我们通过形成我们自己的语言（一种能够让我们形成某种思想的过程）来找到意义，但语言本身不属于任何个体,或者存在于某人的头脑中。语言本质上是可分享的,其根源在于可观察的行为模式。因此,尽管我们需要头脑来思考,但无法通过观察对方的头脑去理解句子的意思。我们可能觉得,尽管我们的思想是属于个人的,存在于我们自己的头脑中,但数学结构和符号的本质是公共的、可分享的,即使我们对它们的感觉并非如此。正如以弗所的赫拉克利特在 26 个世纪之前所说的那样:“尽管理性的形式(逻各斯)是共同的,但许多人活着仿佛他们有个别的心智。”

我们是通过使用语言(特别是用于测量的术语)接触到数学对象的,正是对基于规则的语言的运用把这种对象带到我们的头脑之中。而且,我们对数字的理解根深蒂固,因为我们天生就认识到,我们可以把对象加起来成为一组,或者放进某个容器里。事实上,当我们讲授算术的时候,会理所当然地认为孩子能够理解加法,或者把一些对象从一组对象中减去的过程,哪怕他们暂时还不理解算术的符号。通过逐步建立一个非常直观的,甚至前语言的有关集合的概念,我们能够形成非常坚实的关于抽象数字的概念。这些抽象概念要求使用基于规则的语言,它们本身就是重要的文化要素。

例如,我们有正当的理由声称:“存在”且只存在一个数字“3”,
是因为人们事实上可以数到 3,而且公众可以评判,看某人是否准 301
确无误地做到了这一点。这个词是**有意义的**,因为我们对可数对
象的集合具有直观的理解,但我们不能把有关数字的事实与使用
它们的传统方法分割开来。换句话说,我们之所以接受一套公理,
因为它们符合我们的观点,这些观点可与我们的符号相联系。但

是，正是这些固定的公理以及确立原理的规则让数学变得精确、稳定、可分享。一旦我们接受了一套规则并开始运用它们，我们就能发现根据这些规则得出的模式。

因为数学是精确的、稳定的、可分享的，而且植根于人的认知能力，因此，数学对象就与可命名的物理对象有许多共同之处。然而，数字及其他数学对象与物理对象的不同之处在于，我们声称（比如说）整数存在的断言并非一个独立的、孤立的断言。换言之，数字词汇与名字类似，但过分表面地看待“3”这个数学对象就会产生误导作用。我们不需要想象某种具有“3”的所有性质的超验对象，也不需要想象对应着这一无序状态的任何对象，或者与某种理念的特定系统不相关的任何对象。我们只需要数字词汇，有了这些数字，我们就可以计数。也就是说，真正重要的是，每个数字都处在与其他数字的结构性关系中。我们不仅能够确定某个特定序列中的某一项“位居第三”，还可以通过一个整数在整数名单中所处的位置来确定并描述它。从这种意义上说，数字与名字十分相像。不过，此处所谓的“位置”的本质只是它与其他位置的关系。

例如，在队列中位居第一并不需要特别的品质，只有一个确定
302 无疑的事实，即位居第一意味着在其他位置前面，没有这一点也就不存在什么“第一”了。正如斯图尔特·夏皮罗①在他的著作《对数学的思考》（*Thinking about Mathematics*）中指出的那样：“任何小的、可移动的物体都可以起到象棋中黑象的作用，也就是说它可以是这个棋子。与此类似，任何东西都可以‘是’3，也就是说，在一

① Stewart Shapiro（1951—　），美国俄亥俄州州立大学哲学教授。——译者注

个可例证自然数结构的系统中，任何事物都可以占据那个位置。”试图不通过象棋棋盘就理解“象棋中的黑象”这一术语的意义是荒唐的，同样，不涉及数系就无法理解任何特定的数字。简而言之，一个数字本身并不是一个抽象对象（无论它是何种事物）的内在本质；只有在一个数字系统中，数字的性质才具有意义。例如，我们知道“3 是一个奇数”，但这并不意味着奇数性是某个叫做 3 的特定对象的内在性质。“3 是一个奇数”的另外一种表述方式是：“存在着某个整数 n，能使 $3=2n+1$ 成立”。所以，数字 3 的奇数性存在于它和其他数字的关系中。

简而言之，我们所采用的特定规则、定义和计数系统是数学实践的核心，因为正是这些事物确定了我们所进行的游戏。然而，这并不意味着，数学像形式主义者说的那样是“一种用毫无意义的符号进行的游戏”。我们对规则的选择是由那些根本的概念决定的，尽管计算机可以做的那些工作是数学的重要部分，但这一学科有远比 PC 这类形式语言的有效应用更多的东西。当我说关于物质的最基本的事实是存在数学论证时，我所考虑的不仅是可以用计算机检验的证明和计算，我还考虑了主导本书的非形式论证、图像和隐喻性陈述，以及各种证明和演示之间更为广泛的互动。

欧几里得几何常常被认为是一座庞大的倒金字塔：一座以几 303
条清楚地陈述的原理为基础的巨大的演绎之塔。尽管这一诱人的图景中有真实之处，但是，作为整体的数学的发展，远远不只是对演绎原理的有序应用，从一个命题推到另一个命题。具有创造性的数学家所进行的工作并不单单是从公理向前推导定理。他们也向后倒推，从一个问题开始，建立可能会让他们解决手头问题的假说。的确，就像欧几里得几何那样，我们经常认识到，我们的基础之所以十分坚实，是因为一套给定的概念体系能让我们有效地处理一套给定的问题。

我想要说明的是，具有创造性的数学家并不只是进行明显合法的推导，他们试图找到模式，他们进行猜想，把问题分解成较小的子问题，他们在检查了几个特例之后会揣测一般命题应该是怎样的。他们还试图使用类比法来解决问题，当有人提出“我们可以用别的问题的解决方式来理解这个问题”时，人们确实时常会取得进展。分析性思维的这些特点在许多领域都能看到，而通过丰富的经验，一位熟练的数学家会知道如何找到关键的突破点。

数学家通过思考数学界面临的挑战而取得进展，这涉及理解力的直觉跳跃，以及形式推理的实践。发展数学直觉当然是有可能的（只需要花一些时间从事数学工作就可以了），但数学家很明智，他们信任他们的规则和符号，而不是自己的想象。数学家或许
304 会利用一切心智能力，但数学的独特训练旨在进行完全形式化的清晰的推理，这样其他人就可以读懂数学家的论证。

13.3　意义与目的

没有人会真的认为数学的一部分与任何其他部分一样好，尽管一段枯燥的或武断的数学论证完全和最著名的证明一样准确无误。数学家们因为受到激励而从事他们正在进行的研究工作，他们有种种理由使用他们决定遵循的规则。尽管我们对数学命题的感觉无法改变事实本身，但我们在从事数学工作时的积极性和目

标感绝对至关重要。毕竟，人们是出于某种原因才进行他们的工作的，这是数学经验的一个重要部分。

推动人们从事数学工作的原因多种多样。具有重大的实际利益的工作需要数学，有些人想要解决著名的难题，我们希望证明历史上一些独立的定理之间的联系，等等。但所有原因中最重要的是，数学模式本身可以让我们浮想联翩，刺激我们去思索。数学家G. H. 哈代的评论很有见地：

> 有许多崇高的动机推动人类进行科学研究，但其中的三种比其他的都更重要。第一种（舍此必一事无成）是理智好奇心，是对认知真理的渴望。第二种是职业的自豪感，是通过工作使自己得以满足的愿望。任何自尊的工匠，当他的工作与其才能不相配时，耻辱感会压倒一切。最后一种是雄心，是对名声、地位，甚至是随之而来的金钱的力量的渴望。

形式定义和计算机可检验的演绎是数学科学的绝对核心，但 305
计算机显然与数学家不同，它们并不需要某种动机以便完成工作。尽管如此，动机仍然是数学经验中至关重要的一个部分，因为一项引人注目的论证的满意度并不仅仅取决于公众认可的有效性。我的观点是，计算机可核实的、基于符号的方法论的生命力不独为规则所固有，它们依赖于极其神秘而又难以驾驭的过程；通过这些过程，任何类型的符号表示都可以参与我们的想象。换句话说，我们别无选择，只能通过一个词与其他词之间的关系来**定义**这个词，但我们对**意义**的理解本质上与人类对目的的理解有关系。

众所周知，数学家依赖清楚表达的定义。因此，我们可能倾向于认为，动机在数学中是不重要的，因为我们对事实的感觉无法改变事实本身。然而，这种对潜在动机的不敏感并不是数学科学所独有的特点，或者说是它有别于其他学科的特点。要使用同一种语言，人们不需要有同样的目标感，这实际上是不可避免的。尽管对自我的了解与对他人的了解在根本上是不对等的，但我们的语言对我们自己的情感或情绪的表达并不比对他人情感的表达更好。

在数学这一特定例子中，事实本身可以通过一种形式体系来展示或者表达，我们不需要谈及某个民族或他们的文化。但是，数学实践并不仅仅是形式定义！除了数学命题之外，还有数学家，他们是富有教养的人，他们发现了运用符号的重要性。正如各种类
306 型的语言一样，我们可以用它们勾画出抽象的定义，但意义只能在生活中产生，在有血有肉的人类用话语与世界沟通时才能产生。

人们使用数学概念，在我看来，我们对现实的感觉取决于这个事实，即我们的言辞可以满足（或者无法满足）我们所抱有的动机。非常清楚的是，如果我们能够确定共享语言的各方有足够的相同点，以便让语言起作用，语言表达会很有效。例如，我们想在一种非常直观的游戏“为那种物品命名”中取胜，更为复杂的动机也可以类似地得到实现。

要评价另一个人的数学工作时，我们察看我们的定义来回答下面这个基本问题：“程序得到正确执行了吗？”然而，数学远远不是简单地用与我们的同行相同的方式使用符号，我们还应该考虑根本的数学问题：“什么对于程序的运作必不可少？哪些东西是任

意规定的?”固定的规则会按照它们必须遵照的方式展开,但数学并不仅仅关乎符号形式的正确,因为这种语言或许也符合人类的目的。尤其是,数字的发明给我们提供了一种语言技术,它能够阐明多义性,这大概是一个古老的目标。

我们的数学使命感是真正深刻而优美的,它扎根于显而易见但无穷无尽、超越凡俗的事物。我希望这本书能够证明,数学论证是非常令人瞩目的,它们在我们尽全力理解这个世界的过程中扮演着关键角色。而且,有关数学实践的哲学思考虽然似乎很深奥,但我确信,这种思考完全值得我们花时间。哲学上的转变不会改变事实本身,但我们对待事实的态度造就了我们的生活——还有什么事情比这更重要呢?如果我们谨记这一点,我想没有比拉尔 307
夫·沃尔多·爱默生的《论圆》(*Circles*)中的一段话更适合充当一个理智的结尾了:“每个终极事实都是另一个新序列的开始……于我而言,无事神圣,无事可亵渎;我只是在实验,是一个永不停歇的探索者,我的身后没有过去。”

进一步阅读的材料 308

下列书目依照主题分了类，在每一类中，更容易阅读的书放在前面，更学术化的著作位居最后。

高等数学入门

Alex's Adventures in Numberland, by Alex Bellos (Bloomsbury, 2010).

Imagining the Numbers (Particularly the Square Root of Minus Fifteen), by Barry Mazar (Penguin, 2003).

Mathematics: A Very Short Introduction, by Timothy Gowers (Oxford University Press, 2002).

The Mathematical Experience, by Philip J. Davis and Reuben Hersh (The Harvester Press, 1981).

What is Mathematics? An Elementary Approach to Ideas and Methods, by Richard Courant, Herbert Robbins and Ian Stewart (Oxford University Press, 1996).

Concepts of Modern Mathematics, by Ian Stewart (Dover Publications, 1995).

From Calculus to Chaos: An Introduction to Dynamics, by David Acheson (Oxford University Press, 1997).

数学史

Number - The Language of Science, by Tobias Dantzig (Macmillan 309

Company, 1930, reprinted by Pearson Education, 2005).

A History of Mathematics, by Carl Boyer (Wiley, 1991).

Euclid's Window, by Leonard Mlodinow (Penguin, 2001).

Mathematics and Its History, by John Stillwell (Springer-Verlag, 1989).

Pi in the Sky: Counting, Thinking and Being, by John Barrow (Penguin, 1993).

Greek Mathematical Thought and the Origin of Algebra, by Jacob Klein (Cambridge University Press, 1968).

The Crest of the Peacock: Non-European Roots of Mathematics, by George Gheverghese Joseph (Penguin, 1991).

A Concise History of Mathematics, by Dirk Jan Struik (Dover Publications, 1987).

Mathematical Thought from Ancient to Modern Times, by Morris Kline (Oxford University Press, 1972).

数学哲学

Thinking about Mathematics, by Stewart Shapiro (Oxford University Press, 2000).

What is Mathematical Logic?, by J. N. Crossley, et al. (Dover Publications, 1972).

Naturalism in Mathematics, by Penelope Maddy (Oxford University Press, 1997).

Proofs and Refutations, by Imre Lakotos (Cambridge University Press, 1976).

Where Mathematics Comes From, by George Lakoff and Rafael Nunez (Basic Books, 2000).

Philosophy of Mathematics (Selected Readings), edited by Paul Benacerraf and Hilary Putnam (Cambridge University Press, 1983).

18 Unconventional Essays on the Nature of Mathematics, edited by Reuben Hersh (Springer, 2006).

Reasons Nearest Kin, by Michael Potter (Oxford University Press, 2000).

Tractatus Logico-Philosophicus, by Ludwig Wittgenstein. I recommend 310
reading this with *Wittgenstein's Tractatus*, by Alfred Nordmann (Cambridge University Press, 2005).

Philosophical Investigations, by Ludwig Wittgenstein (Wiley-Blackwell, 4th Edition, 2009). I recommend reading this with *Wittgenstein's Philosophical Investigations: An Introduction*, by David G. Stern (Cambridge University Press, 2004).

Wittgenstein's Lectures on the Foundations of Mathematics (University of Chicago Press, 1939), *Remarks on the Foundations of Mathematics* (Blackwell, 1978), and *On Certainty* (Blackwell, 1993) are also well worth reading.

对称性、几何学和拓扑学

Finding Moonshine, by Marcus du Sautoy (Harper Perennial, 2008).

Fearful Symmetry, by Ian Stewart and Martin Golubitsky (Penguin, 1992).

The Ambidextrous Universe, by Martin Gardner (Penguin Books, 1964).

Mathematics and Optimal Form, by Stefan Hildebrandt and Anthony Tromba (Scientific American Books, 1985).

Symmetry, by Hermann Weyl (Princeton University Press, 1952).

哥德尔定理与相关结果

Gödel, Escher, Bach: An Eternal Golden Braid, by Douglas R. Hofstadter (Basic Books, 1979).

Gödel's Proof, by Ernest Nagel and James R. Newman (New York University Press, Revised 2002).

Forever Undecided, A Puzzle Guide to Gödel, by Raymond Smullyan (Random House, 1987).

On Gödel, by Jaakko Hintikka (Wadsworth Publishing, 1999).

311 数学生物学与涌现现象

Nature's Numbers, by Ian Stewart (Phoenix, 1998).

Emergence, by Steven Johnson (Penguin, 2001).

The Self-Made Tapestry: Pattern Formation in Nature, by Philip Ball (Oxford University Press, 2001).

On Growth and Form, by D'Arcy Thompson (Cambridge University Press, 1961).

Models of Biological Pattern Formation, by Hans Meinhardt (Academic Press, 1982).

致　谢 312

我对思想的思考是通过数学进行的，但我也深受我父亲非常喜爱的维特根斯坦的影响。许多人对我的思考都有帮助，但我要特别感谢我的朋友和家人，他们的爱和支持一直鼓舞着我不懈地工作。我也想在此感谢约翰·伍德拉夫(John Woodruff)和休·巴克(Hugh Barker)提出的有益建议。我还要感谢许多数学家、历史学家、哲学家和科普作家，没有他们，这本书的完成就是无法想象的。在行文的清晰和简洁方面，我要永远感谢那些以其著作影响了我的文风的作者们，若有作者因我的一笔代过而感到受了怠慢，我在此表示诚挚的歉意。

或许我可以被人说成是一位哲学家、一位数学家或者一位理论生物学家，但我不会声称自己是位历史学家。为了本书的写作，我参考了大批数学史著作，同时也愿意推荐一个杰出的网络资源：圣安德鲁斯大学(University of St. Andrews)的网站 www-history. mcs. st-and. ac. uk。本人承担本书在任何历史方面的错失，但如果我的叙述符合真实事件，则应衷心感谢其他作者的学术成果。最后，我愿以此书纪念詹姆斯·威尔逊(James Wilson)，是他让我暂时搁笔，思考那些看起来显而易见的问题。

索 引

（索引中页码为英文原书页码，即本书页边码）

A

B

C

D

E

F

G

H

I

M

N

S

T

读者联谊表

（电子文档备索）

姓名：　　年龄：　　性别：　　宗教：　　党派：

学历：　　专业：　　职业：　　所在地：

邮箱____________________手机______________QQ________

所购书名：____________________在哪家店购买：____________

本书内容：满意　一般　不满意　本书美观：满意　一般　不满意

价格：贵　不贵　阅读体验：较好　一般　不好

有哪些差错：

有哪些需要改进之处：

建议我们出版哪类书籍：

平时购书途径：实体店　网店　其他（请具体写明）

每年大约购书金额：　　藏书量：　　每月阅读多少小时：

您对纸质书与电子书的区别及前景的认识：

是否愿意从事编校或翻译工作：　　愿意专职还是兼职：

是否愿意与启蒙编译所交流：　　是否愿意撰写书评：

如愿意合作，请将详细自我介绍发邮箱，一周无回复请不要再等待。

读者联谊表填写后电邮给我们，可六五折购书，快递费自理。

本表不作其他用途，涉及隐私处可简可略。

电子邮箱：qmbys@qq.com　联系人：齐蒙

启蒙编译所简介

启蒙编译所是一家从事人文学术书籍的翻译、编校与策划的专业出版服务机构，前身是由著名学术编辑、资深出版人创办的彼岸学术出版工作室。拥有一支功底扎实、作风严谨、训练有素的翻译与编校队伍，出品了许多高水准的学术文化读物，打造了启蒙文库、企业家文库等品牌，受到读者好评。启蒙编译所与北京、上海、台北及欧美一流出版社和版权机构建立了长期、深度的合作关系。经过全体同仁艰辛的努力，启蒙编译所取得了长足的进步，得到了社会各界的肯定，荣获凤凰网、新京报、经济观察报等媒体授予的十大好书、致敬译者、年度出版人等荣誉，初步确立了人文学术出版的品牌形象。

启蒙编译所期待各界读者的批评指导意见；期待诸位以各种方式在翻译、编校等方面支持我们的工作；期待有志于学术翻译与编辑工作的年轻人加入我们的事业。

联系邮箱：qmbys@qq.com

豆瓣小站：https://site.douban.com/246051/